Introduction to General Theory of Relativity

广义相对论入门

金洪英 编著

ZHEJIANG UNIVERSITY PRESS
浙江大学出版社
·杭州·

图书在版编目(CIP)数据

广义相对论入门/金洪英编著. —杭州:浙江大学出版社,2022.11(2023.11 重印)

ISBN 978-7-308-23210-4

Ⅰ.①广… Ⅱ.①金… Ⅲ.①广义相对论 Ⅳ.①O412.1

中国版本图书馆 CIP 数据核字(2022)第 202832 号

广义相对论入门

金洪英　编著

责任编辑	金佩雯　潘晶晶
责任校对	陈　宇
责任印制	范洪法
封面设计	浙信文化
出版发行	浙江大学出版社
	(杭州市天目山路 148 号　邮政编码 310007)
	(网址:http://www.zjupress.com)
排　　版	杭州星云光电图文制作有限公司
印　　刷	浙江新华数码印务有限公司
开　　本	710mm×1000mm　1/16
印　　张	16.75
插　　页	4
字　　数	216 千
版 印 次	2022 年 11 月第 1 版　2023 年 11 月第 3 次印刷
书　　号	ISBN 978-7-308-23210-4
定　　价	78.00 元

前言

爱因斯坦的相对论已诞生一百多年，其所有预言都与实验一致，爱因斯坦当初关于引力波的预言，也在2015年被实验证实。广义相对论的影响已扩展到物理学的各个分支。爱因斯坦大统一的想法(引力和电磁的统一)虽然没有成功，但是促进了非阿贝尔规范场的诞生，也促进了粒子物理大统一的思想。广义相对论也发展到了超引力、弦理论，虽然后者到目前为止与实验验证还有相当的距离。21世纪，我们迎来了宇宙学的高光时代。对宇宙深入而精确的观测为我们了解未知世界打开了一扇大门，重大的物理学突破正在孕育之中。广义相对论作为所有这些研究的理论基础，不再是当初曲高和寡的高深理论，已经成为大学物理本科教育的基础课。

我有幸在浙江大学从事多年本科生"广义相对论"课程的教学工作。市面上关于广义相对论的学术名著和优秀教材不少，一般篇幅很长，不适合32学时的教学，我便结合自己的教学经验，整理了这本小册子。

要理解广义相对论，首先要熟悉狭义相对论，所以我在第1章简述了狭义相对论的一些结论，这对后面章节的学习很重要，但光是这些是不够的，读者还需要阅读相关专门的书籍。此外，需要学习稍微抽象点的数学。就如同爱因斯坦所言：如果要更加深入地了解各种联系，那就必须用另外一些离直接经验领域较远的概念来代替这些概念。这会让刚接触的同学感觉有些不适应。我在书中相对来说花了较大的篇幅介绍数学概念，希望使欧几里得空间到黎曼空间的过渡平缓一点。书中在尽可能的条件下类比经典力学的处理方式，让广义相对论和经典力学在形式上达成统一。

本书适合修完物理系其它科目的本科高年级同学和低年级研究生，或者掌握大学物理基础知识、微积分和线性代数的其他人员参考使用(部分小节超出了本科教学要求，以星号标记)。本书的编写得到了浙江大学物理学院领导和学校 2021 年本科生教学建设项目的支持。感谢张剑波教授分享了他的课件。感谢历届同学讨论和指正课件中曾出现的疏漏。由于本人才疏学浅，书中难免有不当及疏漏之处，欢迎各位同仁指正。

符号约定

单位制 $\hbar = c = 1$，　$\varepsilon_0 = \mu_0 = 1$

闵可夫斯基度规(即闵氏度规)

$$\eta_{\mu\nu} = \begin{cases} -1, & \mu = \nu = 0 \\ 1, & \mu = \nu = 1,2,3 \\ 0, & \mu \neq \nu \end{cases}$$

坐标

$$x^\mu = (x^0, x^1, x^2, x^3) = (t, x, y, z)$$

$$x^0 = t, \quad x^k = (x, y, z)$$

希腊字母 α, β, γ 取值 0,1,2,3

拉丁字母 i, j, k 取值 1,2,3

$$R^\alpha_{\mu\rho\sigma} = -\Gamma^\alpha_{\mu\rho,\sigma} + \Gamma^\alpha_{\mu\sigma,\rho} - \Gamma^\beta_{\mu\rho}\Gamma^\alpha_{\beta\sigma} + \Gamma^\beta_{\mu\sigma}\Gamma^\alpha_{\rho\beta}$$

$$R^\rho_{\mu\nu\rho} = g^{\alpha\rho} R_{\alpha\mu\nu\rho} = R_{\mu\nu}$$

黑斜体不做特殊说明时，表示三维矢量；其它矢量用带有上下角标的白斜体表示。

目 录

第1章 狭义相对论简述

1.1 洛伦兹变换

到19世纪末,越来越多的实验表明电磁学与经典力学的伽利略变换(Galilean transformation)存在矛盾。比如,两个相对静止的电荷之间只有静电力,即库仑力(Coulomb force),而在一个相对电荷运动的观测者看来,它们之间不仅有静电力,还有磁力;在一个参照系中,只有稳恒磁场,在另一个参照系中,不仅有变化的磁场,还有涡旋电场;等等。如果伽利略变换是正确的,那么电磁学的结论对不同的惯性参照系并不是普适的。这就要求我们寻找对电磁学唯一适合的参照系——绝对参照系。爱因斯坦(Einstein)通过研究电磁学的基本规律,选择修正伽利略变换。基于光速不变原理,伽利略变换被修正为洛伦兹变换(Lorentz transformation):

$$x'^{\alpha}=\Lambda^{\alpha}_{\beta}x^{\beta} \tag{1.1}$$

其中矩阵 Λ^{α}_{β} 与坐标无关,所以洛伦兹是关于坐标的线性变换。洛伦兹变换有一个显著特征,即两个事件之间的"距离"在任何参照系中是不变的:

$$\Delta x^2+\Delta y^2+\Delta z^2-c^2\Delta t^2=\Delta x'^2+\Delta y'^2+\Delta z'^2-c^2\Delta t'^2 \tag{1.2}$$

我们在下文中如果不做特别说明,就约定 $c=1$。公式(1.2)可以简单写成

$$ds^2=\eta_{\alpha\beta}dx^{\alpha}dx^{\beta}=\eta_{\alpha\beta}dx'^{\alpha}dx'^{\beta} \tag{1.3}$$

关于 $\eta_{\alpha\beta}$ 的约定见"符号约定"页。公式(1.3)中,我们使用了爱因斯坦约

定:相同上下指标意味着对指标从 0 到 3 的求和,其中(t,x,y,z)对应于(x^0,x^1,x^2,x^3)。距离不依赖坐标的选取,意味着时间和空间组成一个新的四维空间,称为闵可夫斯基空间(Minkowski space,即闵氏空间),其是由德国数学家闵可夫斯基首先提出的。由于公式(1.2)存在负号,因此四维距离不是恒正或恒负的。我们按两个事件(事件就是某时刻在某地发生的事情,代表一个时空点)的时空距离的正负号,将其划分为

$$ds^2<0,\text{类时};\quad ds^2=0,\text{类光};\quad ds^2>0,\text{类空}$$

类时表明两个事件有因果关系,在任何参照系中,两个事件的时间顺序都是一样的;而且存在一个参照系,两个事件发生在同一空间位置。类空表明两个事件没有因果关系,在不同参照系中,两个事件的时间顺序可以不同;而且存在一个参照系,两个事件是同时发生的。类光是临界事件,两个事件要么在任何参照系里都同时同地发生,要么任何参照系既不同时也不同地发生。

洛伦兹变换(1.1)可以被看作四维时空的一个旋转。由于距离的不变性[公式(1.3)],旋转矩阵满足

$$\Lambda^\alpha_\mu \Lambda^\beta_\nu \eta_{\alpha\beta}=\eta_{\mu\nu} \tag{1.4}$$

由方程(1.4)可知

$$\det(\Lambda^\alpha_\beta)=\pm 1$$

我们通常取$+1$。-1是$+1$的时间反演。考虑公式(1.4)中的时间分量,可以得到

$$\Lambda^\alpha_0 \Lambda^\beta_0 \eta_{\alpha\beta}=\eta_{00}=-1=-\Lambda^0_0\Lambda^0_0+\Lambda^i_0\Lambda^i_0 \tag{1.5}$$

如果$\Lambda^i_0=\Lambda^0_i=0$,得到$\Lambda^0_0=\pm 1$。$\Lambda^0_0=-1$就是时间反演,不是我们考虑的情况。$\Lambda^0_0=1$,方程(1.1)就是纯的三维空间转动。一般情况下,带有时间指标 0 的矩阵元可以通过考察两个以速度v相对运动的观测者的观测结果获得。在S系中静止的物体,在S'系看来速度是$-v$,由公式(1.1)得到

$$dx'^i=\Lambda^i_0 dt,\quad dt'=\Lambda^0_0 dt \quad \Rightarrow \quad \frac{dx'^i}{dt'}=\frac{\Lambda^i_0}{\Lambda^0_0}=-v^i \tag{1.6}$$

代入公式(1.5),得到

$$\Lambda_0^0=\frac{1}{\sqrt{1-v^2}}=\gamma,\quad \Lambda_0^i=\frac{-v^i}{\sqrt{1-v^2}}=-\gamma v^i \tag{1.7}$$

剩余的矩阵元与单纯的空间转动相关。我们很熟悉的洛伦兹变换是

$$\begin{pmatrix} t' \\ x' \\ y' \\ z' \end{pmatrix}=\begin{pmatrix} \gamma & -\gamma v & 0 & 0 \\ -\gamma v & \gamma & 0 & 0 \\ 0 & 0 & 1 & 0 \\ 0 & 0 & 0 & 1 \end{pmatrix}\begin{pmatrix} t \\ x \\ y \\ z \end{pmatrix} \tag{1.8}$$

公式(1.8)中,两个观测者的相对速度是沿着 $x^1(x'^1)$ 方向,也就是两个观测者恰好把三维坐标轴的方向都对齐了,代表着在(t,x^1)平面内的转动。闵氏空间的转动和欧几里得空间(Euclidean space,即欧氏空间)的转动有所不同。如图 1.1 所示,左边是欧氏空间的旋转,右边是闵氏空间的旋转。公式(1.8)并不是唯一满足条件(即在 S 系静止的物体,在 S'系看来是以 $-v$ 沿 x'轴方向运动)的洛伦兹变换。再加上一个在 S 系的任意转动(不改变静止粒子的状态),也不会改变 S'系粒子的速度(当然这时两个观测者的三维坐标轴就没有对齐了)。

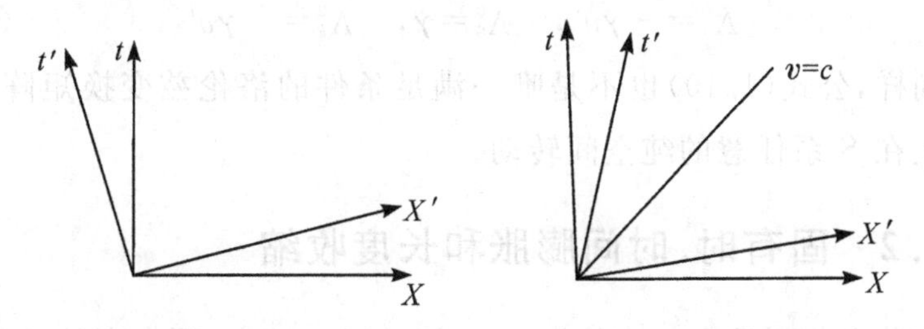

图 1.1　左图是欧氏空间的旋转,右图是闵氏空间的旋转:在 S'系静止于原点的物体,在 S'系的轨迹就是 t'轴,而在 S 系此物体以速度 v 沿 x 轴运动,轨迹方程是 $t=x/v$,所以轨迹是在光线轨迹(45°角的直线)上方的直线。同样,S'系的 x'轴是时间零点的等时线,在 S 系的轨迹方程是 $t=vx$,在光线轨迹的下方。t',x'轴与光线轨迹的夹角相等

任意相对速度的洛伦兹变换,都可以利用公式(1.8)推广得到。我们把三维坐标沿着相对速度方向投影分成纵向和横向部分:

$$\boldsymbol{x}=\frac{\boldsymbol{v}\cdot\boldsymbol{x}}{v^2}\boldsymbol{v}+\boldsymbol{x}-\frac{\boldsymbol{v}\cdot\boldsymbol{x}}{v^2}\boldsymbol{v}=x_L\frac{\boldsymbol{v}}{v}+\boldsymbol{x}_\perp$$

其中

$$x_L=\frac{\boldsymbol{v}\cdot\boldsymbol{x}}{v},\quad \boldsymbol{x}_\perp=\boldsymbol{x}-\frac{\boldsymbol{v}\cdot\boldsymbol{x}}{v^2}\boldsymbol{v}$$

然后利用公式(1.8),得到

$$\begin{cases}x'_L=\gamma(x_L-vx^0)\\ \boldsymbol{x}'_\perp=\boldsymbol{x}_\perp\\ x'^0=\gamma(x^0-vx_L)\end{cases}\tag{1.9}$$

合并公式(1.9),得到

$$\boldsymbol{x}'=\boldsymbol{x}+\frac{\gamma-1}{v}x_L\boldsymbol{v}-\gamma x^0\boldsymbol{v}$$

$$x'^0=\gamma(x^0-\boldsymbol{v}\cdot\boldsymbol{x})$$

所以

$$\Lambda^i_j=\delta^i_j+\frac{\gamma-1}{v^2}v^iv^j$$

$$\Lambda^i_0=-\gamma v^i,\quad \Lambda^0_0=\gamma,\quad \Lambda^0_i=-\gamma v^i\tag{1.10}$$

同样,公式(1.10)也不是唯一满足条件的洛伦兹变换矩阵,还可以加上在 S 系任意的纯空间转动。

1.2 固有时、时间膨胀和长度收缩

在狭义相对论(special theory of relativity)中,两个事件的时间和空间间隔在不同坐标系(我们后面基本都用坐标系代替“参照系”,它们在广义相对论中是两个概念,在狭义相对论中区别不大,特殊需要时除外)下是不一样的。对于两个类时事件,一定存在一个坐标系,这两个事件发生在同一空间位置,这时的时间间隔称为固有时,即

$$dx^i=0,\quad ds^2=-dt^2=-d\tau^2 \tag{1.11}$$

我们一般用 τ 来表示固有时。$d\tau^2$ 与四维距离平方差一个负号，所以固有时也是洛伦兹不变量，它代表一个类时时空轨迹（世界线）的四维长度。所以任何一个粒子（观测者）的时钟读数的平方就是自己在时空中移动距离的平方（差个负号）。在任意坐标系中，两个类时事件的时间间隔和固有时的关系为

$$ds^2=-d\tau^2=-dt^2+dx^i dx^i=-dt^2\left(1-\frac{dx^i}{dt}\frac{dx^i}{dt}\right)=-dt^2(1-v^2) \tag{1.12}$$

其中 dx^i 是在这个坐标系两个事件的空间间隔，它是由这个坐标系相对固有时坐标系（两个事件发生在同一空间位置）运动所导致的，所以 v 是这两个坐标系的相对速度。两个类时事件的时间间隔，以固有时为最短。这就是时间膨胀效应。

对于两个类空的事件，一定存在一个坐标系，两个事件是同时的。同时的两个事件的空间距离可以用来定义运动物体的尺度。比如行驶中的汽车前后灯同时闪亮，灯距就是车的长度。对于这辆汽车，也一定存在一个静止坐标系。在这个静止坐标系的观测者（比如汽车的司机）看来，前后灯的闪亮不是同时发生的，但这不妨碍这个坐标系里的观测者（司机）把两个事件的空间间隔（两灯之间的距离）定义为汽车的长度。这两种长度的定义存在以下关系：

$$ds^2=d\boldsymbol{x}\cdot d\boldsymbol{x}=-dt'^2+d\boldsymbol{x}'\cdot d\boldsymbol{x}'=-\gamma^2(\boldsymbol{v}\cdot d\boldsymbol{x})^2+d\boldsymbol{x}'\cdot d\boldsymbol{x}' \tag{1.13}$$

其中带撇的参照系是物体静止坐标系，最后等式用到了公式（1.7），v 是两个坐标系的相对速度。如果速度方向与事件空间间隔方向平行（如同那辆汽车），就有

$$d\boldsymbol{x}'\cdot d\boldsymbol{x}'=\frac{1}{1-v^2}d\boldsymbol{x}\cdot d\boldsymbol{x} \tag{1.14}$$

这就是运动物体沿运动方向的长度收缩。

1.3 洛伦兹张量

类似三维欧氏空间，我们可以定义四维时空的洛伦兹张量。零阶张量，我们称为标量，在洛伦兹变换下是不变的：

$$\Phi'(x')=\Phi(x) \tag{1.15}$$

比如四维时空的距离元[公式(1.3)]就是标量。矢量分为逆变矢量和协变矢量，称为(1,0)或(0,1)阶张量。逆变矢量和时空坐标一样具有四个分量，在洛伦兹变换下，其变换形式与坐标相同：

$$A'^{\alpha}=\Lambda^{\alpha}_{\beta}A^{\beta} \tag{1.16}$$

四维速度就是一个逆变矢量：

$$u'^{\alpha}=\frac{\mathrm{d}x'^{\alpha}}{\mathrm{d}\tau}=\frac{\Lambda^{\alpha}_{\beta}\mathrm{d}x^{\beta}}{\mathrm{d}\tau}=\Lambda^{\alpha}_{\beta}u^{\beta} \tag{1.17}$$

其与三维速度的关系为

$$u^{\alpha}=\left(\frac{1}{\sqrt{1-v^2}},\frac{\boldsymbol{v}}{\sqrt{1-v^2}}\right) \tag{1.18}$$

协变矢量可以通过逆变矢量来定义：

$$A_{\alpha}=\eta_{\alpha\beta}A^{\beta} \tag{1.19}$$

定义度规矩阵的逆矩阵：

$$\eta^{\alpha\gamma}\eta_{\gamma\beta}=\delta^{\alpha}_{\beta} \tag{1.20}$$

协变矢量(1.19)在洛伦兹变换下为

$$A'_{\alpha}=\eta_{\alpha\beta}A'^{\beta}=\eta_{\alpha\beta}\Lambda^{\beta}_{\gamma}A^{\gamma}=\eta_{\alpha\beta}\Lambda^{\beta}_{\gamma}\delta^{\gamma}_{\mu}A^{\mu}=\eta_{\alpha\beta}\Lambda^{\beta}_{\gamma}\eta^{\gamma\nu}\eta_{\nu\mu}A^{\mu}=\eta_{\alpha\beta}\Lambda^{\beta}_{\gamma}\eta^{\gamma\nu}A_{\nu} \tag{1.21}$$

定义

$$\widetilde{\Lambda}_{\alpha}{}^{\nu}=\eta_{\alpha\beta}\Lambda^{\beta}_{\gamma}\eta^{\gamma\nu} \tag{1.22}$$

公式(1.21)可以写成

$$A'_{\alpha}=\widetilde{\Lambda}_{\alpha}{}^{\nu}A_{\nu} \tag{1.23}$$

公式(1.22)显然是洛伦兹变换矩阵的逆矩阵。利用公式(1.4)得到

$$\Lambda^{\alpha}_{\mu}\widetilde{\Lambda}_{\alpha}{}^{\nu}=\Lambda^{\alpha}_{\mu}\eta_{\alpha\beta}\Lambda^{\beta}_{\gamma}\eta^{\gamma\nu}=\eta_{\mu\gamma}\eta^{\gamma\nu}=\delta^{\nu}_{\mu} \tag{1.24}$$

由公式(1.1)和(1.24),我们可以进一步得到

$$\Lambda^{\alpha}_{\beta}=\frac{\partial x'^{\alpha}}{\partial x^{\beta}},\quad \widetilde{\Lambda}_{\alpha}{}^{\beta}=\frac{\partial x^{\alpha}}{\partial x'^{\beta}} \tag{1.25}$$

一个标量函数的梯度就是一个协变矢量:

$$\frac{\partial \Phi'(x')}{\partial x'^{\alpha}}=\frac{\partial x^{\beta}}{\partial x'^{\alpha}}\frac{\partial \Phi(x)}{\partial x^{\beta}}=\widetilde{\Lambda}_{\alpha}{}^{\beta}\frac{\partial \Phi(x)}{\partial x^{\beta}} \tag{1.26}$$

通过公式(1.19)我们也可以知道,利用度规和它的逆矩阵可以升降张量的指标而改变张量的性质,这不仅限于一阶张量。

(2,0)阶张量可以被看作两个逆变矢量的直积,其在洛伦兹变换下的行为是

$$T'^{\alpha\beta}=\Lambda^{\alpha}_{\mu}\Lambda^{\beta}_{\nu}T^{\mu\nu} \tag{1.27}$$

度规张量的逆矩阵就是(2,0)阶张量。其它阶张量定义以此类推,比如闵氏度规张量是(0,2)阶张量。我们常会遇到如下几个张量。

(1)莱维-齐维塔(Levi-Civita)张量:

$$\varepsilon^{\alpha\beta\mu\nu}=\begin{cases}1, & \alpha\beta\mu\nu\ \text{为}\ 0,1,2,3\ \text{或偶排序}\\ -1, & \alpha\beta\mu\nu\ \text{为}\ 0,1,2,3\ \text{或奇排序}\\ 0, & \text{任意两个或以上的指标相等}\end{cases}$$

这个定义在任何坐标下都成立。可以证明

$$\varepsilon^{\alpha\beta\mu\nu}=\Lambda^{\alpha}_{\rho}\Lambda^{\beta}_{\sigma}\Lambda^{\mu}_{\omega}\Lambda^{\nu}_{\lambda}\varepsilon^{\rho\sigma\omega\lambda} \tag{1.28}$$

(2)四维体积积分元是标量:$\mathrm{d}^4x=\mathrm{d}^4x'$。

1.4　狭义相对论的协变性

1.4.1　力　学

狭义相对论要求所有物理规律在任何惯性系下形式一样。这要求

所有的物理方程都是张量方程。方程两边都是等阶的张量,这样可以在洛伦兹变换下保持形式不变。比如牛顿(Newton)第二定律表示为

$$\boldsymbol{F}=m\frac{\mathrm{d}\boldsymbol{v}}{\mathrm{d}t} \tag{1.29}$$

这在伽利略变换下是协变的,现在要把它写成四维时空的张量方程。四维的自然扩展形式是

$$f^{\alpha}=m\frac{\mathrm{d}^2x^{\alpha}}{\mathrm{d}\tau^2}=m\frac{\mathrm{d}u^{\alpha}}{\mathrm{d}\tau}=\frac{\mathrm{d}p^{\alpha}}{\mathrm{d}\tau} \tag{1.30}$$

其中 f 是四维力,$p^{\alpha}=mu^{\alpha}$ 是四维动量(能量-动量矢量),m 是静止质量。四维力可以从洛伦兹变换(1.10)获得。考虑在粒子的静止参照系,

$$\left.\frac{\mathrm{d}u^0}{\mathrm{d}\tau}\right|_{v=0}=0,\quad \left.\frac{\mathrm{d}u^i}{\mathrm{d}\tau}\right|_{v=0}=\frac{\mathrm{d}v^i}{\mathrm{d}t} \tag{1.31}$$

所以

$$f^0=0,\quad f^i=F^i \tag{1.32}$$

F^i 是静止系下的三维力。在粒子速度为 v^i 的参照系,利用公式(1.10)得到

$$f^0=\Lambda^0_iF^i=\gamma\boldsymbol{v}\cdot\boldsymbol{F},\quad f^i=\Lambda^i_jF^j=F^i+\frac{\gamma-1}{v^2}\boldsymbol{v}\cdot\boldsymbol{F}v^i \tag{1.33}$$

1.4.2 电磁学

电磁学的麦克斯韦(Maxwell)方程组可以写成简洁的张量形式:

$$\partial_{\nu}F^{\mu\nu}=J^{\mu},\qquad \varepsilon_{\lambda\alpha\beta\gamma}\partial^{\gamma}F^{\alpha\beta}=0 \tag{1.34}$$

其中我们采用单位制 $\varepsilon_0=\mu_0=1$。电磁场张量定义为

$$F^{\mu\nu}=\partial^{\mu}A^{\nu}-\partial^{\nu}A^{\mu},\quad A=(\Phi,\boldsymbol{A}) \tag{1.35}$$

我们简写了微分符号:

$$\partial_{\alpha}=\frac{\partial}{\partial x^{\alpha}},\quad \partial^{\alpha}=\eta^{\alpha\beta}\partial_{\beta}$$

容易验证

$$F^{0i}=E^i,\quad \frac{1}{2}\varepsilon_{ijk}F^{jk}=B^i \tag{1.36}$$

其中 ε_{ijk} 是三维的莱维-齐维塔张量。利用公式(1.10),可以得到电磁场的洛伦兹变换：

$$\begin{cases} E'^i=\gamma\left[E^i+\dfrac{1-\gamma}{\gamma v^2}\boldsymbol{E}\cdot\boldsymbol{v}v^i+(\boldsymbol{v}\times\boldsymbol{B})^i\right] \\ B'^i=\gamma\left[B^i+\dfrac{1-\gamma}{\gamma v^2}\boldsymbol{B}\cdot\boldsymbol{v}v^i-(\boldsymbol{v}\times\boldsymbol{E})^i\right] \end{cases} \tag{1.37}$$

电磁场张量满足比安基(Bianchi)恒等式[也就是公式(1.34)第二式]:

$$\partial_\alpha F_{\beta\gamma}+\partial_\beta F_{\gamma\alpha}+\partial_\gamma F_{\alpha\beta}=0 \tag{1.38}$$

公式(1.34)中的四维流密度由电荷密度和电流密度构成：

$$\begin{cases} J^0=\sum_n q_n\delta^3[\boldsymbol{x}-\boldsymbol{x}_n(t)] \\ J^i=\sum_n q_n\delta^3[\boldsymbol{x}-\boldsymbol{x}_n(t)]\dfrac{\mathrm{d}x_n^i}{\mathrm{d}t} \end{cases} \tag{1.39}$$

公式(1.39)可以合并成一项(只要注意 $x_n^0=t$)：

$$\begin{aligned} J^\alpha &=\sum_n q_n\delta^3[\boldsymbol{x}-\boldsymbol{x}_n(t)]\frac{\mathrm{d}x_n^\alpha}{\mathrm{d}t} \\ &=\int\mathrm{d}t\sum_n q_n\delta^4[x^\beta-x_n^\beta(t)]\frac{\mathrm{d}x_n^\alpha}{\mathrm{d}t} \\ &=\int\mathrm{d}\tau\sum_n q_n\delta^4[x^\beta-x_n^\beta(t)]\frac{\mathrm{d}x_n^\alpha}{\mathrm{d}\tau} \end{aligned} \tag{1.40}$$

四维 δ 函数是标量,因为四维体积元是标量。所以公式(1.40)构成一个逆变矢量。这个矢量流是守恒的：

$$\begin{aligned} \partial_i J^i &=\sum_n q_n\partial_i\delta^3[x-\boldsymbol{x}_n(t)]\frac{\mathrm{d}x_n^i}{\mathrm{d}t} \\ &=-\sum_n q_n\partial_0\delta^3[\boldsymbol{x}-\boldsymbol{x}_n(t)] \\ &=-\partial_0 J^0 \end{aligned} \tag{1.41}$$

公式(1.41) 可以写成四维协变的形式：

$$\partial_\mu J^\mu = 0 \tag{1.42}$$

四维电流密度矢量守恒意味着电荷守恒：

$$\begin{cases} Q = \int J^0 \mathrm{d}^3 x \\ \dfrac{\mathrm{d}Q}{\mathrm{d}t} = \int \partial_0 J^0 \mathrm{d}^3 x = -\int \partial_i J^i \mathrm{d}^3 x = -\int J^i \mathrm{d}S_i = 0 \end{cases} \tag{1.43}$$

在公式(1.43) 中，体积分的范围是无穷大的三维空间(或者是足够大的三维体积)。我们假定在足够大的封闭面，电流衰减得足够快，通量为零。可以证明公式(1.43) 定义的电荷是洛伦兹标量。洛伦兹力也可以写成张量形式：

$$f^\alpha = qF^{\alpha\beta} u_\beta \tag{1.44}$$

公式(1.44) 满足普遍的力学法则[公式(1.32) 和(1.33)]。

1.4.3 万有引力

牛顿的万有引力定律与库仑定律的形式一样，只有空间的三维形式，而且是超距作用。要想写成如公式(1.44) 的洛伦兹张量形式，电磁学的方法值得借鉴。[这不能靠普遍的力学法则即公式(1.33) 给出粒子任何状态时所受到的引力。因为变换会带动引力源一起运动，通过简单的坐标变换无法获得粒子相对引力源运动时的受力状态。] 要避免超距作用，必须引入场。如同将库仑定律写成高斯(Gauss) 定律一样，也可以将万有引力定律写成引力场的泊松(Poisson) 方程(质量类比于电荷)：

$$\nabla^2 \varphi = 4\pi G\rho \tag{1.45}$$

其中 φ 是引力势，ρ 是质量密度。方程(1.45) 虽然和高斯定律很像，其实有很大的不同：高斯定律中的电荷密度是四维电流密度的零分量(电荷是洛伦兹不变量)，而泊松方程中的质量密度是四维二阶能量-动量张量的一个分量(见第 1.5 节)，这是因为质量是随着参照系的变化而变化的。所以将公式(1.45)嵌入一个张量方程，比将高斯定律嵌入公式(1.34)要困难得多。引力场将是一个张量场，而不像电磁场是由矢量势描述的。这会凭空生出很多物理自由度。在狭义相对论的框架下，到目前为止，所有尝试都是失败的。

1.5　能量-动量张量

有时候我们需要引进物质的能量-动量密度。因为三维体积元不是标量，所以物质的能量-动量密度不是四维矢量。但是它们是一个二阶张量的分量。考虑到物质由粒子构成，引入物质的能量-动量密度：

$$T^{\mu 0}=\sum_n p_n^\mu \delta^3[\boldsymbol{x}-\boldsymbol{x}_n(t)] \tag{1.46}$$

再引入能量-动量流密度：

$$T^{\mu i}=\sum_n p_n^\mu \delta^3[\boldsymbol{x}-\boldsymbol{x}_n(t)]\frac{\mathrm{d}x_n^i}{\mathrm{d}t} \tag{1.47}$$

能量-动量流密度的含义是明显的，对于任意封闭面，做积分

$$\begin{aligned}
\oiint T^{\mu i}\mathrm{d}S_i &= \iiint \partial_i T^{\mu i}\mathrm{d}V=\iiint \mathrm{d}V\left\{\sum_n p_n^\mu \partial_i \delta^3[\boldsymbol{x}-\boldsymbol{x}_n(t)]\frac{\mathrm{d}x_n^i}{\mathrm{d}t}\right\} \\
&= -\frac{\partial}{\partial t}\iiint \mathrm{d}V\left\{\sum_n p_n^\mu \delta^3[\boldsymbol{x}-\boldsymbol{x}_n(t)]\right\} \\
&\quad +\iiint \mathrm{d}V\left\{\sum_n \frac{\mathrm{d}p_n^\mu}{\mathrm{d}t}\delta^3[\boldsymbol{x}-\boldsymbol{x}_n(t)]\right\} \\
&= -\frac{\partial}{\partial t}\iiint T^{\mu 0}\mathrm{d}V+\sum_n f_n^\mu
\end{aligned} \tag{1.48}$$

公式(1.48)左边是单位时间流出封闭面的能量和动量，右边第一项是封闭面里物质能量和动量的减少率，第二项的零分量是封闭面里的粒子受到的相互作用力的总功率，三维分量是受到的总三维力。如果粒子的相互作用均通过弹性碰撞产生(没有其它形式的能量-动量转化)，右边第二项就等于零。如果相互作用需要借助其它物质(场)，比

如电磁力，右边第二项不等于零。需要引入其它物质的能量-动量密度，见下面讨论。公式(1.48)代表能量和动量守恒。常把 T^{ij} 称为应力张量，把公式(1.48)左边的三维部分解释成内部流体对封闭面外的总应力。称 T^{0j} 为能流密度，T^{j0} 为动量密度，虽然两者大小一样。

公式(1.46)和(1.47)合在一起形成(2,0)阶张量：

$$
\begin{aligned}
T^{\mu\nu} &= \sum_n p_n^\mu \delta^3[\boldsymbol{x} - \boldsymbol{x}_n(t)] \frac{\mathrm{d}x_n^\nu}{\mathrm{d}t} \\
&= \int \mathrm{d}t \sum_n p_n^\mu \delta^4[x^\rho - x_n^\rho(t)] \frac{\mathrm{d}x_n^\nu}{\mathrm{d}t} \\
&= \int \mathrm{d}\tau \sum_n p_n^\mu \delta^4[x^\rho - x_n^\rho(t)] \frac{\mathrm{d}x_n^\nu}{\mathrm{d}\tau} \\
&= \int \mathrm{d}\tau \sum_n m_n \delta^4[x^\rho - x_n^\rho(t)] \frac{\mathrm{d}x_n^\mu}{\mathrm{d}\tau} \frac{\mathrm{d}x_n^\nu}{\mathrm{d}\tau}
\end{aligned} \tag{1.49}
$$

公式(1.49)称为能量-动量张量。能量-动量张量是对称张量。类似于守恒的电流矢量导致电荷守恒，能量-动量张量守恒也生成了守恒的四维能量-动量矢量：

$$
P^\mu = \int T^{0\mu} \mathrm{d}^3 x \tag{1.50}
$$

可以证明公式(1.50)定义的能量-动量是洛伦兹矢量(见本章练习10)。如果物质是连续分布的，能量-动量张量将由物质的密度和压强这样的宏观量来表示。对于理想流体(无黏滞，无热传导)，在某特定区域选取宏观静止参照系(足够小体积总是可以做到的)，能量-动量张量的时空交叉项是动量密度，所以为零。考虑封闭面上的一小块面积 $\Delta\boldsymbol{S}$，可以表示为

$$
\Delta\boldsymbol{S} = |\Delta\boldsymbol{S}|(n_x\boldsymbol{i} + n_y\boldsymbol{j} + n_z\boldsymbol{k}) \tag{1.51}
$$

内部通过这块面积对外面的总应力就是

$$
\begin{aligned}
&\left[(T^{11}n_x + T^{12}n_y + T^{13}n_z)\boldsymbol{i} + (T^{21}n_x + T^{22}n_y + T^{23}n_z)\boldsymbol{j}\right. \\
&\quad \left. + (T^{31}n_x + T^{32}n_y + T^{33}n_z)\boldsymbol{k}\right]|\Delta\boldsymbol{S}| = p\Delta\boldsymbol{S}
\end{aligned} \tag{1.52}
$$

由于公式(1.52)对任意面都成立，而且压强在局部处处相等，因此

$$p=T^{11}=T^{22}=T^{33},\quad T^{ij}=0\ (i\neq j) \tag{1.53}$$

同时，$T^{00}=\rho$ 是能量(质量)密度，合起来有

$$T^{\mu\nu}=(p+\rho)u^{\mu}u^{\nu}+p\eta^{\mu\nu} \tag{1.54}$$

其中四维速度 $\boldsymbol{u}=(1,0,0,0)$。公式(1.54)具有张量结构，可以推广到任何坐标系，不过始终将 ρ 和 p 理解为局部静止系的密度和压强。由于粒子的速度 $v^2<1$(单个粒子的速度不为零，局域粒子的总动量在静止系中为零)，公式(1.49)表明

$$p=\frac{1}{3}\sum_{i=1}^{3}T^{ii}\leqslant\frac{1}{3}T^{00}=\frac{1}{3}\rho \tag{1.55}$$

只有在极端相对论(ultrarelativistic)条件下，公式(1.55)中的等号才近似成立。对于非相对论(nonrelativistic)的情况，压强远小于密度，能量-动量张量可以表示为

$$T^{\mu\nu}=\rho u^{\mu}u^{\nu} \tag{1.56}$$

连续分布的物质还有场。电磁场的能量-动量张量表示为

$$T_{em}^{\mu\nu}=F^{\mu\alpha}F^{\nu}_{\ \alpha}-\frac{1}{4}\eta^{\mu\nu}F^{\alpha\beta}F_{\alpha\beta} \tag{1.57}$$

容易验证

$$T_{em}^{00}=\frac{1}{2}(E^2+B^2),\quad T_{em}^{0i}=\varepsilon_{ijk}E^jB^k \tag{1.58}$$

这就是熟悉的电磁场能量密度和能流密度。纯空间分量是电磁场的应力张量。公式(1.57)与(1.49)合并组成有粒子和电磁场的总能量-动量张量：

$$T^{\mu\nu}=T_p^{\mu\nu}+T_{em}^{\mu\nu} \tag{1.59}$$

利用麦克斯韦方程组(1.34)可以得到

$$\partial_{\nu}T_{em}^{\mu\nu}=-F^{\mu\nu}J_{\nu} \tag{1.60}$$

所以公式(1.48)就变成

$$\oiint T^{\mu i}\mathrm{d}S_i = -\frac{\partial}{\partial t}\iiint T_p{}^{\mu 0}\mathrm{d}V + \iiint \mathrm{d}V\sum_n \frac{\mathrm{d}p_n^\rho}{\mathrm{d}t}\delta^3[\boldsymbol{x}-\boldsymbol{x}_n(t)]$$

$$+\iiint \partial_i T_{em}{}^{\mu i}\mathrm{d}V$$

$$= -\frac{\partial}{\partial t}\iiint T^{\mu 0}\mathrm{d}V + \iiint \mathrm{d}V\sum_n \frac{\mathrm{d}p_n^\rho}{\mathrm{d}t}\delta^3[\boldsymbol{x}-\boldsymbol{x}_n(t)]$$

$$-\iiint \mathrm{d}V F^{\mu\nu}\eta_{\nu\rho}J^\rho$$

$$= -\frac{\partial}{\partial t}\iiint T^{\mu 0}\mathrm{d}V + \iiint \mathrm{d}V\sum_n \left(\frac{\mathrm{d}p_n^\rho}{\mathrm{d}t} - q_n F^{\mu\nu}\eta_{\nu\rho}\frac{\mathrm{d}x_n^\rho}{\mathrm{d}t}\right)\delta^3$$

$$\cdot[\boldsymbol{x}-\boldsymbol{x}_n(t)]$$

$$= -\frac{\partial}{\partial t}\iiint T^{\mu 0}\mathrm{d}V \tag{1.61}$$

最后一个等式,假定了所有超距作用(借助于场)都来自洛伦兹力。这样在没有其它外场介入时,电磁和粒子总能量-动量张量守恒。

本章练习

1. 洛伦兹变换(1.8)可以看作闵氏空间的旋转,验证其可以写成

$$\begin{pmatrix} t' \\ x' \\ y' \\ z' \end{pmatrix} = \begin{pmatrix} \cosh\varphi & -\sinh\varphi & 0 & 0 \\ -\sinh\varphi & \cosh\varphi & 0 & 0 \\ 0 & 0 & 1 & 0 \\ 0 & 0 & 0 & 1 \end{pmatrix} \begin{pmatrix} t \\ x \\ y \\ z \end{pmatrix}$$

求 φ 的表达式。

2. 宇航员坐飞船出发,以速度 v 匀速飞行 T 时间,然后掉头以相同速率返回。在(t,x)坐标平面画出宇航员的飞行轨迹(飞船沿 x 轴运动)。通过轨迹计算宇航员自己所花费的时间。

3. 在一个车站,有甲乙两趟列车,分别以相同的速度 v 向东和向

南出发。利用洛伦兹变换公式(1.8)[或(1.10)]分别获得甲和乙与车站坐标的变换关系,证明如此获得的甲乙坐标系之间的变换关系不是公式(1.8)[或(1.10)]的形式,还需要外加一个纯空间转动。

4. 验证公式(1.28)。

5. 验证公式(1.34)是麦克斯韦方程组。

6. 验证洛伦兹变换(1.37)。

7. 验证比安基恒等式(1.38)。

8. 验证洛伦兹力(1.44)。

9. 验证能量-动量守恒[公式(1.50)]。

10. 可以将公式(1.50)写成

$$
\begin{aligned}
P^{\mu} &= \int T^{0\mu}(x,t)\mathrm{d}^3x = \int T^{0\mu}(x,0)\mathrm{d}^3x = \int T^{0\mu}(x,t)\delta(t)\mathrm{d}^4x \\
&= \int T^{0\mu}(x,t)\partial_0\theta(t)\mathrm{d}^4x = \int T^{\alpha\mu}(x,t)\partial_\alpha\theta(t)\mathrm{d}^4x \\
&= \int \partial_\alpha[T^{\alpha\mu}(x,t)\theta(t)]\mathrm{d}^4x = \int T^{\alpha\mu}(x,t)\theta(t)\mathrm{d}S_\alpha
\end{aligned}
$$

最后的等式是四维空间的高斯定律,$\mathrm{d}S_\alpha$ 是四维面元矢量,$\theta(t)$ 是阶跃函数

$$
\theta(t) = \begin{cases} 1, & t > 0 \\ 0, & t < 0 \end{cases}
$$

换一个带撇的坐标系,根据洛伦兹变换,有

$$
P'^{\nu} = \Lambda^{\nu}_{\mu}\int T^{\alpha\mu}(x,t)\theta(t')\mathrm{d}S_\alpha = \Lambda^{\nu}_{\mu}\int T^{\alpha\mu}(x,t)\theta(\Lambda^0_\beta x^\beta)\mathrm{d}S_\alpha
$$

坐标变换前后的差别,除了一个矢量的洛伦兹变换因子,只有 θ 函数的宗量不同。假定张量密度在空间无穷远处足够快趋近零,证明:

$$
\int T^{\alpha\mu}(x,t)\theta(t)\mathrm{d}S_\alpha = \int T^{\alpha\mu}(x,t)\theta(\Lambda^0_\beta x^\beta)\mathrm{d}S_\alpha
$$

从而证明公式(1.50)左边是矢量。

11. 验证公式(1.60)。

第2章　张量分析

几何学的公理化体系首先是由欧几里得建立的。欧几里得平面几何学有五条公理：

(1)任意不同的两个点可以用一条直线连接；

(2)任意线段可以无限延长成一条直线；

(3)给定任意线段，可以以其一个端点为圆心，以该线段作为半径，画一个圆；

(4)所有直角都全等；

(5)若两条直线都与第三条直线相交，且在同一边的内角和小于两个直角和，则这两条直线必定会在这一边相交。

随后很长的一段时间(约两千年)里，数学家们感觉第五条公理是多余的，期望由前四条可以推导出来。经过反复的尝试，最终只能得到若干条与第五条公理等价的条件。比如第五条公理可以修改成中学教科书里的形式：过直线外一点，能且只能做出一条与已知直线平行的直线。最先发现第五条公理不可缺少的是高斯、鲍耶(Bolyai)和罗巴切夫斯基(Lobachevsky)。公开发表研究结论的是鲍耶和罗巴切夫斯基，其中罗巴切夫斯基给出的形式最完整。罗巴切夫斯基最初也曾试图证明第五条公理，在失败以后，他采用了反证法。他假定过直线外一点可以做出至少两条与已知直线平行的直线，期望通过逻辑矛盾而证明第五条公理。然而出乎他的意料，逻辑是自洽的。他发现了一个新的几何体系——罗巴切夫斯基几何(即罗氏几何)。我们现在知道罗氏几何就是曲率为负的常曲率空间，而欧氏几何是曲率为零的常曲率空间。

几何学的另一个重大发展是解析几何的产生。解析几何首先是由笛卡尔(Descartes)发展起来的。在笛卡尔坐标(Cartesian coordinates)下定义两点之间的距离后，所有的几何问题都转化为实数问题，这完全等效于欧氏几何学的五条公理。在罗氏几何学的框架下，也可以由距离定义代替罗氏几何公理。所以几何学的公理也等价于通过坐标对两点距离进行定义。几何的代数化，大大提高了处理三维欧氏空间中曲线和曲面问题的能力，特别是与微积分、微分方程结合，形成了微分几何。

与罗巴切夫斯基同时代的高斯在思考更为深奥的问题：如何在曲面中发现曲面的内禀性质而不需要借助三维平直空间。高斯发现，曲面的内禀性质与曲面如何嵌入三维欧氏空间无关，也就是说，一张纸平摊着，或卷成圆柱面，或呈现为其它的任何形状(只要纸面没有任何拉伸)，其内禀性质是一样的。这种内禀性质可以用曲率来描述。高斯进一步发现，曲面上的度量完全决定了曲面的曲率。

爱因斯坦对此给出一个形象的例子(图 2.1)：对于地球表面上的任何四个点，可以测量它们之间的距离，一共是六个距离。如果表面是平直的，以其中一个点作为坐标原点，另外一个点可以选取在 x 轴上，这样四个点的位置可以用五个数确定。这五个数决定了它们之间的六个距离。显然，如果表面是平面，这六个距离不是独立的。换句话说，如果知道了其中五个距离，第六个距离不需要测量也就知道了。事实果真如此吗？这可以用实验来验证。如果通过其中五个距离得到的第六个距离与实际测量一致，那么地球表面是平面；反之，就不是平面。

这样的操作可以扩展到任意多个点(四个以上)，不独立的距离会随着点的增加而增加。所以我们并不需要站在太空来确定地球表面是否是平的(比如站在地面利用太空里的星星、大海中升起的轮船桅

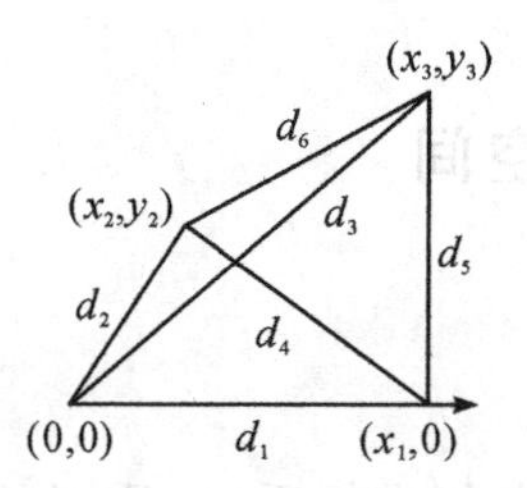

图 2.1　$d_6^2=\left(\frac{d_2^2+d_5^2}{2d_1}\right)^2+\left(\frac{\Delta_{124}-\Delta_{135}}{2d_1}\right)^2$

$$\Delta_{ijk}=\sqrt{(d_i+d_j+d_k)(d_i+d_j-d_k)(d_i-d_j+d_k)(d_j+d_k-d_i)}$$

杆等地面以外的物体）。这就是所谓的“内蕴几何”。

黎曼（Riemann）是高斯的学生，将高斯的结论推广到任意维度且更加广泛的空间——流形，并且定义了更广泛的度量——黎曼度量。这使几何学摆脱了公理化体系：空间几何性质是可以逐点改变的，而不像欧氏或罗氏几何那样是全局单一的。具体性质需要由实验确定。克里斯托费尔（Christoffel）、里奇（Ricci）、比安基和莱维-齐维塔等人通过引入张量平移等概念，创造出一套张量分析方法，最终完善了黎曼几何。

黎曼几何的实际意义是通过广义相对论（general theory of relativity）体现的。黎曼度量的非退化二次型，决定了在任何局域可以使度规矩阵近似为常数矩阵，从而在局部采用直角坐标，这与广义相对论的等效原理不谋而合（历史其实是反过来的，高斯假定任何局部都可以采用笛卡尔坐标，从而推出任意坐标下度量都是坐标微分的非退化正定二次型）。张量的非坐标依赖性，拟合了广义协变原理。黎曼几何成了广义相对论的不二数学基础。在以下若干小节里，我们从欧氏空间出发，引入曲面上的度量及曲面上的张量，然后推广到任意维数空间。通过引入张量平移，介绍黎曼空间张量的微分运算及测地线、黎曼曲率张量等重要概念。

2.1 欧几里得空间

2.1.1 曲 线

在欧氏空间建立笛卡尔坐标系，一质点的位矢为

$$\boldsymbol{r}=x\boldsymbol{e}_x+y\boldsymbol{e}_y+z\boldsymbol{e}_z \tag{2.1}$$

质点在空间的轨迹可以用坐标$(x(t),y(t),z(t))$表示为一条曲线。t 可以不是时间，是任意标量性的参数(仿射参量)。曲线上任意一点的切线可以定义为矢量：

$$\frac{\mathrm{d}\boldsymbol{r}}{\mathrm{d}t}=\frac{\mathrm{d}x}{\mathrm{d}t}\boldsymbol{e}_x+\frac{\mathrm{d}y}{\mathrm{d}t}\boldsymbol{e}_y+\frac{\mathrm{d}z}{\mathrm{d}t}\boldsymbol{e}_z \tag{2.2}$$

如果 t 是时间(在经典力学中，时间是标量)，切线就是质点在这点的瞬时速度。任意无穷小段曲线的长度为

$$\mathrm{d}l=\sqrt{\mathrm{d}\boldsymbol{r}\cdot\mathrm{d}\boldsymbol{r}}=\sqrt{\frac{\mathrm{d}x^n}{\mathrm{d}t}\frac{\mathrm{d}x^n}{\mathrm{d}t}}\mathrm{d}t \tag{2.3}$$

我们在这里采用了爱因斯坦的简略写法，用指标 $n=1,2,3$ 代替 x,y,z，用两个相同的指标代表求和(除非有特殊说明)，即

$$\sum_{n=1}^{3}\frac{\mathrm{d}x^n}{\mathrm{d}t}\frac{\mathrm{d}x^n}{\mathrm{d}t}=\frac{\mathrm{d}x^n}{\mathrm{d}t}\frac{\mathrm{d}x^n}{\mathrm{d}t} \tag{2.4}$$

曲线从 $x^n(t_0)$ 到 $x^n(t_1)$ 的长度就是

$$l=\int_{t_0}^{t_1}\sqrt{\frac{\mathrm{d}x^n}{\mathrm{d}t}\frac{\mathrm{d}x^n}{\mathrm{d}t}}\mathrm{d}t=\int_{t_0}^{t_1}L(\dot{x}^n)\mathrm{d}t \tag{2.5}$$

如果求从 $x^n(t_0)$ 到 $x^n(t_1)$ 的最短距离，可以固定曲线两端，对曲线变分求极值。曲线满足欧拉-拉格朗日(Euler-Lagrange)方程

$$\frac{\mathrm{d}}{\mathrm{d}t}\frac{\partial L}{\partial\dot{x}^n}=\frac{\mathrm{d}}{\mathrm{d}t}\left(\frac{\dot{x}^n}{L}\right)=0$$

$$\Rightarrow\quad\frac{\dot{x}^n}{L}=c^n \tag{2.6}$$

其中 c^n 是积分常数。因此,“速度”的方向始终不变,两点间最短距离的线是直线。

2.1.2　曲线坐标

有时笛卡尔坐标不是最方便的,我们会选取某一坐标(a,b,c),位矢可以表示成(a,b,c)的函数:

$$\boldsymbol{r}=x(a,b,c)\boldsymbol{e}_x+y(a,b,c)\boldsymbol{e}_y+z(a,b,c)\boldsymbol{e}_z=x^n(a,b,c)\boldsymbol{e}_n \tag{2.7}$$

公式(2.7)的最右式是我们采用的简略写法。$x^n(a,b,c)$是连续可微的函数,其逆函数也是连续可微的。

对于新的坐标,我们可以定义其“单位”矢量:

$$\begin{cases}\boldsymbol{e}_a=\dfrac{\partial\boldsymbol{r}}{\partial a}=\dfrac{\partial x^n(a,b,c)}{\partial a}\boldsymbol{e}_n\\[2ex]\boldsymbol{e}_b=\dfrac{\partial\boldsymbol{r}}{\partial b}=\dfrac{\partial x^n(a,b,c)}{\partial b}\boldsymbol{e}_n\\[2ex]\boldsymbol{e}_c=\dfrac{\partial\boldsymbol{r}}{\partial c}=\dfrac{\partial x^n(a,b,c)}{\partial c}\boldsymbol{e}_n\end{cases} \tag{2.8}$$

我们对“单位”矢量打引号,是因为这些矢量可能既不是正交的,也不是归一的。这些单位矢量有怎样的方向呢?位矢对 a 求偏导,要求 b,c 是固定的,所以这时位矢的轨迹是一条以 a 为参数的曲线,对 a 求偏导就是这条曲线的切线。对于柱坐标(r,θ,z),等 θ 面是半个垂直于 x-y 面的平面,等 z 面是平行于 x-y 面的平面,两个面的交线就是固定(θ,z)的曲线,它的切线就是 r 坐标的单位矢量 $\boldsymbol{e}_r$。类似地,等 r 面是柱面,与 z 固定的平面的交线就是(r,z)固定的曲线,其切线就是 θ 坐标的单位矢量 $\boldsymbol{e}_\theta$(图 2.2)。对于球坐标(r,θ,φ),r 固定时是个球面,θ 固定时是个锥面,φ 固定时是半个垂直于 x-y 面的平面,它们两两相交的交线分别是圆、射线和半个圆弧,它们的切线分别指向 $\boldsymbol{e}_\varphi,\boldsymbol{e}_r,\boldsymbol{e}_\theta$ 三个单位矢量。

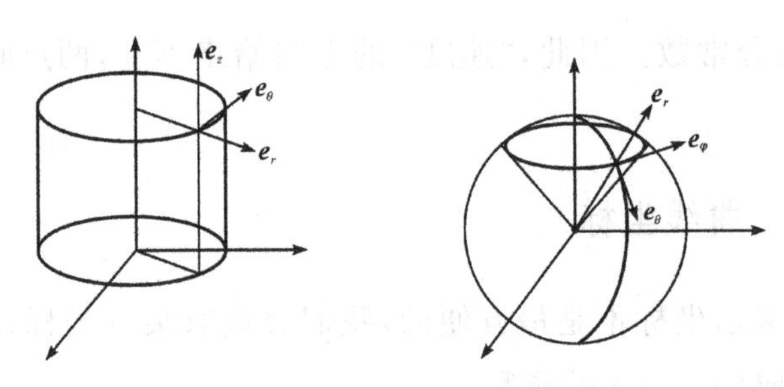

图 2.2 柱坐标和球坐标上的逆变单位矢量

我们还可以用另一种方式定义坐标(a,b,c)的单位矢量。由于(a,b,c)也是(x,y,z)的函数，对(a,b,c)求梯度，得到

$$\begin{cases} \boldsymbol{e}^a = \nabla a = \dfrac{\partial a(x,y,z)}{\partial x^n}\boldsymbol{e}_n \\ \boldsymbol{e}^b = \nabla b = \dfrac{\partial b(x,y,z)}{\partial x^n}\boldsymbol{e}_n \\ \boldsymbol{e}^c = \nabla c = \dfrac{\partial c(x,y,z)}{\partial x^n}\boldsymbol{e}_n \end{cases} \tag{2.9}$$

从而获得三个矢量。这三个矢量也可以作为三个“单位”矢量。我们把用这种方式定义的单位矢量叫作协变单位矢量，用上指标表示，而把前一种称为逆变单位矢量，用下指标表示。协变单位矢量的方向是等坐标面的法线方向。

还是以柱坐标为例：等 r 面是柱面，其法线方向是 r 的协变单位矢量方向；等 z 面是平行于 x-y 的平面，其法线方向是 z 的协变单位矢量方向；等 θ 面是半个垂直于 x-y 面的平面，其法线方向是 θ 的协变单位矢量方向。

一般来说，协变和逆变单位矢量方向不一致，但是这两种单位矢量一定是互相正交归一的。

为了叙述方便，我们用坐标 $x^i(i=1,2,3)$来表示(a,b,c)。在下文中，我们用指标 m,n 专门表示笛卡尔坐标，而用 i,j,k 等指标表示曲线坐标。我们将协变和逆变单位矢量做点乘：

$$e_i \cdot e^j = \frac{\partial x^n}{\partial x^i}\frac{\partial x^j}{\partial x^n} = \delta_i^j \tag{2.10}$$

再提醒一下,相同的指标 n 代表求和。这两种单位矢量在不同情况下各有方便之处。求一条曲线的切线,用逆变单位矢量更方便:

$$\frac{\mathrm{d}\boldsymbol{r}}{\mathrm{d}t} = \frac{\mathrm{d}x^n}{\mathrm{d}t}\boldsymbol{e}_n = \frac{\partial x^n}{\partial x^i}\frac{\mathrm{d}x^i}{\mathrm{d}t}\boldsymbol{e}_n = \frac{\mathrm{d}x^i}{\mathrm{d}t}\boldsymbol{e}_i \tag{2.11}$$

其形式与笛卡尔坐标一样。如果对一个标量函数求梯度,则用协变单位矢量更方便:

$$\nabla f = \frac{\partial f}{\partial x^n}\boldsymbol{e}_n = \frac{\partial f}{\partial x^i}\frac{\partial x^i}{\partial x^n}\boldsymbol{e}_n = \frac{\partial f}{\partial x^i}\boldsymbol{e}^i \tag{2.12}$$

其形式也与笛卡尔坐标一致。一段小位移用逆变单位矢量表示很方便:

$$\mathrm{d}\boldsymbol{r} = \mathrm{d}x^n\boldsymbol{e}_n = \frac{\partial x^n}{\partial x^i}\mathrm{d}x^i\boldsymbol{e}_n = \mathrm{d}x^i\boldsymbol{e}_i \tag{2.13}$$

这段小位移的模方为

$$\mathrm{d}s^2 = \mathrm{d}\boldsymbol{r}\cdot\mathrm{d}\boldsymbol{r} = \mathrm{d}x^n\mathrm{d}x^n = \mathrm{d}x^i\mathrm{d}x^j\boldsymbol{e}_i\cdot\boldsymbol{e}_j$$

定义

$$g_{ij} = \boldsymbol{e}_i\cdot\boldsymbol{e}_j \tag{2.14}$$

则任意坐标下的小位移模方就是

$$\mathrm{d}s^2 = \mathrm{d}\boldsymbol{r}\cdot\mathrm{d}\boldsymbol{r} = g_{ij}\mathrm{d}x^i\mathrm{d}x^j \tag{2.15}$$

一般来说,g_{ij} 是坐标的函数,它决定了采取这种坐标时空间两点距离的度量,称为度规。三维空间度规是 3×3 的矩阵。由公式(2.14)可知,度规是对称矩阵。

例 2.1 计算球坐标的逆变单位矢量和协变单位矢量及度规。

解:

$$x = r\sin\theta\cos\varphi,\quad y = r\sin\theta\sin\varphi,\quad z = r\cos\theta$$

$$\boldsymbol{e}_r = \frac{\partial x}{\partial r}\boldsymbol{e}_x + \frac{\partial y}{\partial r}\boldsymbol{e}_y + \frac{\partial z}{\partial r}\boldsymbol{e}_z = \sin\theta\cos\varphi\boldsymbol{e}_x + \sin\theta\sin\varphi\boldsymbol{e}_y + \cos\theta\boldsymbol{e}_z$$

$$\boldsymbol{e}_\theta = r\cos\theta\cos\varphi\boldsymbol{e}_x + r\cos\theta\sin\varphi\boldsymbol{e}_y - r\sin\theta\boldsymbol{e}_z$$

$$e_\varphi = -r\sin\theta\sin\varphi e_x + r\sin\theta\cos\varphi e_y$$

显然

$$e_\theta \cdot e_\theta \neq 1, \quad e_\varphi \cdot e_\varphi \neq 1$$

$$r=\sqrt{x^2+y^2+z^2}, \quad \cos\theta=\frac{z}{\sqrt{x^2+y^2+z^2}}, \quad \cos\varphi=\frac{x}{\sqrt{x^2+y^2}}$$

$$e^r=\frac{x}{r}e_x+\frac{y}{r}e_y+\frac{z}{r}e_z=\sin\theta\cos\varphi e_x+\sin\theta\sin\varphi e_y+\cos\theta e_z$$

$$e^\theta=\frac{xz}{\sqrt{x^2+y^2}}\frac{1}{r^2}e_x+\frac{yz}{\sqrt{x^2+y^2}}\frac{1}{r^2}e_y-\frac{\sqrt{x^2+y^2}}{r^2}e_z$$

$$=\frac{\cos\theta\cos\varphi}{r}e_x+\frac{\cos\theta\sin\varphi}{r}e_y-\frac{\sin\theta}{r}e_z$$

$$e^\varphi=-\frac{\sin\varphi}{r\sin\theta}e_x+\frac{\cos\varphi}{r\sin\theta}e_y$$

容易验证，球坐标的逆变单位矢量和协变单位矢量互相正交归一。

$$g_{rr}=e_r\cdot e_r=1, \quad g_{\theta\theta}=e_\theta\cdot e_\theta=r^2, \quad g_{\varphi\varphi}=e_\varphi\cdot e_\varphi=r^2\sin^2\theta$$

$$g_{r\theta}=g_{\theta\varphi}=g_{\varphi r}=0$$

无论是逆变单位矢量还是协变单位矢量，它们都是线性独立的，这是由于坐标变换及其逆变换都要求一一对应、连续可微，即雅可比行列式不等于零。这样度规矩阵的行列式也不等于零，它存在一个逆矩阵

$$g^{ik}g_{kj}=\delta^i_j \tag{2.16}$$

由于

$$e^i\cdot e^k e_k\cdot e_j=\frac{\partial x^i}{\partial x^n}\frac{\partial x^k}{\partial x^n}\frac{\partial x^m}{\partial x^k}\frac{\partial x^m}{\partial x^j}=\frac{\partial x^i}{\partial x^n}\frac{\partial x^m}{\partial x^n}\frac{\partial x^m}{\partial x^j}=\delta^i_j \tag{2.17}$$

$$e^i\cdot e^k=g^{ik}$$

并且

$$e^i\cdot e^k e_k=e^i=g^{ik}e_k, \quad e^k e_k\cdot e_j=e_j=e^k g_{kj} \tag{2.18}$$

因此逆变和协变单位矢量可以通过度规矩阵及其逆矩阵联系起来。

2.1.3 矢量与矢量场

矢量可以看作一个小箭头，它指向一个固定的方向。显然矢量和坐标选取无关。如果每个点都有一个小箭头，其朝向和大小随着位置的变化而变化，就形成了矢量场。

为了表达矢量场的大小和方向，我们需要建立坐标，然后将每点的矢量投影到当地的逆变单位矢量或协变单位矢量上：

$$\boldsymbol{A}(x)=A^{n}(x)\boldsymbol{e}_{n}=A^{i}(x')\boldsymbol{e}_{i}=A_{j}(x')\boldsymbol{e}^{j} \tag{2.19}$$

其中 x' 表示曲线坐标。我们把用逆变单位矢量表达的矢量形式叫作逆变矢量，其分量用上指标表示；把用协变单位矢量表达的矢量形式叫作协变矢量，其分量用下指标表示。利用公式(2.10)或(2.18)可以得到

$$A^{i}=g^{ik}A_{k},\quad A_{j}=g_{jk}A^{k} \tag{2.20}$$

也就是说，我们可以用度规升降指标，从而改变矢量的性质。若选取不同的曲线坐标，单位矢量会发生改变，两种曲线坐标单位矢量的关系是

$$\begin{cases}\boldsymbol{e}'_{i}=\dfrac{\partial x^{n}}{\partial x'^{i}}\boldsymbol{e}_{n}=\dfrac{\partial x^{n}}{\partial x^{j}}\dfrac{\partial x^{j}}{\partial x'^{i}}\boldsymbol{e}_{n}=\dfrac{\partial x^{j}}{\partial x'^{i}}\boldsymbol{e}_{j}\\[2ex]\boldsymbol{e}'^{i}=\dfrac{\partial x'^{i}}{\partial x^{n}}\boldsymbol{e}_{n}=\dfrac{\partial x'^{i}}{\partial x^{j}}\dfrac{\partial x^{j}}{\partial x'^{i}}\boldsymbol{e}_{n}=\dfrac{\partial x'^{i}}{\partial x^{j}}\boldsymbol{e}^{j}\end{cases} \tag{2.21}$$

一个矢量用不同坐标的单位矢量展开，显然分量也是不一样的：

$$\boldsymbol{A}=A^{j}\boldsymbol{e}_{j}=A'^{i}\boldsymbol{e}'_{i}=A'^{i}\ \frac{\partial x^{j}}{\partial x'^{i}}\boldsymbol{e}_{j} \tag{2.22}$$

利用公式(2.22)可得到逆变矢量分量的变换关系：

$$A^{j}=A'^{i}\ \frac{\partial x^{j}}{\partial x'^{i}} \tag{2.23}$$

调换一下坐标，写成通常的形式：

$$A'^j = \frac{\partial x'^j}{\partial x^i} A^i \tag{2.24}$$

协变矢量分量的变换关系是

$$A'_j = \frac{\partial x^i}{\partial x'^j} A_i \tag{2.25}$$

度规矩阵在坐标变换下的行为是

$$g'_{ij} = \boldsymbol{e}'_i \cdot \boldsymbol{e}'_j = \frac{\partial x^k}{\partial x'^i} \frac{\partial x^l}{\partial x'^j} \boldsymbol{e}_k \cdot \boldsymbol{e}_l = \frac{\partial x^k}{\partial x'^i} \frac{\partial x^l}{\partial x'^j} g_{kl} \tag{2.26}$$

度规的变换行为与双线性协变矢量分量的变换行为一样。我们称度规是一个二阶协变张量。同样，根据公式(2.17)和(2.21)，度规的逆矩阵的变化形式为

$$g'^{ij} = \frac{\partial x'^i}{\partial x^k} \frac{\partial x'^j}{\partial x^l} g^{kl} \tag{2.27}$$

所以度规逆矩阵与双线性逆变矢量分量的变换行为一样，是一个二阶逆变张量。我们也称之为逆变度规。

2.1.4 曲 面

如果质点的轨迹有两个自由参数 a，b，即质点位置可表示为 $(x(a,b),y(a,b),z(a,b))$，而且位置与参数 (a,b) 一一对应且是连续变化的，这些点的集合就是一个曲面。我们将参数 (a,b) 称为曲面的坐标。曲面上一点的位矢是

$$\boldsymbol{r} = x(a,b)\boldsymbol{e}_x + y(a,b)\boldsymbol{e}_y + z(a,b)\boldsymbol{e}_z = x^n(a,b)\boldsymbol{e}_n \tag{2.28}$$

我们依然可以定义这个曲面坐标的逆变单位矢量：

$$\boldsymbol{e}_a = \frac{\partial \boldsymbol{r}}{\partial a} = \frac{\partial x^n}{\partial a} \boldsymbol{e}_n, \quad \boldsymbol{e}_b = \frac{\partial \boldsymbol{r}}{\partial b} = \frac{\partial x^n}{\partial b} \boldsymbol{e}_n \tag{2.29}$$

其中 $\boldsymbol{e}_a$ 是曲面上一条以 a 为参数（b 固定）的曲线在某点的切线。考虑曲面上任意一条曲线

$$\boldsymbol{r}(t) = x^n(t)\boldsymbol{e}_n = x^n(a(t),b(t))\boldsymbol{e}_n \tag{2.30}$$

其在某点的切线是

$$\frac{\mathrm{d}\boldsymbol{r}}{\mathrm{d}t}=\frac{\mathrm{d}x^{n}}{\mathrm{d}t}\boldsymbol{e}_{n}=\frac{\partial x^{n}}{\partial x^{i}}\frac{\mathrm{d}x^{i}}{\mathrm{d}t}\boldsymbol{e}_{n}=\frac{\mathrm{d}x^{i}}{\mathrm{d}t}\boldsymbol{e}_{i} \tag{2.31}$$

这里我们用 $i=1,2$ 代替 a,b，所以曲面上任意曲线在任意点上的切线可以由这点的逆变单位矢量展开。这点的逆变单位矢量张成了一个切平面，曲面中通过这点的所有曲线在这点的切线都在切平面中(图 2.3)。切平面是曲面中通过这点的所有曲线在这点的切线的集合，是一个向量空间。

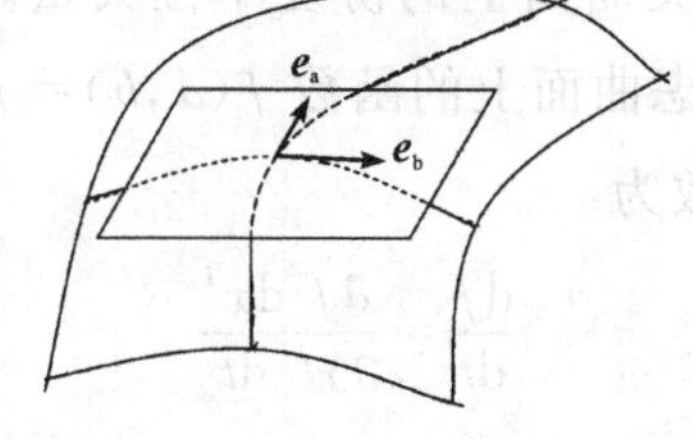

图 2.3　曲面上的切平面和切矢量

曲面上一小段位移及其模方依然可以表示为

$$\begin{cases}\mathrm{d}\boldsymbol{r}=\mathrm{d}x^{n}\boldsymbol{e}_{n}=\mathrm{d}x^{i}\boldsymbol{e}_{i}\\ \mathrm{d}s^{2}=\mathrm{d}\boldsymbol{r}\cdot\mathrm{d}\boldsymbol{r}=\boldsymbol{e}_{i}\cdot\boldsymbol{e}_{j}\,\mathrm{d}x^{i}\mathrm{d}x^{j}=g_{ij}\,\mathrm{d}x^{i}\mathrm{d}x^{j}\end{cases} \tag{2.32}$$

其中 $g_{ij}=\boldsymbol{e}_{i}\cdot\boldsymbol{e}_{j}$ 是 2×2 的矩阵，是曲面上的度规。

公式(2.32)与(2.15)的形式是一样的，内涵略有不同。公式(2.15)可以通过全局坐标变换化成直角坐标系，公式(2.32)却不能。公式(2.32)与(2.15)都用直线距离代替邻近的两点距离。公式(2.15)是可以理解的，因为空间就是平直的，直线就在原来的空间里，两点之间的距离就是那条线段的长度。在公式(2.32)的获得过程中，那条线段并不在曲面里，只是无穷逼近切平面，因为公式(2.32)明显只是切平面上的无穷小线段。这与计算曲线长度类似[公式(2.3)]，我们假定无穷小一段线总是“直”的，可以用平直空间的距离公式计算。所以公式(2.32)表达的含义是：任意一点的切平面可以代替这点足够小邻域的曲面。我们可以在任意一点的切平面建立二维直角坐标系，来标注曲面上的点(坐标原点就取在这点，见本章练习 2)。这个坐标系称为这点的局域直角坐标系。在这点(坐标原点)的邻域，曲面上一点到坐标原点的距离近似于投影在切平面上的距离。(这要求垂直切平面方向的距离比切平面里的距离更快趋近零，这对于任意光滑曲面显然是成立的。由于这点是曲面与切平面的切点，所以这个局域坐标系的度规在这点的一阶导数为零，见本章练习 2。)

由于在曲面上(x,y,z)不再是独立的参量，我们无法像前面一样通过逆函数的梯度定义曲面上的协变单位矢量。如何定义曲面上梯度的方向呢？我们考虑曲面上的函数$f(a,b)=f(x^i)$，其沿着曲面里一条曲线$x^i(t)$的导数为

$$\frac{\mathrm{d}f}{\mathrm{d}t}=\frac{\partial f}{\partial x^i}\frac{\mathrm{d}x^i}{\mathrm{d}t} \tag{2.33}$$

假定函数的梯度也是切平面里的一个矢量，定义其梯度为

$$\nabla f=\zeta^i \boldsymbol{e}_i \tag{2.34}$$

函数沿一条曲线的导数(在某点)应该为这个函数的梯度在曲线这点切线上的投影：

$$\frac{\mathrm{d}f}{\mathrm{d}t}=\frac{\mathrm{d}x^i}{\mathrm{d}t}\boldsymbol{e}_i\cdot\nabla f=\zeta^j\frac{\mathrm{d}x^i}{\mathrm{d}t}\boldsymbol{e}_i\cdot\boldsymbol{e}_j=g_{ij}\zeta^j\frac{\mathrm{d}x^i}{\mathrm{d}t}=\frac{\partial f}{\partial x^i}\frac{\mathrm{d}x^i}{\mathrm{d}t} \tag{2.35}$$

最后一个等式利用了公式(2.33)，所以

$$g_{ij}\zeta^j=\frac{\partial f}{\partial x^i} \tag{2.36}$$

度规也存在逆矩阵

$$g^{jk}g_{ki}=\delta^j_i$$

最终函数的梯度表述为

$$\nabla f=\frac{\partial f}{\partial x^i}g^{ij}\boldsymbol{e}_j=\frac{\partial f}{\partial x^i}\boldsymbol{e}^i$$

在最后的等式中，我们定义了一个新单位矢量：

$$\boldsymbol{e}^i=g^{ij}\boldsymbol{e}_j \tag{2.37}$$

显然

$$e^j \cdot e_i = g^{jk} e_k \cdot e_i = g^{jk} g_{ki} = \delta_i^j$$

$$e^j \cdot e^k = g^{ji} e_i \cdot e_l g^{lk} = g^{jk}$$

e^j 与前面的协变单位矢量有完全一样的性质：与逆变单位矢量正交，方便表示梯度方向。在下文中，我们把 $e^j = g^{jk} e_k$ 作为任意空间协变单位矢量的定义，其中 g^{ik} 是度规的逆矩阵。

例 2.2　在如图 2.4 所示的一个环面中，流形为 $S^1 \times S^1$，其有两个半径 R 和 r，可以由坐标 (θ, φ) 描述。环面上一点的直角坐标为

$$\begin{cases} x = (R + r\cos\theta)\cos\varphi \\ y = (R + r\cos\theta)\sin\varphi \\ z = r\sin\theta \\ 0 < \theta \leqslant 2\pi, 0 < \varphi \leqslant 2\pi \end{cases}$$

求流形在坐标 (θ, φ) 下的度规，协变单位矢量。一条由方程 $\theta = t$，$\varphi = t$ 描述的曲线绕环面一周，求其长度，其中 t 是仿射参数。

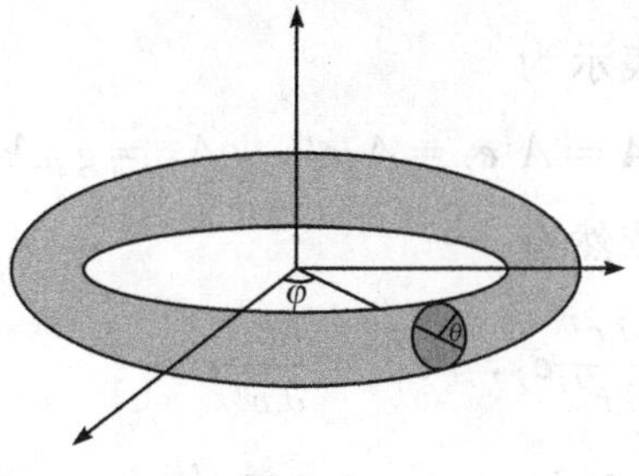

图 2.4

解：

$$e_\theta = \frac{\partial \boldsymbol{r}}{\partial \theta} = -r\sin\theta\cos\varphi e_x - r\sin\theta\sin\varphi e_y + r\cos\theta e_z$$

$$e_\varphi = \frac{\partial \boldsymbol{r}}{\partial \varphi} = -(R + r\cos\theta)\sin\varphi e_x + (R + r\cos\theta)\cos\varphi e_y$$

$$g_{\theta\theta} = e_\theta \cdot e_\theta = r^2, \quad g_{\theta\varphi} = 0, \quad g_{\varphi\varphi} = (R + r\cos\theta)^2$$

$$g^{\theta\theta}=\frac{1}{r^2},\quad g^{\varphi\varphi}=\frac{1}{(R+r\cos\theta)^2}$$

$$\boldsymbol{e}^{\theta}=\frac{1}{r^2}\boldsymbol{e}_{\theta},\quad \boldsymbol{e}^{\varphi}=\frac{1}{(R+r\cos\theta)^2}\boldsymbol{e}_{\varphi}$$

$$\mathrm{d}s^2=r^2\mathrm{d}^2\theta+(R+r\cos\theta)^2\mathrm{d}^2\varphi=[r^2+(R+r\cos t)^2]\mathrm{d}^2t$$

$$\mathrm{d}s=\int_0^{2\pi}\sqrt{r^2+(R+r\cos t)^2}\,\mathrm{d}t$$

我们保留了最后的积分。

2.1.5 曲面上的矢量和张量

曲面中任意一点的矢量都定义在这点的切平面里,可用$\boldsymbol{e}_i$或$\boldsymbol{e}^i$展开。切平面与原来的曲面完全不一样,好像只是通过一点粘连着。这会使人产生一种错觉:我们必须依赖更高维的平直空间来认识矢量。其实切平面是曲面派生的向量空间,只定义在一点上,在高维平直空间只能获得更直观的效果。请参看第2.1.6小节。

曲面上的矢量表示为

$$\boldsymbol{A}=A^i\boldsymbol{e}_i=A_j\boldsymbol{e}^j,\quad A_j=g_{ji}A^i \tag{2.38}$$

在坐标变换下依然有

$$\boldsymbol{e}'_i=\frac{\partial x^j}{\partial x'^i}\boldsymbol{e}_j,\quad \boldsymbol{e}'^i=\frac{\partial x'^i}{\partial x^j}\boldsymbol{e}^j$$

$$A'_i=\frac{\partial x^j}{\partial x'^i}A_j,\quad A'^i=\frac{\partial x'^i}{\partial x^j}A^j \tag{2.39}$$

$$g'_{ij}=\frac{\partial x^k}{\partial x'^i}\frac{\partial x^l}{\partial x'^j}g_{kl},\quad g'^{ij}=\frac{\partial x'^i}{\partial x^k}\frac{\partial x'^j}{\partial x^l}g^{kl}$$

张量定义为矢量的直积,比如两个逆变矢量的直积是

$$\boldsymbol{A}\otimes\boldsymbol{B}=A^iB^j\boldsymbol{e}_i\otimes\boldsymbol{e}_j \tag{2.40}$$

$\boldsymbol{e}_i\otimes\boldsymbol{e}_j$构成了直积空间的基矢,其分量的(坐标)变换形式与逆变度规一样。对于N维空间,就有N^2个基矢。定义在这N^2个基矢张成

的线性空间中的向量称为二阶逆变张量，表示为

$$T = T^{ij} \boldsymbol{e}_i \otimes \boldsymbol{e}_j \tag{2.41}$$

张量的普遍性质我们会在第 2.2 节总结。

2.1.6　数学的矢量基*

我们前面的讨论容易给人一种错觉：凡是讨论曲面上的矢量，必须在更高维度的平直空间中考虑，在那里才有切平面，其完全不在曲面中。如果我们生活在弯曲空间，难道必须求助于更高维的空间才能讨论矢量吗？回到前面关于函数沿某曲线的导数的讨论：

$$\frac{\mathrm{d}f}{\mathrm{d}t} = \frac{\partial f}{\partial x^i}\frac{\mathrm{d}x^i}{\mathrm{d}t} = \frac{\mathrm{d}x^i}{\mathrm{d}t}\frac{\partial}{\partial x^i}f = \nabla_\xi f \tag{2.42}$$

其中

$$\nabla_\xi = \frac{\mathrm{d}x^i}{\mathrm{d}t}\frac{\partial}{\partial x^i} = \xi^i \frac{\partial}{\partial x^i}, \quad \xi^i = \frac{\mathrm{d}x^i}{\mathrm{d}t}$$

算符∇_ξ可以看作一个逆变矢量，定义了曲线的切线：$\dfrac{\partial}{\partial x^i}$就作为切线的逆变矢量基，$\xi^i = \dfrac{\mathrm{d}x^i}{\mathrm{d}t}$是其分量。$\nabla_\xi$与坐标的选择无关，与任意一个逆变矢量一样。容易验证$\dfrac{\partial}{\partial x^i}$的坐标变换方式

$$\frac{\partial}{\partial x'^j} = \frac{\partial x^i}{\partial x'^j}\frac{\partial}{\partial x^i} \tag{2.43}$$

与前面的逆变单位矢量变换方式完全一样。任意一点的所有切线的集合称为切空间。切空间是一个向量空间，其维数显然与曲面的维数一样（即矢量基的独立个数）。这里完全没有高维空间的概念。

我们还可以用函数的微分来定义协变矢量：

$$\mathrm{d}f = \frac{\partial f}{\partial x^i}\mathrm{d}x^i \tag{2.44}$$

其中 $\mathrm{d}x^i$ 就是协变矢量的基，$\frac{\partial f}{\partial x^i}$ 是协变矢量的分量，整个协变矢量又称为1-形式，也与坐标的选取无关。容易验证 $\mathrm{d}x^i$ 的坐标变换方式与前面的协变单位矢量完全一样。协变矢量没有可以直观想象的几何意义，事实上它定义在另一个空间 —— 余切空间里。余切空间是切空间的对偶空间，可以通过映射与切空间关联起来。如果 A 是切空间的矢量，B 是余切空间的矢量，映射定义为 $B(A)=C$，C 是与坐标选择无关的实数，特别是

$$\mathrm{d}x^i\left(\frac{\partial}{\partial x^j}\right)=\delta^i_j \tag{2.45}$$

通俗地讲，如果两个矢量在自己的空间中分别表示成

$$A=A^i\frac{\partial}{\partial x^i},\quad B=B_j\mathrm{d}x^j \tag{2.46}$$

那么映射就是

$$B(A)=A^iB_i=C \tag{2.47}$$

这里没有内积（点乘）。两种矢量都是抽象空间中的向量，它们不是通过明确的几何意义联系在一起，而是通过抽象的映射联系起来的。这里并没有更高维的空间。我们前面的思路是通过欧氏空间定义逆变和协变单位矢量。欧氏空间的一大特点是可以有笛卡尔坐标，在此坐标下，协变单位矢量与逆变单位矢量完全一样。通过不同的坐标变换方式[公式(2.8)和(2.9)]可以派生出任意坐标下的逆变和协变单位矢量。逆变和协变单位矢量可以通过点乘（内积）关联起来[公式(2.10)]，这等效于映射(2.45)。在曲面上，情况更复杂，但是我们规定函数的梯度在切平面内，从而派生出一个协变单位矢量，内积依然有效。这些操作在数学上不是必要的，而且还会导致一个矢量既可以在逆变单位矢量下展开，又可以在协变单位矢量下展开这样的概念混淆。但是这些都不影响我们后面的讨论。我们将继续使用前面定义

的方式。此外，从高维的平直空间出发，比从纯粹的弯曲空间本身出发，多了一点条件约束。这在第 2.2.3 小节会有所体现。

2.1.7　微分流形*

在广义相对论里，经常会出现流形的概念。流形在我们的教学里不是必要的，故在这里不追求严格的数学定义。N 维流形定义为一个集合，其可以由集合的若干子开集覆盖，每一个开集同胚于 R^N[N 个实数($x^1,x^2,\cdots,x^n$) 组成的数组集合，可以看作 N 维欧氏空间] 中的一个开集。集合中的元所对应的欧氏空间中的点($x^1,x^2,\cdots,x^n$) 称为这个元的坐标。相邻两个开集的交集，可以同时有两套坐标。如果这两套坐标之间的变换函数及其逆函数是连续无限可微的，我们就称之为光滑流形，也称为微分流形。一般流形不能整体同胚于欧氏空间中的一个开集，只能局部同胚于欧氏的局部空间。比如圆就是这样的一维流形，如果采用极坐标，其可以表示为$(0,2\pi]$，这不是开集。用两个子开集覆盖(图 2.5)，它们是分别扣除左右两点的集合。这两个子开集可以分别同胚于$(0,2\pi)$ 和$(-\pi,\pi)$。它们的交集是扣除点$(0,\pi)$ 的上半圆弧和下半圆弧。在上半圆弧，两套坐标一样；在下半圆弧，两套坐标之间的关系为 $x'=x+2\pi$。这个函数显然是无限可微的，所以是微分流形。

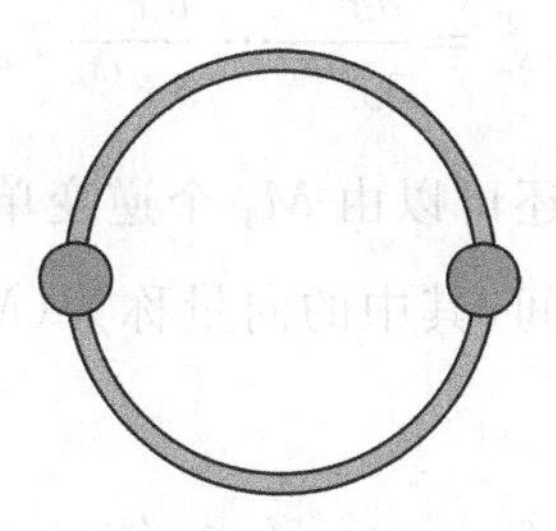

图 2.5　分别扣除左右两点形成两个子开集

2.2 张量的一般性质

2.2.1 张量的分类及代数运算

在 N 维空间中，由 M 个逆变单位矢量直积张成的空间里的向量称为 M 阶逆变张量，表示为

$$T^{\alpha_1\cdots\alpha_m}\boldsymbol{e}_{\alpha_1}\otimes\cdots\otimes\boldsymbol{e}_{\alpha_m} \tag{2.48}$$

其有 N^M 个分量。张量是不依赖于坐标选取的，在另一个坐标系里，有

$$\begin{aligned}T^{\alpha_1\cdots\alpha_m}\boldsymbol{e}_{\alpha_1}\otimes\cdots\otimes\boldsymbol{e}_{\alpha_m} &= T^{\alpha_1\cdots\alpha_m}\boldsymbol{e}'_{\beta_1}\frac{\partial x'^{\beta_1}}{\partial x^{\alpha_1}}\otimes\cdots\otimes\boldsymbol{e}'_{\beta_m}\frac{\partial x'^{\beta_m}}{\partial x^{\alpha_m}}\\ &= T'^{\beta_1\cdots\beta_m}\boldsymbol{e}'_{\beta_1}\otimes\cdots\otimes\boldsymbol{e}'_{\beta_m}\end{aligned} \tag{2.49}$$

所以张量分量的变换形式是

$$T'^{\beta_1\cdots\beta_m}=\frac{\partial x'^{\beta_1}}{\partial x^{\alpha_1}}\cdots\frac{\partial x'^{\beta_m}}{\partial x^{\alpha_m}}T^{\alpha_1\cdots\alpha_m} \tag{2.50}$$

分量的这种变换方式可以直接作为 M 阶逆变张量的定义。同样，由 M 个协变单位矢量直积张成的空间里的向量称为 M 阶协变张量，其分量的坐标变换形式为

$$T'_{\beta_1\cdots\beta_m}=\frac{\partial x^{\alpha_1}}{\partial x'^{\beta_1}}\cdots\frac{\partial x^{\alpha_m}}{\partial x'^{\beta_m}}T_{\alpha_1\cdots\alpha_m} \tag{2.51}$$

度规是二阶协变张量。还可以由 M_1 个逆变单位矢量和 M_2 个协变单位矢量直积张成向量空间，其中的向量称为 (M_1,M_2) 混变张量，其分量的坐标变换形式为

$$T'^{\alpha_1\cdots\alpha_{m_1}}_{\ \ \beta_1\cdots\beta_{m_2}}=\frac{\partial x^{\rho_1}}{\partial x'^{\beta_1}}\cdots\frac{\partial x^{\rho_{m_2}}}{\partial x'^{\beta_{m_2}}}\frac{\partial x'^{\alpha_1}}{\partial x^{\sigma_1}}\cdots\frac{\partial x'^{\alpha_{m_1}}}{\partial x^{\sigma_{m_1}}}T^{\sigma_1\cdots\sigma_{m_1}}_{\ \ \rho_1\cdots\rho_{m_2}} \tag{2.52}$$

M 阶逆变张量也表示为 $(M,0)$ 阶张量，M 阶协变张量表示为

$(0,M)$ 阶张量。零阶张量$(0,0)$ 称为标量，只有一个分量，在坐标变换下不变。张量空间是切空间(余切空间) 的直积空间，其定义在“曲面”上的一点。曲面打引号是因为其维数可以是任意的，所以不同点的张量具有完全不同的坐标变换矩阵，不同点的张量不能有直接的代数运算。张量空间是线性空间，在同一点上，同阶的张量的加减也是同阶的张量(不同阶的张量定义在不同的向量空间中，不能有加减法运算)，张量乘以一个数还是同阶张量。

除了加减法和乘法运算，张量之间还有直积和缩并运算。在同一点的两个张量的直积构成更高阶的张量，比如

$$(A_{\mu}^{\nu}\boldsymbol{e}_{\nu}\otimes\boldsymbol{e}^{\mu})\otimes(B_{\alpha}^{\beta}\boldsymbol{e}_{\beta}\otimes\boldsymbol{e}^{\alpha})=A_{\mu}^{\nu}B_{\alpha}^{\beta}\boldsymbol{e}_{\nu}\otimes\boldsymbol{e}_{\beta}\otimes\boldsymbol{e}^{\mu}\otimes\boldsymbol{e}^{\alpha} \tag{2.53}$$

构成$(2,2)$ 阶张量。缩并运算是指其中一个张量的逆变单位矢量与另一个张量的协变单位矢量内积(点乘)，所以这种运算必须发生在有逆变分量和有协变分量的张量之间，比如

$$A_{\mu}^{\nu}\boldsymbol{e}_{\nu}\otimes\boldsymbol{e}^{\mu}\cdot\boldsymbol{e}_{\beta}\otimes\boldsymbol{e}^{\alpha}B_{\alpha}^{\beta}=A_{\mu}^{\nu}B_{\alpha}^{\beta}\delta_{\beta}^{\mu}\boldsymbol{e}_{\nu}\otimes\boldsymbol{e}^{\alpha}=A_{\beta}^{\nu}B_{\alpha}^{\beta}\boldsymbol{e}_{\nu}\otimes\boldsymbol{e}^{\alpha} \tag{2.54}$$

容易验证其是$(1,1)$ 阶张量。从分量上看，就是简单地对其中一个张量的上指标与另一个张量的下指标求和。一个逆变矢量$(1,0)$ 与一个协变矢量$(0,1)$ 的缩并就是一个标量：

$$A_{\mu}\boldsymbol{e}^{\mu}\cdot\boldsymbol{e}_{\beta}B^{\beta}=A_{\beta}B^{\beta} \tag{2.55}$$

可以验证其在坐标变换下是不变的。

关于张量，我们还有一个商定律：对于两个不同阶的张量，如果满足如

$$A_{\mu\nu}=B^{\alpha}T_{\alpha\mu\nu} \tag{2.56}$$

的等式，且 A 和 T(或 B) 都是张量，则 B(或 T) 就是张量。

对于有两个或两个以上逆变指标或协变指标的张量，可以定义对称张量和反对称张量。

对称张量指的是张量的分量，两个逆变(或协变) 指标交换后，其值不变，即

$$T_{\mu}^{\alpha\beta\gamma}=T_{\mu}^{\beta\alpha\gamma} \tag{2.57}$$

如果张量有 M 个逆变(或协变)指标是对称的,则称为 M 阶对称张量。

一个纯的逆变(或协变)张量,所有指标交换都是不变的,称为全对称张量,即

$$T^{\alpha_1\alpha_2\alpha_3\cdots\alpha_n}=T^{\alpha_2\alpha_1\alpha_3\cdots\alpha_n}=T^{\alpha_1\alpha_3\alpha_2\cdots\alpha_n}=\cdots \tag{2.58}$$

二阶逆变张量有 N^2 的分量,二阶逆变对称张量的独立个数是

$$\frac{1}{2}N(1+N)$$

例如,四维时空的度规有 10 个独立的变量。

例 2.3　求三阶逆变全对称张量的独立个数。

解:

三个指标完全不一样的组合数是$\dfrac{N(N-1)(N-2)}{1\times2\times3}$

两个指标一样的组合数是$2\times\dfrac{N(N-1)}{1\times2}$

三个指标都一样的组合数是 N

所以一共是$\dfrac{N(N+1)(N+2)}{6}$

反对称张量有类似的定义:张量的分量,两个逆变(或协变)指标交换后,其值反号,称为反对称张量,即

$$T_{\mu}^{\alpha\beta\gamma}=-T_{\mu}^{\beta\alpha\gamma} \tag{2.59}$$

当两个反对称指标取相同的数时,这个张量分量为零。我们同样可以定义全反对称张量:一个纯的逆变(协变)张量,所有指标都是反对称的,称为全反对称张量,即

$$T^{\alpha_1\alpha_2\alpha_3\cdots\alpha_n}=-T^{\alpha_2\alpha_1\alpha_3\cdots\alpha_n}=-T^{\alpha_1\alpha_3\alpha_2\cdots\alpha_n}=\cdots \tag{2.60}$$

在 N 维空间中,N 阶全反对称张量只有一个不为零的分量。常见的全反对称张量是莱维-齐维塔张量

$$\varepsilon^{\alpha_1\alpha_2\cdots\alpha_m}=\begin{cases}1, & \alpha_1\alpha_2\cdots\alpha_m=1,2,\cdots,m\text{ 的偶置换}\\ -1, & \alpha_1\alpha_2\cdots\alpha_m=1,2,\cdots,m\text{ 的奇置换}\\ 0, & \text{任意两个或以上的指标相等}\end{cases}$$

不过莱维-齐维塔张量只是平直空间的张量，在弯曲空间是赝张量，这在下文中会提到。

张量是与坐标无关的向量，所以两个张量相等，意味着其在任意坐标下都是相等的，或者说在任意坐标下它们的分量都是相等的。若一个张量在一个坐标下所有分量都为零，则在任意坐标下所有分量都为零，这个张量称为零张量。一个张量在一个坐标下是对称(反对称)张量，在所有坐标下都是对称(反对称)张量。

2.2.2 张量的微分

2.2.2.1 普通微分

对于(0,0)阶张量，即标量，其在坐标变换下是不变的：

$$\varphi'(x')=\varphi(x) \tag{2.61}$$

其中 x' 和 x 对应空间同一个点。对两边微分，得到

$$\frac{\partial}{\partial x'^{\alpha}}\varphi'(x')=\frac{\partial}{\partial x'^{\alpha}}\varphi(x)=\frac{\partial x^{\mu}}{\partial x'^{\alpha}}\frac{\partial}{\partial x^{\mu}}\varphi(x) \tag{2.62}$$

所以标量的微分 $\frac{\partial}{\partial x^{\mu}}\varphi(x)$ 是一个(0,1)阶张量。对一个(0,1)阶张量的分量进行微分会有什么结果？由于

$$A'_{\alpha}(x')=\frac{\partial x^{\mu}}{\partial x'^{\alpha}}A_{\mu}(x) \tag{2.63}$$

对两边微分，得

$$\begin{aligned}\frac{\partial}{\partial x'^{\beta}}A'_{\alpha}(x')&=\frac{\partial}{\partial x'^{\beta}}\left[\frac{\partial x^{\mu}}{\partial x'^{\alpha}}A_{\mu}(x)\right]\\&=\frac{\partial^2 x^{\mu}}{\partial x'^{\beta}\partial x'^{\alpha}}A_{\mu}(x)+\frac{\partial x^{\mu}}{\partial x'^{\alpha}}\frac{\partial}{\partial x'^{\beta}}A_{\mu}(x)\end{aligned}$$

$$= \frac{\partial^2 x^\mu}{\partial x'^\beta \partial x'^\alpha} A_\mu(x) + \frac{\partial x^\mu}{\partial x'^\alpha} \frac{\partial x^\nu}{\partial x'^\beta} \frac{\partial}{\partial x^\nu} A_\mu(x) \quad (2.64)$$

如果右边的第一项等于零，协变矢量分量的微分可以看作(0,2) 阶张量，这只在坐标变换是线性时才成立。对张量分量直接微分没能得到高阶张量，是因为这种微分对不同点的张量分量直接做减法，这是没有意义的。不同点的单位矢量是不同的，要比较两个相邻点的张量，必须连带它们的单位矢量一起做减法。由于两点的单位矢量不同，因此要把其中一点的张量平移到另外一点，然后在另外一点的单位矢量上做投影。为了简单起见，我们讨论曲面中的一个逆变矢量。把逆变矢量从一点平移到另外一点，也许有人会担心：它还会在新的切平面里吗？我们可以想象一下在地球表面的二维小扁人，他拿着一个小箭头，保持箭头指向北，然后开始移动，他始终相信他没有改变箭头的方向。但是在我们三维人看来，他的箭头改变了方向。原因是，他每移动一点，就把箭头的方向向二维球面做投影。对他来说，自己的做法是完全正确的，离开了二维球面的维度他无法感知，甚至完全不存在第三维。但是我们三维人认为这是完全不正确的平移方式。到底谁更有道理呢？我们说都有道理！我们三维人的平移方式反映了三维空间的几何特质，而小扁人的平移正确反映了二维几何特质。当三维人平移矢量时，或许会有更高维的外星人注视着呢？下面我们从两种视角讨论小扁人的平移方式。

2.2.2.2 外星人视角的矢量平移

假定外星人生活在一个 N 维平直空间。这个空间不必是欧氏空间，正如我们生活在四维闵氏时空。只要求其度规张量 η_{mn} 是常数。小扁人生活在 D 维弯曲空间。D 维弯曲空间中任意一点可以用外星人的坐标 y^m 描述，也可以用小扁人的坐标 x^α 表示。小扁人空间里的一小段位移可以表示为

$$\mathrm{d}\boldsymbol{r} = \mathrm{d}y^n \boldsymbol{e}_n = \mathrm{d}x^\alpha \boldsymbol{e}_\alpha \quad (2.65)$$

弯曲空间的逆变单位矢量为

$$\boldsymbol{e}_\alpha = \frac{\partial y^n}{\partial x^\alpha}\boldsymbol{e}_n = y^n_{,\alpha}\boldsymbol{e}_n \tag{2.66}$$

我们采用简略的写法，对函数的普通偏微分用逗号加角标表示。位移的模方为

$$\begin{aligned} ds^2 &= d\boldsymbol{r}\cdot d\boldsymbol{r} = dy^n dy^m \boldsymbol{e}_n \cdot \boldsymbol{e}_m = \eta_{mn} dy^n dy^m \\ &= \boldsymbol{e}_\alpha \cdot \boldsymbol{e}_\beta dx^\alpha dx^\beta = g_{\alpha\beta} dx^\alpha dx^\beta \end{aligned} \tag{2.67}$$

同样，协变单位矢量为

$$\boldsymbol{e}^n = \eta^{nm}\boldsymbol{e}_m,\quad \boldsymbol{e}^\alpha = g^{\alpha\beta}\boldsymbol{e}_\beta = g^{\alpha\beta} y^n_{,\beta}\boldsymbol{e}_n \tag{2.68}$$

我们现在把 x 点的逆变单位矢量平移到 $x+dx$，并做差，得到

$$\boldsymbol{e}_\alpha(x+dx) - \boldsymbol{e}_\alpha(x) = y^n_{,\alpha}(x+dx)\boldsymbol{e}_n - y^n_{,\alpha}(x)\boldsymbol{e}_n = y^n_{,\alpha,\beta}(x)\boldsymbol{e}_n dx^\beta \tag{2.69}$$

公式(2.69)采用的是外星人平移的方式(他采用的坐标决定了他的单位矢量是全局不变的)，由于 D 维逆变单位矢量的差不一定在 $x+dx$ 点的切平面里，小扁人只能看到公式(2.69)在切平面里投影的那部分。我们定义投影算符 $\boldsymbol{e}^\gamma\boldsymbol{e}_\gamma$，对于切平面里的任意逆变矢量，投影算符将其投影到自身：

$$A^\alpha\boldsymbol{e}_\alpha \cdot \boldsymbol{e}^\gamma\boldsymbol{e}_\gamma = A^\alpha\boldsymbol{e}_\alpha \tag{2.70}$$

而垂直切平面的矢量与投影算符正交。所以小扁人能够感知的变化为

$$[\boldsymbol{e}_\alpha(x+dx) - \boldsymbol{e}_\alpha(x)]\cdot\boldsymbol{e}^\gamma\boldsymbol{e}_\gamma = y^n_{,\alpha,\beta}\boldsymbol{e}_n\cdot\boldsymbol{e}^\gamma\boldsymbol{e}_\gamma dx^\beta = g^{\gamma\rho}y^m_{,\rho}y^n_{,\alpha,\beta}\eta_{mn}\boldsymbol{e}_\gamma dx^\beta \tag{2.71}$$

其中用到了公式(2.68)。我们没有区分到底是在 x 点还是 $x+dx$ 点投影，这样的差距是二阶小量。定义

$$\Gamma^\gamma_{\alpha\beta} = g^{\gamma\rho}\eta_{nm}y^n_{,\alpha,\beta}y^m_{,\rho} \tag{2.72}$$

这个函数称为仿射联络，其两个下指标是对称的。公式(2.71)可以用联络改写成

$$\boldsymbol{e}_{\alpha}(x+\mathrm{d}x)-\boldsymbol{e}_{\alpha}(x)=\Gamma^{\gamma}_{\alpha\beta}\boldsymbol{e}_{\gamma}\mathrm{d}x^{\beta} \tag{2.73}$$

在公式(2.73)中,我们已经略掉了投影算符,回到了小扁人的感知空间。利用公式(2.66)和(2.67),得到

$$g_{\alpha\beta}=y^{n}_{,\alpha}y^{m}_{,\beta}\boldsymbol{e}_{n}\cdot\boldsymbol{e}_{m}=\eta_{nm}y^{n}_{,\alpha}y^{m}_{,\beta} \tag{2.74}$$

对两边微分,得到

$$g_{\alpha\beta,\gamma}=\eta_{nm}y^{n}_{,\alpha,\gamma}y^{m}_{,\beta}+\eta_{nm}y^{n}_{,\alpha}y^{m}_{,\beta,\gamma} \tag{2.75}$$

利用公式(2.72),公式(2.75)可以写成

$$g_{\alpha\beta,\gamma}=g_{\beta\mu}g^{\mu\lambda}\eta_{nm}y^{n}_{,\alpha,\gamma}y^{m}_{,\lambda}+g_{\alpha\mu}g^{\mu\lambda}\eta_{nm}y^{n}_{,\lambda}y^{m}_{,\beta,\gamma}=g_{\beta\mu}\Gamma^{\mu}_{\alpha\gamma}+g_{\alpha\mu}\Gamma^{\mu}_{\beta\gamma} \tag{2.76}$$

将公式(2.76)指标轮换,得到

$$g_{\alpha\gamma,\beta}=g_{\gamma\mu}\Gamma^{\mu}_{\alpha\beta}+g_{\alpha\mu}\Gamma^{\mu}_{\gamma\beta} \tag{2.77}$$

和

$$g_{\gamma\beta,\alpha}=g_{\beta\mu}\Gamma^{\mu}_{\gamma\alpha}+g_{\gamma\mu}\Gamma^{\mu}_{\beta\alpha} \tag{2.78}$$

公式(2.77)+公式(2.78)-公式(2.76),得到

$$g_{\alpha\gamma,\beta}+g_{\beta\gamma,\alpha}-g_{\alpha\beta,\gamma}=2g_{\gamma\mu}\Gamma^{\mu}_{\alpha\beta} \tag{2.79}$$

公式(2.79)两边同乘以逆变度规,得到

$$\Gamma^{\gamma}_{\alpha\beta}=\frac{1}{2}g^{\gamma\rho}(g_{\alpha\rho,\beta}+g_{\rho\beta,\alpha}-g_{\alpha\beta,\rho}) \tag{2.80}$$

对公式(2.73)两边除以微分元,就得到

$$\frac{\partial\boldsymbol{e}_{\alpha}}{\partial x^{\beta}}=\Gamma^{\gamma}_{\alpha\beta}\boldsymbol{e}_{\gamma} \tag{2.81}$$

这是单位矢量随位置变化的方式。

2.2.2.3 小扁人视角的平移

小扁人并不知道高维空间的存在,他确定相邻两点的逆变单位矢量之差还是在切空间中。所以小扁人可以假定如下的平移:

$$\boldsymbol{e}_{\alpha}(x+\mathrm{d}x)=\boldsymbol{e}_{\alpha}(x)+\Gamma^{\gamma}_{\alpha\beta}\boldsymbol{e}_{\gamma}\mathrm{d}x^{\beta} \tag{2.82}$$

或者

$$\frac{\partial \boldsymbol{e}_\alpha}{\partial x^\beta} = \Gamma^\gamma_{\alpha\beta} \boldsymbol{e}_\gamma \tag{2.83}$$

由于

$$\boldsymbol{e}_\alpha = \frac{\partial \boldsymbol{r}}{\partial x^\alpha} \tag{2.84}$$

$$\frac{\partial \boldsymbol{e}_\alpha}{\partial x^\beta} = \frac{\partial^2 \boldsymbol{r}}{\partial x^\alpha \partial x^\beta} = \Gamma^\gamma_{\alpha\beta} \boldsymbol{e}_\gamma \tag{2.85}$$

因此,函数 $\Gamma^\gamma_{\alpha\beta}$ 的下指标 α, β 是对称的,我们称此函数为仿射联络。公式(2.85) 其实已经包含了高维平直空间的信息,因为公式(2.84) 是从高维平直空间获得的。如果不用公式(2.84),我们必须在公式(2.82) 中就假定联络的两个下指标是对称的,这是对空间的一种约束。这种空间称为无挠空间(即挠率为零)。普遍意义的联络可以分成两个下指标对称和反对称两部分,挠率张量定义为联络下指标反对称部分:$\Gamma^\alpha_{\mu\nu} - \Gamma^\alpha_{\nu\mu}$。然后我们可以将联络与度规联系起来:

$$g_{\alpha\beta,\gamma} = \frac{\partial g_{\alpha\beta}}{\partial x^\gamma} = \frac{\partial (\boldsymbol{e}_\alpha \cdot \boldsymbol{e}_\beta)}{\partial x^\gamma} = \frac{\partial \boldsymbol{e}_\alpha}{\partial x^\gamma} \cdot \boldsymbol{e}_\beta + \boldsymbol{e}_\alpha \cdot \frac{\partial \boldsymbol{e}_\beta}{\partial x^\gamma} = \Gamma^\rho_{\alpha\gamma} g_{\rho\beta} + \Gamma^\rho_{\beta\gamma} g_{\rho\alpha} \tag{2.86}$$

这与公式(2.76) 完全一样。依然通过轮换指标[公式(2.77) 和(2.78)],得到

$$\Gamma^\rho_{\alpha\beta} = \frac{1}{2} g^{\rho\gamma} (g_{\alpha\gamma,\beta} + g_{\beta\gamma,\alpha} - g_{\alpha\beta,\gamma}) \tag{2.87}$$

这与外星人视角下的平移完全一致。所以小扁人建立了空间坐标,并在此基础上确定了局域的度量,也就是确定了度规,然后对平移(或空间)给出一些约束条件,就可以完全确定联络,并不需要更高维的空间。欧氏空间中笛卡尔坐标单位矢量全空域不变本身就是一种平移方式,这已经暗含了联络下指标是对称的。[公式(2.83) 表明,如果单位矢量在平移下不变,联络等于零,显然挠率张量就为零了。]所以从高维平直空间出发,得出的联络自然是下指标对称的。如果联络

(2.87) 等于零，空间就是平直的，度规是常数自然满足这个条件。反过来，平直空间采用曲线坐标，单位矢量和度规还是坐标的函数，联络不等于零。所以联络等于零不能成为空间平直的必要条件。这源于联络不是一个张量(前面说的挠率是张量，下面就可以看到)，这从公式(2.82) 可以看出来：如果联络是张量，右边是 x 点的张量，而左边是 $x+\mathrm{d}x$ 点的张量，这样的等式显然不是普适的。利用公式(2.72) 做坐标变化，得到

$$\begin{aligned}\Gamma'^{\gamma}_{\alpha\beta} &= g'^{\gamma\rho}\eta_{nm}\frac{\partial y^m}{\partial x'^{\rho}}\frac{\partial^2 y^n}{\partial x'^{\beta}\partial x'^{\alpha}} \\ &= \frac{\partial x'^{\gamma}}{\partial x^{\mu}}\frac{\partial x'^{\rho}}{\partial x^{\nu}}g^{\mu\nu}\eta_{nm}\frac{\partial x^{\sigma}}{\partial x'^{\rho}}\frac{\partial y^m}{\partial x^{\sigma}}\frac{\partial}{\partial x'^{\beta}}\left(\frac{\partial x^{\omega}}{\partial x'^{\alpha}}\frac{\partial y^n}{\partial x^{\omega}}\right) \\ &= \frac{\partial x'^{\gamma}}{\partial x^{\mu}}g^{\mu\nu}\eta_{nm}\frac{\partial y^m}{\partial x^{\nu}}\left(\frac{\partial^2 x^{\omega}}{\partial x'^{\beta}\partial x'^{\alpha}}\frac{\partial y^n}{\partial x^{\omega}}+\frac{\partial x^{\omega}}{\partial x'^{\alpha}}\frac{\partial x^{\lambda}}{\partial x'^{\beta}}\frac{\partial y^n}{\partial x^{\lambda}\partial x^{\omega}}\right) \\ &= \frac{\partial x'^{\gamma}}{\partial x^{\mu}}\frac{\partial^2 x^{\mu}}{\partial x'^{\beta}\partial x'^{\alpha}}+\frac{\partial x'^{\gamma}}{\partial x^{\mu}}\frac{\partial x^{\omega}}{\partial x'^{\alpha}}\frac{\partial x^{\lambda}}{\partial x'^{\beta}}g^{\mu\nu}\eta_{nm}\frac{\partial y^m}{\partial x^{\nu}}\frac{\partial y^n}{\partial x^{\lambda}\partial x^{\omega}} \\ &= \frac{\partial x'^{\gamma}}{\partial x^{\mu}}\frac{\partial^2 x^{\mu}}{\partial x'^{\beta}\partial x'^{\alpha}}+\frac{\partial x'^{\gamma}}{\partial x^{\mu}}\frac{\partial x^{\omega}}{\partial x'^{\alpha}}\frac{\partial x^{\lambda}}{\partial x'^{\beta}}\Gamma^{\mu}_{\lambda\omega}\end{aligned} \tag{2.88}$$

其中要用到公式(2.74)。公式(2.88) 对下指标非对称的联络也是满足的(见本章练习 14)。由于右边第一项的两个下指标是对称的，因此联络下指标反对称部分是张量，即挠率张量是张量，代表空间的属性，其是否等于零与坐标选取无关。

联络的非张量性质表明，其在一个坐标下是非零的，在另一个坐标下可以为零。当然，要达到联络全局为零，空间必须是平直的。在任何情况下，我们总可以找到这样的坐标变换，让联络在任意一个确定的点为零。考虑坐标变换

$$x'^{\alpha}=x^{\alpha}+\frac{1}{2}(x-X)^{\beta}(x-X)^{\gamma}\Gamma^{\alpha}_{\beta\gamma}(X) \tag{2.89}$$

其中 X 是某一固定点，则

$$\left.\frac{\partial x'^{\alpha}}{\partial x^{\beta}}\right|_{x=X}=\delta^{\alpha}_{\beta},\qquad \frac{\partial x'^{\alpha}}{\partial x^{\gamma}\partial x^{\beta}}=\Gamma^{\alpha}_{\beta\gamma}(X) \tag{2.90}$$

利用公式(2.88),得

$$\begin{aligned}\Gamma^{\alpha}_{\mu\nu}(X)&=\frac{\partial x^{\alpha}}{\partial x'^{\beta}}\frac{\partial^2 x'^{\beta}}{\partial x^{\mu}\partial x^{\nu}}+\frac{\partial x^{\alpha}}{\partial x'^{\beta}}\frac{\partial x'^{\gamma}}{\partial x^{\mu}}\frac{\partial x'^{\omega}}{\partial x^{\nu}}\Gamma'^{\beta}_{\gamma\omega}\\&=\Gamma^{\alpha}_{\mu\nu}(X)+\Gamma'^{\alpha}_{\mu\nu}(X')\\&\Rightarrow\quad \Gamma'^{\alpha}_{\mu\nu}(X')=0\end{aligned} \tag{2.91}$$

联络共有 40 个分量,和度规的一阶导数的独立个数是一样的。联络等于零就意味着度规的一阶导数为零,表明这一点附近足够平坦。我们选取的坐标系就是这点的局域平直坐标系(局域惯性系)。

我们现在讨论协变单位矢量的平移。利用公式(2.82)把 x 点的逆变单位矢量用 $x+\mathrm{d}x$ 点的逆变单位矢量表示出来:

$$\boldsymbol{e}_{\alpha}(x)=\boldsymbol{e}_{\alpha}(x+\mathrm{d}x)-\Gamma^{\gamma}_{\alpha\beta}\boldsymbol{e}_{\gamma}\mathrm{d}x^{\beta} \tag{2.92}$$

协变单位矢量平移到 $x+\mathrm{d}x$,也会有

$$\boldsymbol{e}^{\beta}(x)=\boldsymbol{e}^{\beta}(x+\mathrm{d}x)+\Delta\boldsymbol{e}^{\beta} \tag{2.93}$$

利用

$$\boldsymbol{e}_{\alpha}(x)\cdot\boldsymbol{e}^{\beta}(x)=[\boldsymbol{e}_{\alpha}(x+\mathrm{d}x)-\Gamma^{\gamma}_{\alpha\rho}\boldsymbol{e}_{\gamma}\mathrm{d}x^{\rho}]\cdot[\boldsymbol{e}^{\beta}(x+\mathrm{d}x)+\Delta\boldsymbol{e}^{\beta}]=\delta^{\beta}_{\alpha} \tag{2.94}$$

可以得到

$$\begin{aligned}&\boldsymbol{e}_{\alpha}(x+\mathrm{d}x)\cdot\Delta\boldsymbol{e}^{\beta}-\boldsymbol{e}^{\beta}(x+\mathrm{d}x)\cdot\boldsymbol{e}_{\gamma}(x)\Gamma^{\gamma}_{\alpha\rho}\mathrm{d}x^{\rho}-\Delta\boldsymbol{e}^{\beta}\cdot\boldsymbol{e}_{\gamma}(x)\Gamma^{\gamma}_{\alpha\rho}\mathrm{d}x^{\rho}\\&\quad=\boldsymbol{e}_{\alpha}(x+\mathrm{d}x)\cdot\Delta\boldsymbol{e}^{\beta}-\Gamma^{\beta}_{\alpha\rho}\mathrm{d}x^{\rho}=0\end{aligned} \tag{2.95}$$

或者

$$\Delta\boldsymbol{e}^{\beta}=\Gamma^{\beta}_{\alpha\rho}\boldsymbol{e}^{\alpha}\mathrm{d}x^{\rho} \tag{2.96}$$

在公式(2.94)和(2.95)中,我们已经忽略了二阶无穷小量。矢量的平移,通常不用单位矢量的改变来表示,而是用矢量的分量改变来表示。一个在 x 点的逆变矢量平移到 $x+\mathrm{d}x$ 点,可以表示为

$$A^{\alpha}(x)\boldsymbol{e}_{\alpha}(x)=A^{\alpha}_{\text{平移}}(x+\mathrm{d}x)\boldsymbol{e}_{\alpha}(x+\mathrm{d}x)$$

$$= A^\alpha(x)[\boldsymbol{e}_\alpha(x+\mathrm{d}x) - \Gamma^\gamma_{\alpha\beta}\boldsymbol{e}_\gamma \mathrm{d}x^\beta]$$
$$= [A^\alpha(x) - A^\rho(x)\Gamma^\alpha_{\rho\beta}\mathrm{d}x^\beta]\boldsymbol{e}_\alpha(x+\mathrm{d}x) \tag{2.97}$$

所以矢量平移到 $x+\mathrm{d}x$，以这点的单位矢量为基的分量为

$$A^\alpha_{平移}(x+\mathrm{d}x) = A^\alpha(x) - A^\rho(x)\Gamma^\alpha_{\rho\beta}\mathrm{d}x^\beta \tag{2.98}$$

平移后的矢量“大小”显然和平移前一样，我们可以验证其模方没有改变：

$$A^\alpha_{平移}(x+\mathrm{d}x)A^\beta_{平移}(x+\mathrm{d}x)\boldsymbol{e}_\alpha(x+\mathrm{d}x)\cdot\boldsymbol{e}_\beta(x+\mathrm{d}x)$$
$$= A^\alpha_{平移}(x+\mathrm{d}x)A^\beta_{平移}(x+\mathrm{d}x)g_{\alpha\beta}(x+\mathrm{d}x)$$
$$= [A^\alpha(x) - A^\rho(x)\Gamma^\alpha_{\rho\sigma}\mathrm{d}x^\sigma][A^\beta(x) - A^\rho(x)\Gamma^\beta_{\rho\sigma}\mathrm{d}x^\sigma][g_{\alpha\beta}(x) + g_{\alpha\beta,\gamma}\mathrm{d}x^\gamma]$$
$$= A^\alpha(x)A^\beta(x)g_{\alpha\beta}(x) - 2g_{\alpha\beta}(x)A^\beta(x)A^\rho(x)\Gamma^\alpha_{\rho\sigma}\mathrm{d}x^\sigma$$
$$+ A^\alpha(x)A^\beta(x)g_{\alpha\beta,\gamma}\mathrm{d}x^\gamma$$
$$= A^\alpha(x)A^\beta(x)g_{\alpha\beta}(x) - A^\beta(x)A^\rho(x)(g_{\beta\rho,\sigma} + g_{\beta\sigma,\rho} - g_{\rho\sigma,\beta})\mathrm{d}x^\sigma$$
$$+ A^\alpha(x)A^\beta(x)g_{\alpha\beta,\gamma}\mathrm{d}x^\gamma$$
$$= A^\alpha(x)A^\beta(x)g_{\alpha\beta}(x) \tag{2.99}$$

在公式(2.99)中，我们利用了公式(2.87)。同样，利用公式(2.96)可以得到协变矢量平移的分量表达式：

$$A_{\alpha平移}(x+\mathrm{d}x) = A_\alpha(x) + A_\rho(x)\Gamma^\rho_{\alpha\beta}\mathrm{d}x^\beta \tag{2.100}$$

例 2.4 考虑一矢量沿北纬 $\pi/2-\theta$ 的纬线绕北极平移一圈、回到出发点后相对原来矢量偏转的角度。

解：

球面的度规为

$$\mathrm{d}s^2 = a^2(\mathrm{d}\theta^2 + \sin^2\theta\,\mathrm{d}\varphi^2)$$

不为零的联络(作为练习)为

$$\Gamma^1_{22} = -\sin\theta\cos\theta, \quad \Gamma^2_{12} = \frac{\cos\theta}{\sin\theta}$$

由公式(2.98)，得到

$$\delta A^1 = -\Gamma^1_{22}A^2\mathrm{d}x^2 = \sin\theta\cos\theta A^2\mathrm{d}\varphi$$
$$\delta A^2 = -\Gamma^2_{12}A^1\mathrm{d}x^2 = -\frac{\cos\theta}{\sin\theta}A^1\mathrm{d}\varphi$$

或者

$$\frac{\partial A^1}{\partial \varphi} = \sin\theta\cos\theta A^2$$

$$\frac{\partial A^2}{\partial \varphi} = -\frac{\cos\theta}{\sin\theta} A^1$$

方程两边对 φ 再次微分，有

$$\frac{\partial^2 A^1}{\partial \varphi^2} = \sin\theta\cos\theta \frac{\partial A^2}{\partial \varphi} = -\cos^2\theta A^1$$

$$\frac{\partial^2 A^2}{\partial \varphi} = -\frac{\cos\theta}{\sin\theta} \frac{\partial A^1}{\partial \varphi} = -\cos^2\theta A^2$$

方程的解为

$$A^1 = A\sin(\cos\theta\varphi + \varphi_0)$$

$$A^2 = \frac{A}{\sin\theta}\cos(\cos\theta\varphi + \varphi_0)$$

在赤道 $\theta = \pi/2, \cos\theta = 0$，转一圈后矢量方向不会改变。在北极，$\cos\theta = 1, A^2$ 振幅无穷大，这其实是单位矢量没有归一化的结果。

$$\boldsymbol{e}_2 \cdot \boldsymbol{e}_2 = g_{22} = a^2\sin^2\theta$$

选取归一的单位矢量

$$\boldsymbol{e}_2{}' = \boldsymbol{e}_2/\sin\theta$$

则

$$A^1 = A\sin(\cos\theta\varphi + \varphi_0)$$

$$A'^2 = A\cos(\cos\theta\varphi + \varphi_0)$$

所以旋转一圈后矢量偏转的角度是 $2\pi(1-\cos\theta)$。

如图 2.6 所示，锥面与球面相切，锥面可以看作同纬度球面的切平面总和。一个同纬度球面上的矢量也在锥面里，球面矢量绕纬度平移也相当于在锥面中平移。将锥面剪开、摊平，就是一个扇面。一个平行于扇面一边的矢量，平移到另一边，与另一边的夹角是β。把扇面两条边重新粘在一起，就回到了圆锥。所以矢量绕圆锥顶点转一圈，

偏转β角度。矢量沿纬线(极角θ)转一圈,可以看作在锥面转一圈(锥顶角$\alpha=\pi/2-\theta$),如图2.6中的右图所示,所以绕一圈后,偏转角度是

$$\beta=2\pi(1-\cos\theta)$$

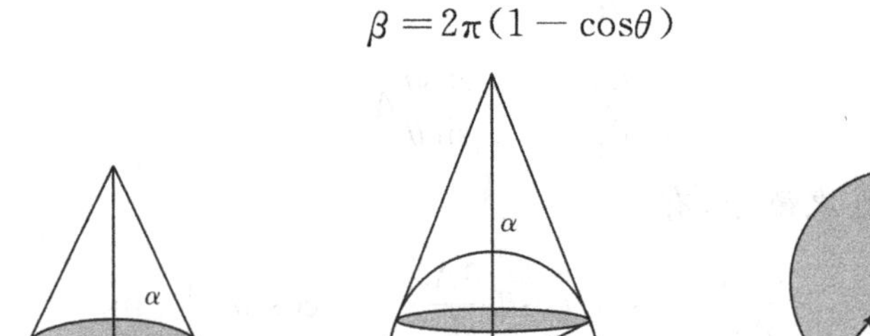

图2.6 左图是一个顶角为α的圆锥,沿锥面剪开、摊平后,得到如右图的一个扇面,其中$\beta=2\pi(1-\sin\alpha)$。中图是圆锥与球面相切

2.2.2.4 协变微分

矢量的微分为

$$\begin{aligned}\frac{\partial(A^\alpha \boldsymbol{e}_\alpha)}{\partial x^\beta}&=\frac{\partial A^\alpha}{\partial x^\beta}\boldsymbol{e}_\alpha+A^\alpha\frac{\partial \boldsymbol{e}_\alpha}{\partial x^\beta}=\frac{\partial A^\alpha}{\partial x^\beta}\boldsymbol{e}_\alpha+A^\alpha\Gamma^\gamma_{\alpha\beta}\boldsymbol{e}_\gamma\\&=\left(\frac{\partial A^\gamma}{\partial x^\beta}+A^\alpha\Gamma^\gamma_{\alpha\beta}\right)\boldsymbol{e}_\gamma=A^\gamma_{;\beta}\boldsymbol{e}_\gamma\end{aligned}\tag{2.101}$$

这个微分具有明显的张量性质。我们用“;”表示协变微分,与普通微分相区别。我们可以把微分(梯度)的单位矢量加上,就变成

$$\boldsymbol{e}^\beta\frac{\partial(A^\alpha\boldsymbol{e}_\alpha)}{\partial x^\beta}=\left(\frac{\partial A^\gamma}{\partial x^\beta}+A^\alpha\Gamma^\gamma_{\alpha\beta}\right)\boldsymbol{e}^\beta\otimes\boldsymbol{e}_\gamma=A^\gamma_{;\beta}\boldsymbol{e}^\beta\otimes\boldsymbol{e}_\gamma\tag{2.102}$$

式中左边无论是矢量还是微分算符都与坐标选取无关,右边是(1,1)阶张量,也与坐标的选取无关。我们可以验证其分量的张量性质:

$$\begin{aligned}A'^\gamma_{;\beta}&=\frac{\partial A'^\gamma}{\partial x'^\beta}+A'^\alpha\Gamma'^\gamma_{\alpha\beta}\\&=\frac{\partial}{\partial x'^\beta}\left(\frac{\partial x'^\gamma}{\partial x^\rho}A^\rho\right)+\frac{\partial x'^\alpha}{\partial x^\sigma}A^\sigma\left(\frac{\partial x'^\gamma}{\partial x^\mu}\frac{\partial^2 x^\mu}{\partial x'^\beta\partial x'^\alpha}+\frac{\partial x'^\gamma}{\partial x^\mu}\frac{\partial x^\omega}{\partial x'^\alpha}\frac{\partial x^\lambda}{\partial x'^\beta}\Gamma^\mu_{\lambda\omega}\right)\end{aligned}\tag{2.103}$$

$$\begin{cases}\dfrac{\partial}{\partial x'^{\beta}}\left(\dfrac{\partial x'^{\gamma}}{\partial x^{\rho}}A^{\rho}\right)=\left(\dfrac{\partial}{\partial x'^{\beta}}\dfrac{\partial x'^{\gamma}}{\partial x^{\rho}}\right)A^{\rho}+\dfrac{\partial x'^{\gamma}}{\partial x^{\rho}}\dfrac{\partial x^{\sigma}}{\partial x'^{\beta}}\dfrac{\partial A^{\rho}}{\partial x^{\sigma}}\\ \dfrac{\partial x'^{\gamma}}{\partial x^{\mu}}\dfrac{\partial^2 x^{\mu}}{\partial x'^{\beta}\partial x'^{\alpha}}=\dfrac{\partial}{\partial x'^{\beta}}\left(\dfrac{\partial x'^{\gamma}}{\partial x^{\mu}}\dfrac{\partial x^{\mu}}{\partial x'^{\alpha}}\right)-\dfrac{\partial x^{\mu}}{\partial x'^{\alpha}}\dfrac{\partial}{\partial x'^{\beta}}\dfrac{\partial x'^{\gamma}}{\partial x^{\mu}}=-\dfrac{\partial x^{\mu}}{\partial x'^{\alpha}}\dfrac{\partial}{\partial x'^{\beta}}\dfrac{\partial x'^{\gamma}}{\partial x^{\mu}}\\ \dfrac{\partial x'^{\alpha}}{\partial x^{\sigma}}A^{o}\dfrac{\partial x'^{\gamma}}{\partial x^{\mu}}\dfrac{\partial x^{\omega}}{\partial x'^{\alpha}}\dfrac{\partial x^{\lambda}}{\partial x'^{\beta}}\Gamma^{\mu}_{\lambda\omega}=\dfrac{\partial x'^{\gamma}}{\partial x^{\mu}}\dfrac{\partial x^{\lambda}}{\partial x'^{\beta}}\Gamma^{\mu}_{\lambda o}A^{o}\end{cases} \tag{2.104}$$

将公式(2.104) 代入公式(2.103)，得到

$$A'^{\gamma}_{;\beta}=\frac{\partial x'^{\gamma}}{\partial x^{\mu}}\frac{\partial x^{\lambda}}{\partial x'^{\beta}}\left(\frac{\partial A^{\mu}}{\partial x^{\lambda}}+\Gamma^{\mu}_{\lambda o}A^{o}\right)=\frac{\partial x'^{\gamma}}{\partial x^{\mu}}\frac{\partial x^{\lambda}}{\partial x'^{\beta}}A^{\mu}_{;\lambda} \tag{2.105}$$

协变矢量的协变微分也容易得到：

$$\begin{aligned}\frac{\partial(A_{\alpha}\boldsymbol{e}^{\alpha})}{\partial x^{\beta}}&=\frac{\partial A_{\alpha}}{\partial x^{\beta}}\boldsymbol{e}^{\alpha}+A_{\alpha}\frac{\partial \boldsymbol{e}^{\alpha}}{\partial x^{\beta}}=\frac{\partial A_{\alpha}}{\partial x^{\beta}}\boldsymbol{e}^{\alpha}-A_{\alpha}\Gamma^{\alpha}_{\beta\gamma}\boldsymbol{e}^{\gamma}\\&=\left(\frac{\partial A_{\gamma}}{\partial x^{\beta}}-A_{\alpha}\Gamma^{\alpha}_{\beta\gamma}\right)\boldsymbol{e}^{\gamma}=A_{\gamma;\beta}\boldsymbol{e}^{\gamma}\end{aligned} \tag{2.106}$$

分量表达式就是

$$A_{\gamma;\beta}=A_{\gamma,\beta}-A_{\alpha}\Gamma^{\alpha}_{\beta\gamma} \tag{2.107}$$

这是一个(0,2) 阶张量。公式(2.107) 也可以通过公式(2.100)，直接用分量差(同点的张量差还是张量) 得到：

$$A_{\gamma;\beta}=\frac{A_{\lambda}(x+\mathrm{d}x)-A_{\gamma}^{\text{平移}}(x+\mathrm{d}x)}{\mathrm{d}x^{\beta}}=A_{\gamma,\beta}-A_{\alpha}\Gamma^{\alpha}_{\beta\gamma} \tag{2.108}$$

高阶张量的平移可以通过矢量平移得到。考虑一个(0,2) 阶张量和一个逆变矢量的缩并，是一个协变矢量，其平移满足

$$\begin{aligned}\Delta(T_{\alpha\beta}A^{\beta})&=T_{\gamma\beta}A^{\beta}\Gamma^{\gamma}_{\alpha\lambda}\mathrm{d}x^{\lambda}=\Delta T_{\alpha\beta}A^{\beta}+T_{\alpha\beta}\Delta A^{\beta}\\&=\Delta T_{\alpha\beta}A^{\beta}-T_{\alpha\beta}A^{\gamma}\Gamma^{\beta}_{\gamma\lambda}\mathrm{d}x^{\lambda}\end{aligned} \tag{2.109}$$

由于逆变矢量 A^{β} 是任意的，所以

$$\Delta T_{\alpha\beta}=T_{\gamma\beta}\Gamma^{\gamma}_{\alpha\lambda}\mathrm{d}x^{\lambda}+T_{\alpha\gamma}\Gamma^{\gamma}_{\beta\lambda}\mathrm{d}x^{\lambda} \tag{2.110}$$

即

$$T_{\alpha\beta\text{平移}}(x+\mathrm{d}x)=T_{\alpha\beta}(x)+T_{\gamma\beta}\Gamma^{\gamma}_{\alpha\lambda}\mathrm{d}x^{\lambda}+T_{\alpha\gamma}\Gamma^{\gamma}_{\beta\lambda}\mathrm{d}x^{\lambda} \tag{2.111}$$

其协变微分可以通过简单的分量差获得：

$$T_{\alpha\beta;\lambda}=\frac{T_{\alpha\beta}(x+\mathrm{d}x)-T^{\text{平移}}_{\alpha\beta}(x+\mathrm{d}x)}{\mathrm{d}x^{\lambda}}=T_{\alpha\beta,\lambda}-T_{\gamma\beta}\Gamma^{\gamma}_{\alpha\lambda}-T_{\alpha\gamma}\Gamma^{\gamma}_{\beta\lambda} \tag{2.112}$$

其它阶张量协变微分推导作为练习。张量的协变微分满足莱布尼兹法则：任意两个张量 A 和 B（我们隐去它们的分量指标）的直积或缩并，它们的协变微分满足

$$(AB)_{;\alpha}=A_{;\alpha}B+AB_{;\alpha}$$

比如两个协变矢量的直积，其协变微分就是

$$\begin{aligned}(A_{\mu}B_{\nu})_{;\alpha}&=A_{\mu;\alpha}B_{\nu}+A_{\mu}B_{\nu;\alpha}=(A_{\mu,\alpha}-A_{\rho}\Gamma^{\rho}_{\mu\alpha})B_{\nu}+A_{\mu}(B_{\nu,\alpha}-B_{\rho}\Gamma^{\rho}_{\nu\alpha})\\&=(A_{\mu}B_{\nu})_{,\alpha}-A_{\rho}B_{\nu}\Gamma^{\rho}_{\mu\alpha}-A_{\mu}B_{\rho}\Gamma^{\rho}_{\nu\alpha}\end{aligned} \tag{2.113}$$

与公式(2.112)完全一样。

例 2.5　计算度规张量的协变导数。

解：

由公式(2.112)得到

$$\begin{aligned}g_{\alpha\beta;\lambda}&=g_{\alpha\beta,\lambda}-g_{\gamma\beta}\Gamma^{\gamma}_{\alpha\lambda}-g_{\alpha\gamma}\Gamma^{\gamma}_{\beta\lambda}\\&=g_{\alpha\beta,\lambda}-\frac{1}{2}g_{\gamma\beta}g^{\gamma\rho}(g_{\alpha\rho,\lambda}+g_{\lambda\rho,\alpha}-g_{\alpha\lambda,\rho})-\frac{1}{2}g_{\alpha\gamma}g^{\gamma\rho}(g_{\beta\rho,\lambda}+g_{\lambda\rho,\beta}-g_{\beta\lambda,\rho})\\&=g_{\alpha\beta,\lambda}-\frac{1}{2}(g_{\alpha\beta,\lambda}+g_{\lambda\beta,\alpha}-g_{\alpha\lambda,\beta})-\frac{1}{2}(g_{\beta\alpha,\lambda}+g_{\lambda\alpha,\beta}-g_{\beta\lambda,\alpha})\\&=0\end{aligned}$$

2.3　测地线

考虑“曲面”上的一条曲线 $x^{\alpha}(t)$，t 是任意标量性的仿射参量，其上一小段曲线长度为

$$ds^2=g_{\alpha\beta}dx^\alpha dx^\beta=g_{\alpha\beta}\frac{dx^\alpha}{dt}\frac{dx^\beta}{dt}dt^2 \tag{2.114}$$

在欧氏空间，这段长度模方是正定的。在四维时空，按照第 1 章的度规定义，可以分类为

$$ds^2\begin{cases}>0, & 类空\\ =0, & 类光\\ <0, & 类时\end{cases} \tag{2.115}$$

如果这段曲线是一个质点运动的轨迹，一定是类时的。所以我们重新定义一个正的长度模方：

$$d\tau^2=-g_{\alpha\beta}dx^\alpha dx^\beta \tag{2.116}$$

在下文中，我们会看到 τ 是质点的固有时，可以将其看作质点曲线的仿射参量。现在考虑对两个固定点 $x^\alpha(t_0)$ 和 $x^\alpha(t_1)$ 之间的距离求极值，即对

$$\int d\tau=\int_{t_0}^{t_1}\sqrt{-g_{\alpha\beta}\frac{dx^\alpha}{dt}\frac{dx^\beta}{dt}}\,dt \tag{2.117}$$

求极值。我们直接对公式(2.116)的两边变分：

$$2d\tau d\delta\tau=-g_{\alpha\beta,\gamma}\delta x^\gamma dx^\alpha dx^\beta-2g_{\alpha\beta}dx^\alpha d\delta x^\beta \tag{2.118}$$

得到

$$\begin{aligned}d\delta\tau&=-\frac{1}{2}g_{\alpha\beta,\gamma}\delta x^\gamma\frac{dx^\alpha}{d\tau}dx^\beta-g_{\alpha\beta}\frac{dx^\alpha}{d\tau}d\delta x^\beta\\ &=-\frac{1}{2}g_{\alpha\beta,\gamma}\frac{dx^\alpha}{d\tau}dx^\beta\delta x^\gamma-d\left(g_{\alpha\beta}\frac{dx^\alpha}{d\tau}\delta x^\beta\right)+d\left(g_{\alpha\beta}\frac{dx^\alpha}{d\tau}\right)\delta x^\beta\end{aligned}$$

由于两端点固定，全微分项积分后为零。距离取极值的条件是

$$d\delta\tau=-\frac{1}{2}g_{\alpha\beta,\gamma}\frac{dx^\alpha}{d\tau}dx^\beta\delta x^\gamma+d\left(g_{\alpha\beta}\frac{dx^\alpha}{d\tau}\right)\delta x^\beta=0 \tag{2.119}$$

去掉变分 δx^γ 并除以 $d\tau$，就得到

$$-\frac{1}{2}g_{\alpha\beta,\gamma}\frac{dx^\alpha}{d\tau}\frac{dx^\beta}{d\tau}+\frac{d}{d\tau}\left(g_{\alpha\gamma}\frac{dx^\alpha}{d\tau}\right)=0 \tag{2.120}$$

到目前为止，由公式(2.118)至(2.120)，我们还是认为 x 是 t 的函数，τ 与 t 的关系是通过公式(2.117)联系起来的。我们前面说过，τ 是质点的固有时，可以作为质点轨迹的参数。所以当 x 作为 τ 的函数时，由公式(2.120)直接就有

$$-\frac{1}{2}g_{\alpha\beta,\gamma}\frac{\mathrm{d}x^{\alpha}}{\mathrm{d}\tau}\frac{\mathrm{d}x^{\beta}}{\mathrm{d}\tau}+g_{\alpha\gamma,\beta}\frac{\mathrm{d}x^{\alpha}}{\mathrm{d}\tau}\frac{\mathrm{d}x^{\beta}}{\mathrm{d}\tau}+g_{\alpha\gamma}\frac{\mathrm{d}^{2}x^{\alpha}}{\mathrm{d}\tau^{2}}=0 \tag{2.121}$$

两边乘逆变度规 $g^{\rho\gamma}$，注意指标 α,β 对称，就有

$$\frac{\mathrm{d}^{2}x^{\rho}}{\mathrm{d}\tau^{2}}+\Gamma^{\rho}_{\alpha\beta}\frac{\mathrm{d}x^{\alpha}}{\mathrm{d}\tau}\frac{\mathrm{d}x^{\beta}}{\mathrm{d}\tau}=0 \tag{2.122}$$

这个方程称为测地线方程，用于描述弯曲空间的短程线，等效于平直空间的直线。有时需要采用普遍的仿射参量 t 作为自变量，特别是对于光子，始终走零光程线 $\mathrm{d}\tau=0$，把 τ 作为参量是不合适的。利用

$$\mathrm{d}\tau=\sqrt{-g_{\alpha\beta}\frac{\mathrm{d}x^{\alpha}}{\mathrm{d}t}\frac{\mathrm{d}x^{\beta}}{\mathrm{d}t}}\,\mathrm{d}t=L\,\mathrm{d}t \tag{2.123}$$

公式(2.120)可以改写成

$$-\frac{1}{2L^{2}}g_{\alpha\beta,\gamma}\frac{\mathrm{d}x^{\alpha}}{\mathrm{d}t}\frac{\mathrm{d}x^{\beta}}{\mathrm{d}t}+\frac{1}{L}\frac{\mathrm{d}}{\mathrm{d}t}\left(g_{\alpha\gamma}\frac{1}{L}\frac{\mathrm{d}x^{\alpha}}{\mathrm{d}t}\right)=0 \tag{2.124}$$

化简后得到

$$-\frac{1}{2}g_{\alpha\beta,\gamma}\frac{\mathrm{d}x^{\alpha}}{\mathrm{d}t}\frac{\mathrm{d}x^{\beta}}{\mathrm{d}t}+\frac{\mathrm{d}}{\mathrm{d}t}\left(g_{\alpha\gamma}\frac{\mathrm{d}x^{\alpha}}{\mathrm{d}t}\right)-\frac{1}{L}\frac{\mathrm{d}L}{\mathrm{d}t}g_{\alpha\gamma}\frac{\mathrm{d}x^{\alpha}}{\mathrm{d}t}=0 \tag{2.125}$$

如果不考虑最后一项，由前两项一样可以得到测地线方程。容易看出，当 x 满足测地线方程时，最后一项也为零：

$$\begin{aligned}\frac{\mathrm{d}L}{\mathrm{d}t}&=-\frac{1}{2L}\left(g_{\mu\nu,\beta}\frac{\mathrm{d}x^{\beta}}{\mathrm{d}t}\frac{\mathrm{d}x^{\mu}}{\mathrm{d}t}\frac{\mathrm{d}x^{\nu}}{\mathrm{d}t}+2g_{\mu\nu}\frac{\mathrm{d}x^{\mu}}{\mathrm{d}t}\frac{\mathrm{d}^{2}x^{\nu}}{\mathrm{d}t^{2}}\right)\\&=-\frac{1}{2L}\left[(g_{\mu\nu,\beta}+g_{\mu\beta,\nu}-g_{\beta\nu,\mu})\frac{\mathrm{d}x^{\beta}}{\mathrm{d}t}\frac{\mathrm{d}x^{\mu}}{\mathrm{d}t}\frac{\mathrm{d}x^{\nu}}{\mathrm{d}t}+2g_{\mu\nu}\frac{\mathrm{d}x^{\mu}}{\mathrm{d}t}\frac{\mathrm{d}^{2}x^{\nu}}{\mathrm{d}t^{2}}\right]\\&=-\frac{1}{L}\left[\frac{1}{2}(g_{\mu\nu,\beta}+g_{\mu\beta,\nu}-g_{\beta\nu,\mu})\frac{\mathrm{d}x^{\beta}}{\mathrm{d}t}\frac{\mathrm{d}x^{\nu}}{\mathrm{d}t}+g_{\mu\nu}\frac{\mathrm{d}^{2}x^{\nu}}{\mathrm{d}t^{2}}\right]\frac{\mathrm{d}x^{\mu}}{\mathrm{d}t}\\&=0\end{aligned} \tag{2.126}$$

这其实反映了一个事实，即对于一个做自由运动的粒子，用任何仿射参量定义的四维速度的大小是常数：

$$-g_{\alpha\beta}\frac{dx^\alpha}{dt}\frac{dx^\beta}{dt}=C \tag{2.127}$$

对于光子来说，$C=0$，这会导致在公式(2.126)中零出现在分母中这一不愉快的结果。我们在第 7.6 节采用另外一种作用量来避免这种情况。质点的四维速度定义为

$$u^\alpha=\frac{dx^\alpha}{d\tau} \tag{2.128}$$

公式(2.122)化为

$$\frac{du^\rho}{d\tau}+\Gamma^\rho_{\alpha\beta}u^\alpha u^\beta=0 \tag{2.129}$$

在平直空间中，就转化成牛顿第一定律

$$\frac{du^\rho}{d\tau}=0 \tag{2.130}$$

公式(2.129)还有另一层意思，在两边乘以 $d\tau$，可以转化成

$$du^\rho+\Gamma^\rho_{\alpha\beta}u^\alpha dx^\beta=0$$

其含义是：质点沿着测地线运动时，各点的速度等于上一点平移过来的速度。这就是在弯曲空间质点自由运动时的“速度不变”。

2.4　等效原理与联络

等效原理是指在任何情况下惯性力和引力不可区分，其基于的物理事实是惯性质量等于引力质量。最早注意到惯性质量等于引力质量的是伽利略，虽然比萨斜塔实验可能是虚构的。牛顿也做过很多实验来检验这个事实。他采用不同材质的单摆，测量它们的周期是否相同。1889 年，厄特沃什(Eotvos)利用精巧的摆秤把引力质量和惯性质量之比的差别缩小到 10^{-9}，其原理就是利用地球自转所

产生的惯性力。对于一个达到重力平衡的摆秤，力臂之比等于引力质量之反比。摆秤同时受到地球自转的惯性力，因此可能会产生扭转效应。如果惯性质量正比于引力质量，这种效应就等于零（图2.7）。20世纪，迪克等人用地球绕太阳转动导致的惯性力场和太阳的引力场，将精度提高到10^{-11}。在这个实验中，由于地球自转、杆与太阳的引力场，以及公转的惯性力场的角度在不断改变，其它效应都作为不变的本底给排除了。21世纪初，实验精度提高到10^{-13}（图2.8）。根据狭义相对论，物质的能量等效于物质的惯性质量。所以验证等效原理的力学实验已经超出力学范围，包含了所有形式的相互作用（即可推广到所谓的强等效原理：任何实验都无法区分惯性力场和引力场）。

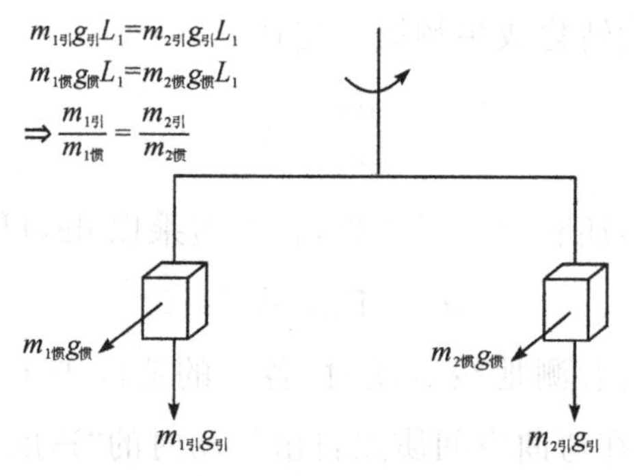

图2.7 厄特沃什精巧的摆秤，其巧妙之处在于并不需要摆秤达到完全水平，只要达到平衡即可。重力力臂之比和惯性力力臂之比完全一样

不同的材质组分不同，即其中包含的强、电磁、弱相互作用的能量都不一样。等效原理的实验证实，这些能量对引力质量有相同的贡献。当然，厄特沃什和迪克的实验精度还不能证明引力自相互作用能的惯性质量等于引力质量。对于一个半径为R，质量为M的球体，其引力自相互作用能为$\sim GM^2/R$，占自身能量比为$GM/(c^2R)$，对于地球来说大约为10^{-9}；对于小质量的物体，比如尺度$\sim$1m（密度与地球相当）的物体，占比会缩小到10^{-22}。直接测量是不可能的，但是可以利

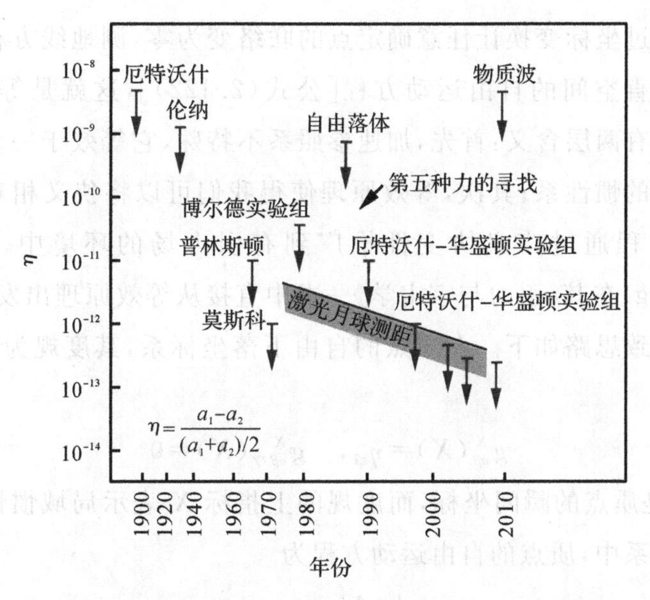

图 2.8　各年代对弱等效原理的验证。a_1 和 a_2 分别对应不同物质的引力质量与惯性质量之比，图中的词表示实验地点、实验组名称或实验方法①

用太阳对地球和卫星的引力效应的差别来鉴别。由于人造卫星距离地球较近，地球引力的本底效应较大，科学家想到测量地球和月亮在太阳引力场中的加速度差异，因为月球的引力相互作用能占自身能量的份额比地球小一个量级，所以依然会产生 10^{-9} 的差距，月球所处的位置地球的引力场比人造卫星小 4 个数量级。激光测月(lunar laser ranging，LLR)实验的精度达到 10^{-13}，证实引力自相互作用能也满足等效原理。

无论是强等效原理还是弱等效原理，最终的效果是在封闭环境下，观测者无法区分自己是处于一个惯性参照系还是一个引力场中自由下落的参照系；或者等效地说，对于任意时空点，可以选取一个坐标，使得这点领域的时空度规是闵氏度规。这要求这点的邻域必须足够平直，即这点度规的一阶微分必须等于零。由公式(2.91)可知，我

① 图片翻译自 Will C M. The confrontation between general relativity and experiment[J]. *Living Reviews in Relativity*, 2014, 17: 4.

们可以通过坐标变换让任意确定点的联络变为零，测地线方程在这点转化成平直空间的自由运动方程[公式(2.122)]，这就是等效原理。等效原理有两层含义：首先，加速参照系不特殊，它等效于一个存在均匀引力场的惯性系；其次，等效原理使得我们可以将狭义相对论获得的物理方程通过广义协变性推广到有引力场的环境中。温伯格(Weinberg)在其《引力与宇宙学》一书中直接从等效原理出发，反推出联络。大致思路如下。在质点的自由下落坐标系，其度规为 $g^X_{\alpha\beta}(x)$，满足

$$g^X_{\alpha\beta}(X)=\eta_{\epsilon\beta},\quad g^X_{\alpha\beta,\gamma}(X)=0 \tag{2.131}$$

其中 X 是质点的瞬间坐标，而度规的上指标 X 表示局域惯性系。在这个坐标系中，质点的自由运动方程为

$$\left.\frac{\mathrm{d}^2x^\alpha}{\mathrm{d}\tau^2}\right|_{x=X}=0$$

将局域坐标 x 变换到全局坐标 ξ，则

$$\begin{aligned}
&x^\alpha=x^\alpha(\xi)\\
&\frac{\mathrm{d}x^\alpha}{\mathrm{d}\tau}=\frac{\partial x^\alpha}{\partial\xi^\beta}\frac{\mathrm{d}\xi^\beta}{\mathrm{d}\tau}\\
&\left.\frac{\mathrm{d}^2x^\alpha}{\mathrm{d}\tau^2}\right|_{x=X}=\left.\left(\frac{\partial^2x^\alpha}{\partial\xi^\gamma\partial\xi^\beta}\frac{\mathrm{d}\xi^\beta}{\mathrm{d}\tau}\frac{\mathrm{d}\xi^\gamma}{\mathrm{d}\tau}+\frac{\partial x^\alpha}{\partial\xi^\beta}\frac{\mathrm{d}^2\xi^\beta}{\mathrm{d}\tau^2}\right)\right|_{x=X}=0\\
&\Rightarrow\quad\left.\left(\frac{\mathrm{d}^2\xi^\rho}{\mathrm{d}\tau^2}+\frac{\partial\xi^\rho}{\partial x^\alpha}\frac{\partial^2x^\alpha}{\partial\xi^\gamma\partial\xi^\beta}\frac{\mathrm{d}\xi^\beta}{\mathrm{d}\tau}\frac{\mathrm{d}\xi^\gamma}{\mathrm{d}\tau}\right)\right|_{x=X}=0
\end{aligned}$$

比较测地线方程(1.122)，在全局坐标下，这点的仿射联络为

$$\Gamma^\rho_{\beta\gamma}\big|_{x=X}=\left.\frac{\partial\xi^\rho}{\partial x^\alpha}\frac{\partial^2x^\alpha}{\partial\xi^\gamma\partial\xi^\beta}\right|_{x=X} \tag{2.132}$$

联络的两个下指标对称。毫不意外，等效原理已经决定了空间是无挠的。全局度规和局域坐标度规的关系是

$$g_{\alpha\beta}(\xi)=\frac{\partial x^\mu}{\partial\xi^\alpha}\frac{\partial x^\nu}{\partial\xi^\beta}g^X_{\mu\nu}(x) \tag{2.133}$$

没有上指标 X 的度规表示全局坐标的度规。所以

$$g_{\alpha\beta,\gamma}(\xi)\big|_{x=X}=\left(\frac{\partial x^{\mu}}{\partial\xi^{\gamma}\partial\xi^{\alpha}}\frac{\partial x^{\nu}}{\partial\xi^{\beta}}+\frac{\partial x^{\mu}}{\partial\xi^{\alpha}}\frac{\partial x^{\nu}}{\partial\xi^{\gamma}\partial\xi^{\beta}}\right)\Bigg|_{x=X}\eta_{\mu\nu} \tag{2.134}$$

其中我们利用了公式(2.131)。由公式(2.132)可以得到

$$\frac{\partial^2 x^{\alpha}}{\partial\xi^{\gamma}\partial\xi^{\beta}}\bigg|_{x=X}=\Gamma^{\rho}_{\beta\gamma}\frac{\partial x^{\alpha}}{\partial\xi^{\rho}}\bigg|_{x=X} \tag{2.135}$$

将公式(2.135)代入公式(2.134),并利用(2.133),就得到

$$g_{\alpha\beta,\gamma}(\xi)\big|_{x=X}=(\Gamma^{\rho}_{\alpha\gamma}g_{\rho\beta}+\Gamma^{\rho}_{\beta\gamma}g_{\rho\alpha})\big|_{x=X} \tag{2.136}$$

这个方程与公式(2.76)完全一样。由于 X 是任意的,因此公式(2.136)对所有点都成立。

2.5 曲率张量

2.5.1 曲率张量的定义

与普通微分不同,一般来说协变微分不满足交换律。考虑一个协变矢量的二次协变微分:

$$A_{\mu;\rho;\sigma}=A_{\mu;\rho,\sigma}-A_{\mu;\alpha}\Gamma^{\alpha}_{\rho\sigma}-A_{\alpha;\rho}\Gamma^{\alpha}_{\mu\sigma} \tag{2.137}$$

代入公式(2.107),得到

$$\begin{aligned}A_{\mu;\rho;\sigma}&=(A_{\mu,\rho}-A_{\alpha}\Gamma^{\alpha}_{\mu\rho})_{,\sigma}-A_{\mu;\alpha}\Gamma^{\alpha}_{\rho\sigma}-(A_{\alpha,\rho}-A_{\beta}\Gamma^{\beta}_{\rho\alpha})\Gamma^{\alpha}_{\mu\sigma}\\&=A_{\mu,\rho,\sigma}-A_{\alpha,\sigma}\Gamma^{\alpha}_{\mu\rho}-A_{\alpha}\Gamma^{\alpha}_{\mu\rho,\sigma}-A_{\mu;\alpha}\Gamma^{\alpha}_{\rho\sigma}-(A_{\alpha,\rho}\Gamma^{\alpha}_{\mu\sigma}-A_{\beta}\Gamma^{\beta}_{\rho\alpha}\Gamma^{\alpha}_{\mu\sigma})\\&=A_{\mu,\rho,\sigma}-(A_{\alpha,\sigma}\Gamma^{\alpha}_{\mu\rho}+A_{\alpha,\rho}\Gamma^{\alpha}_{\mu\sigma})-A_{\alpha}\Gamma^{\alpha}_{\mu\rho,\sigma}-A_{\mu;\alpha}\Gamma^{\alpha}_{\rho\sigma}+A_{\beta}\Gamma^{\beta}_{\rho\alpha}\Gamma^{\alpha}_{\mu\sigma}\end{aligned} \tag{2.138}$$

在公式(2.138)中,我们将指标 ρ 和 σ 对称的项分离出来。最后一行,第 1,2,4 项指标 ρ 和 σ 对称,所以交换指标 ρ 和 σ 后相减,便得到

$$\begin{aligned}A_{\mu;\rho;\sigma}-A_{\mu;\sigma;\rho}&=A_{\alpha}(-\Gamma^{\alpha}_{\mu\rho,\sigma}+\Gamma^{\alpha}_{\mu\sigma,\rho}-\Gamma^{\beta}_{\mu\rho}\Gamma^{\alpha}_{\beta\sigma}+\Gamma^{\beta}_{\mu\sigma}\Gamma^{\alpha}_{\rho\beta})\\&=A_{\alpha}R^{\alpha}_{\mu\rho\sigma}\end{aligned} \tag{2.139}$$

公式(2.139)左边是张量,所以

$$R^{\alpha}_{\mu\rho\sigma} = -\Gamma^{\alpha}_{\mu\rho,\sigma} + \Gamma^{\alpha}_{\mu\sigma,\rho} - \Gamma^{\beta}_{\mu\rho}\Gamma^{\alpha}_{\beta\sigma} + \Gamma^{\beta}_{\mu\sigma}\Gamma^{\alpha}_{\rho\beta} \tag{2.140}$$

也是张量，称为曲率张量。曲率张量的指标 ρ 和 σ 显然是反对称的。只有曲率张量为零，协变微分才是可以交换的。由于协变微分和普通微分的差距来自张量平移，往两个方向的二次协变微分不可交换（同方向的两次协变微分自然可以交换）意味着张量连续两次（不同方向的）平移次序不可交换，有一个二阶无穷小量的差别（作为练习）。如果曲率张量不为零，一个矢量沿一闭合路径平移一圈，回到出发点后，与原来的矢量就不重合了。

考虑一个无穷小的闭合路径，其大概的中心位置在 x_0，一矢量平移一周后的改变量为

$$\begin{aligned}
\oint \delta A^{\mu} &= \oint -A^{\alpha}(x)\Gamma^{\mu}_{\alpha\beta}(x)\mathrm{d}x^{\beta} \\
&= -\oint \{A^{\alpha}(x_0)\Gamma^{\mu}_{\alpha\beta}(x_0) + [A^{\alpha}_{,\rho}(x_0)\Gamma^{\mu}_{\alpha\beta}(x_0) \\
&\quad + A^{\alpha}(x_0)\Gamma^{\mu}_{\alpha\beta,\rho}(x_0)](x^{\rho} - x^{\rho}_0)\}\mathrm{d}x^{\beta} \\
&= -\oint [A^{\alpha}_{,\rho}(x_0)\Gamma^{\mu}_{\alpha\beta}(x_0) + A^{\alpha}(x_0)\Gamma^{\mu}_{\alpha\beta,\rho}(x_0)]x^{\rho}\mathrm{d}x^{\beta} \\
&= -[A^{\alpha}_{,\rho}(x_0)\Gamma^{\mu}_{\alpha\beta}(x_0) + A^{\alpha}(x_0)\Gamma^{\mu}_{\alpha\beta,\rho}(x_0)]\oint x^{\rho}\mathrm{d}x^{\beta}
\end{aligned} \tag{2.141}$$

在公式(2.141)中，我们对路径上任意一点的函数按 x_0 展开。我们注意到，路径上任意一点的矢量都是前一点矢量平移过来的，所以有

$$A^{\gamma}_{,\rho} = -A^{\alpha}\Gamma^{\gamma}_{\alpha\rho} \tag{2.142}$$

然后利用

$$\oint x^{\rho}\mathrm{d}x^{\beta} = -\oint x^{\beta}\mathrm{d}x^{\rho} \tag{2.143}$$

则公式(2.141)可以写成

$$\begin{aligned}
\oint \delta A^{\mu} &= -\frac{1}{2}A^{\alpha}(-\Gamma^{\gamma}_{\alpha\rho}\Gamma^{\mu}_{\gamma\beta} + \Gamma^{\gamma}_{\alpha\beta}\Gamma^{\mu}_{\gamma\rho} - \Gamma^{\mu}_{\alpha\rho,\beta} + \Gamma^{\mu}_{\alpha\beta,\rho})\oint x^{\rho}\mathrm{d}x^{\beta} \\
&= -\frac{1}{2}A^{\alpha}R^{\mu}_{\alpha\rho\beta}\oint x^{\rho}\mathrm{d}x^{\beta}
\end{aligned} \tag{2.144}$$

例 2.6　考虑一矢量绕北极一个小圆周平移，求回到出发点时矢量偏移的角度。

解：

球面的度规为

$$ds^2 = a^2(d\theta^2 + \sin^2\theta d\varphi^2)$$

不为零的联络为

$$\Gamma^1_{22} = -\sin\theta\cos\theta, \quad \Gamma^2_{12} = \frac{\cos\theta}{\sin\theta} \tag{2.145}$$

不为零的曲率分量(作为练习)为

$$\begin{cases} R^1_{\ 212} = -R^1_{\ 221} = -\Gamma^2_{21}\Gamma^1_{22} + \Gamma^1_{22,1} = \sin^2\theta \\ R^2_{\ 112} = -R^2_{\ 121} = \Gamma^2_{12}\Gamma^2_{21} + \Gamma^2_{12,1} = -1 \end{cases} \tag{2.146}$$

利用公式(2.144)，有

$$\begin{cases} \delta A^1 = -\dfrac{1}{2}A^\alpha R^1_{\ \alpha\rho\beta}\oint x^\rho dx^\beta = -\dfrac{1}{2}A^2 R^1_{\ 212}\oint x^1 dx^2 = -\pi\theta\sin^2\theta A^2 \\ \delta A^2 = -\dfrac{1}{2}A^\alpha R^2_{\ \alpha\rho\beta}\oint x^\rho dx^\beta = -\dfrac{1}{2}A^1 R^2_{\ 112}\oint x^1 dx^2 = \pi\theta A^1 \end{cases} \tag{2.147}$$

注意到公式(2.147)中，回路只有 x^2 是变化的，这似乎不满足公式(2.143)。原因是采取球坐标后，绕极点一圈，x^2 从 0 到 2π，同一位置坐标不再是单值。然而公式(2.144)本身是协变的，所以采用球坐标不会导致问题。显然有

$$g_{\alpha\beta}A^\alpha\delta A^\beta = g_{11}A^1\delta A^1 + g_{22}A^2\delta A^2 = 0 \tag{2.148}$$

这是保证平移矢量长度不变的条件。矢量平移偏转的角度是

$$\delta\alpha = \sqrt{\frac{g_{\mu\nu}\delta A^\mu\delta A^\nu}{g_{\mu\nu}A^\mu A^\nu}} \approx \pi\theta^2$$

这与例 2.4 的结果是一致的。平移轨迹包围的小面积为

$$\delta S \approx \pi a^2\theta^2$$

这样我们得到球面的高斯曲率：

$$\frac{\delta\alpha}{\delta S} = \frac{1}{a^2}$$

高斯曲率是描述二维曲面弯曲程度(内禀性质)的一个数学量,其定义有多种方式,其大小与坐标选取无关。我们这里采用的定义是:矢量绕一点平移一周,方向改变的角度与平移轨道包围的面积之比。当然这个闭合轨道要趋近无穷小。

2.5.2 时空平坦的充要条件

曲率张量为我们判断时空是否平直提供了唯一的依据。时空平直的充要条件是曲率张量为零。一个平直时空,取闵氏度规,其曲率张量显然为零,必要条件不证自明。这还说明,一个平直时空,即使在一个加速参照系感觉到惯性力,时空也是平直的,不受坐标选取的影响。我们现在证明充分条件,证明过程如下。如果曲率张量为零,一定可以取闵氏度规。由于曲率张量为零,从一点出发,平移一个矢量到任意一点,平移的结果和路径无关,因为

$$\oint \delta A^{\mu} = -\frac{1}{2} A^{\alpha} R^{\mu}_{\alpha\rho\beta} \oint x^{\rho} \mathrm{d}x^{\beta} = 0 \tag{2.149}$$

如此便可以通过平移一个矢量而获得一个矢量场,这个矢量场在任意一点的取值就是出发点那个矢量的平移。这个矢量场满足

$$A_{\mu,\nu} = A_{\alpha} \Gamma^{\alpha}_{\mu\nu} \tag{2.150}$$

公式(2.150)右边 μ,ν 对称,所以这个平移产生的矢量场可以表示成一个标量场的微分

$$A_{\mu}(x) = \varphi_{,\mu}(x) \tag{2.151}$$

这里对公式(2.151)进行说明。由于公式(2.150)指标对称,我们有(比如)

$$A_{0,i} = A_{i,0} \tag{2.152}$$

所以

$$A_i = \int A_{0,i} \mathrm{d}x^0 = \frac{\partial}{\partial x^i} \int A_0 \mathrm{d}x^0 = \frac{\partial f_0}{\partial x^i} \tag{2.153}$$

我们采用简略写法

$$f_0=\int A_0\,\mathrm{d}x^0 \tag{2.154}$$

显然有

$$A_0=\frac{\partial}{\partial x^0}\int A_0\,\mathrm{d}x^0=\frac{\partial f_0}{\partial x^0} \tag{2.155}$$

因而

$$A_\mu=\frac{\partial f_0}{\partial x^\mu} \tag{2.156}$$

函数(2.154)的定义可以用其它矢量场分量代替。所以我们可以定义一个标量函数

$$f=\frac{1}{4}\int A_\alpha\,\mathrm{d}x^\alpha,\quad A_\mu=\frac{\partial f}{\partial x^\mu}$$

现在考虑任意一点 X,一定存在一个正交矩阵 D,满足

$$\eta^{mn}=D^m_\mu g^{\mu\nu}(X)D^n_\nu \tag{2.157}$$

其中 η^{mn} 是对角矩阵(归一也不难)。我们可以把矩阵 D 看作 X 点的四个矢量:

$$A^m_\mu(X)=D^m_\mu,\quad m=0,1,2,3 \tag{2.158}$$

将矢量平移到全空间,形成四个矢量场,这四个矢量场可以写成四个标量场的微分:

$$A^m_\mu=\varphi^m_{,\mu},\quad A^m_{\mu;\nu}=0 \tag{2.159}$$

定义 16 个标量场:

$$\tilde{g}^{mn}=A^m_\mu g^{\mu\nu}A^n_\nu \tag{2.160}$$

这 16 个标量场在全空域是常数,即

$$\tilde{g}^{mn}_{;\alpha}=(A^m_\mu g^{\mu\nu}A^n_\upsilon)_{;\alpha}=A^m_{\mu;\alpha}g^{\mu\nu}A^n_\nu+A^m_\mu g^{\mu\nu}_{;\alpha}A^n_\nu+A^m_\mu g^{\mu\nu}A^n_{\nu;\alpha}=0 \tag{2.161}$$

这里用到了平移矢量场的性质(2.159)。如果把四个标量场(2.159)看作四个新的坐标,则四个矢量场就是坐标变换矩阵:

$$x'^m=\varphi^m,\quad A^m_\mu=\frac{\partial x'^m}{\partial x^\mu}$$

由初始条件(2.157)和(2.161)可知,在全空域,

$$\tilde{g}^{mn}=\eta^{mn}$$

2.5.3 测地线偏离*

时空不平直,不能通过坐标变换完全消除。等效原理告诉我们,只能在一点消除引力影响。在一个自由下落的观测者看来,其周边的引力效应无法消除。和他一起自由下落的物体,相对他有加速度。考虑观测者和邻近的物体在引力场中做自由下落,他们的测地线分别为 $x^{\alpha}(\tau)$ 和 $x^{\alpha}(\tau)+\delta x^{\alpha}(\tau)$,有

$$\begin{cases}\dfrac{d^2x^{\alpha}}{d\tau^2}+\Gamma^{\alpha}_{\rho\sigma}\dfrac{dx^{\rho}}{d\tau}\dfrac{dx^{\sigma}}{d\tau}=0\\[2ex]\dfrac{d^2(x^{\alpha}+\delta x^{\alpha})}{d\tau^2}+\Gamma^{\alpha}_{\rho\sigma}(x+\delta x)\dfrac{d(x^{\rho}+\delta x^{\rho})}{d\tau}\dfrac{d(x^{\sigma}+\delta x^{\sigma})}{d\tau}=0\end{cases}\tag{2.162}$$

保留一阶无穷小量,公式(2.162)可整理为

$$\frac{d^2\delta x^{\alpha}}{d\tau^2}+\Gamma^{\alpha}_{\rho\sigma,\lambda}\delta x^{\lambda}\frac{dx^{\rho}}{d\tau}\frac{dx^{\sigma}}{d\tau}+2\Gamma^{\alpha}_{\rho\sigma}\frac{dx^{\rho}}{d\tau}\frac{d\delta x^{\sigma}}{d\tau}=0\tag{2.163}$$

把 δx^{α} 看作一个逆变矢量,定义协变导数(见第 2.6.5 小节):

$$\frac{D\delta x^{\alpha}}{d\tau}=\frac{d\delta x^{\alpha}}{d\tau}+\Gamma^{\alpha}_{\mu\nu}\frac{dx^{\mu}}{d\tau}\delta x^{\nu}\tag{2.164}$$

对 δx^{α} 的二次协变导数为

$$\begin{aligned}\frac{D^2\delta x^{\alpha}}{d\tau^2}&=\frac{d}{d\tau}\left(\frac{d\delta x^{\alpha}}{d\tau}+\Gamma^{\alpha}_{\mu\nu}\frac{dx^{\mu}}{d\tau}\delta x^{\nu}\right)+\Gamma^{\alpha}_{\rho\sigma}\frac{dx^{\rho}}{d\tau}\left(\frac{d\delta x^{\sigma}}{d\tau}+\Gamma^{\sigma}_{\mu\nu}\frac{dx^{\mu}}{d\tau}\delta x^{\nu}\right)\\&=\frac{d^2\delta x^{\alpha}}{d\tau^2}+\Gamma^{\alpha}_{\mu\nu,\rho}\frac{dx^{\rho}}{d\tau}\frac{dx^{\mu}}{d\tau}\delta x^{\nu}+\Gamma^{\alpha}_{\mu\nu}\frac{d^2x^{\mu}}{d\tau^2}\delta x^{\nu}+\Gamma^{\alpha}_{\mu\nu}\frac{dx^{\mu}}{d\tau}\frac{d\delta x^{\nu}}{d\tau}\\&\quad+\Gamma^{\alpha}_{\rho\sigma}\frac{dx^{\rho}}{d\tau}\frac{d\delta x^{\sigma}}{d\tau}+\Gamma^{\alpha}_{\rho\sigma}\Gamma^{\sigma}_{\mu\nu}\frac{dx^{\rho}}{d\tau}\frac{dx^{\mu}}{d\tau}\delta x^{\nu}\\&=\frac{d^2\delta x^{\alpha}}{d\tau^2}+2\Gamma^{\alpha}_{\mu\nu}\frac{dx^{\mu}}{d\tau}\frac{d\delta x^{\nu}}{d\tau}+\Gamma^{\alpha}_{\mu\nu}\frac{d^2x^{\mu}}{d\tau^2}\delta x^{\nu}\\&\quad+(\Gamma^{\alpha}_{\mu\nu,\rho}+\Gamma^{\alpha}_{\rho\sigma}\Gamma^{\sigma}_{\mu\nu})\frac{dx^{\rho}}{d\tau}\frac{dx^{\mu}}{d\tau}\delta x^{\nu}\end{aligned}$$

利用公式(2.162)和(2.163)替换二阶普通导数,得到

$$\begin{aligned}\frac{D^2\delta x^\alpha}{d\tau^2}&=(\Gamma^\alpha_{\mu\nu,\rho}-\Gamma^\alpha_{\rho\mu,\nu}-\Gamma^\alpha_{\sigma\nu}\Gamma^\sigma_{\rho\mu}+\Gamma^\alpha_{\rho\sigma}\Gamma^\sigma_{\mu\nu})\frac{dx^\rho}{d\tau}\frac{dx^\mu}{d\tau}\delta x^\nu\\&=R^\alpha_{\mu\rho\nu}\frac{dx^\mu}{d\tau}\frac{dx^\rho}{d\tau}\delta x^\nu\end{aligned}\tag{2.165}$$

所以只要曲率张量不等于零,观测者周边一起自由下落的物体相对观测者有加速度。

2.5.4　曲率张量的性质

曲率张量满足恒等式

$$R^\alpha_{\mu\nu\rho}+R^\alpha_{\nu\rho\mu}+R^\alpha_{\rho\mu\nu}=0\tag{2.166}$$

这个恒等式可以利用等效原理证明。对于任意一点,存在一个局域平直坐标系,使这点的联络为零。所以在这点

$$R^\alpha_{\mu\nu\rho}=-\Gamma^\alpha_{\mu\nu,\rho}+\Gamma^\alpha_{\mu\rho,\nu}\tag{2.167}$$

轮换公式(2.167)指标并相加,就得到公式(2.166)。由于张量性,等式在任意坐标系都成立。除了恒等式(2.166),曲率张量还有很多性质通过下降上指标更容易获得:

$$R_{\alpha\mu\nu\rho}=g_{\alpha\beta}R^\beta_{\mu\nu\rho}=g_{\alpha\beta}(-\Gamma^\beta_{\mu\nu,\rho}+\Gamma^\beta_{\mu\rho,\nu}-\Gamma^\lambda_{\mu\nu}\Gamma^\beta_{\lambda\rho}+\Gamma^\lambda_{\mu\rho}\Gamma^\beta_{\lambda\nu})\tag{2.168}$$

我们先考虑等式右边第一项:

$$g_{\alpha\beta}\Gamma^\beta_{\mu\nu,\rho}=(g_{\alpha\beta}\Gamma^\beta_{\mu\nu})_{,\rho}-g_{\alpha\beta,\rho}\Gamma^\beta_{\mu\nu}=\frac{1}{2}(g_{\mu\alpha,\nu,\rho}+g_{\nu\alpha,\mu,\rho}-g_{\mu\nu,\alpha,\rho})-g_{\alpha\beta,\rho}\Gamma^\beta_{\mu\nu}\tag{2.169}$$

其中用到了

$$g_{\alpha\beta}\Gamma^\beta_{\mu\nu}=\frac{1}{2}(g_{\mu\alpha,\nu}+g_{\nu\alpha,\mu}-g_{\mu\nu,\alpha})$$

对第二项也采用相同的办法,得到

$$g_{\alpha\beta}\Gamma^\beta_{\mu\rho,\nu}=(g_{\alpha\beta}\Gamma^\beta_{\mu\rho})_{,\nu}-g_{\alpha\beta,\nu}\Gamma^\beta_{\mu\rho}=\frac{1}{2}(g_{\mu\alpha,\nu,\rho}+g_{\rho\alpha,\mu,\nu}-g_{\mu\rho,\alpha,\upsilon})-g_{\alpha\beta,\nu}\Gamma^\beta_{\mu\rho}\tag{2.170}$$

联合公式(2.169)和(2.170),得到

$$
\begin{aligned}
R_{\alpha\mu\nu\rho} &= \frac{1}{2}(g_{\rho\alpha,\mu,\nu} - g_{\mu\rho,\alpha,\upsilon} - g_{\nu\alpha,\mu,\rho} + g_{\mu\nu,\alpha,\rho}) \\
&\quad + g_{\alpha\beta,\rho}\Gamma^{\beta}_{\mu\nu} - g_{\alpha\beta,\nu}\Gamma^{\beta}_{\mu\rho} - g_{\alpha\beta}\Gamma^{\lambda}_{\mu\nu}\Gamma^{\beta}_{\lambda\rho} + g_{\alpha\beta}\Gamma^{\lambda}_{\mu\rho}\Gamma^{\beta}_{\lambda\nu} \\
&= \frac{1}{2}(g_{\mu\nu,\alpha,\rho} + g_{\rho\alpha,\mu,\nu} - g_{\mu\rho,\alpha,\upsilon} - g_{\nu\alpha,\mu,\rho}) + g_{\lambda\sigma}\Gamma^{\lambda}_{\mu\nu}\Gamma^{\sigma}_{\alpha\rho} - g_{\lambda\sigma}\Gamma^{\lambda}_{\mu\rho}\Gamma^{\sigma}_{\alpha\nu}
\end{aligned}
\tag{2.171}
$$

最后一步利用了

$$
\begin{aligned}
g_{\alpha\beta,\rho}\Gamma^{\beta}_{\mu\nu} - g_{\alpha\beta}\Gamma^{\lambda}_{\mu\nu}\Gamma^{\beta}_{\lambda\rho} &= \Gamma^{\lambda}_{\mu\nu}(g_{\alpha\lambda,\rho} - g_{\alpha\beta}\Gamma^{\beta}_{\lambda\rho}) \\
&= \Gamma^{\lambda}_{\mu\nu}\left[g_{\alpha\lambda,\rho} - \frac{1}{2}(g_{\alpha\lambda,\rho} + g_{\alpha\rho,\lambda} - g_{\rho\lambda,\alpha})\right] \\
&= g_{\lambda\sigma}\Gamma^{\lambda}_{\mu\nu}\Gamma^{\sigma}_{\alpha\rho}
\end{aligned}
$$

从公式(2.171)可以看出 $R_{\alpha\mu\nu\rho}$ 具有性质:

$$
\begin{cases}
R_{\beta\mu\nu\rho} = -R_{\beta\mu\rho\nu} = -R_{\mu\beta\nu\rho} = R_{\nu\rho\beta\mu} \\
R_{\beta\mu\nu\rho} + R_{\beta\nu\rho\mu} + R_{\beta\rho\mu\nu} = 0
\end{cases}
\tag{2.172}
$$

即:

(1)前两个指标反对称,后两个指标反对称;

(2)前两个指标同时和后两个指标互换不变;

(3)后三个指标轮换满足恒等式(2.166)。

对于 N 维空间,第一条决定了曲率张量有 $[N(N-1)/2]^2$ 个独立分量,由于第二条,独立分量个数又减少到

$$
\frac{[N(N-1)/2][N(N-1)/2+1]}{2}
$$

第三条给出的独立约束方程个数有

$$
C_N^4 = \frac{N(N-1)(N-2)(N-3)}{4!}
$$

因为任意两个指标相等,第三条就会转化成第一、二条。所以独立分量个数共有

$$\frac{[N(N-1)/2][N(N-1)/2+1]}{2}-\frac{N(N-1)(N-2)(N-3)}{4!}$$

$$=\frac{1}{12}N^2(N^2-1)$$

当 $N=1$ 时，曲率张量的独立分量个数为零。这说明所有曲线的内禀性质是完全一样的。其形状不同只是因为嵌入高维空间的方式不同。一个一维爬虫沿着它的空间行走不会感觉到任何不同。

当 $N=2$ 时，只有一个独立分量，也就是

$$R_{1212}=-R_{1221}=-R_{2112}=R_{2121}$$

其它分量都为零。可以把这个结果写成简洁的形式：

$$R_{\beta\mu\nu\rho}=\frac{R_{1212}}{g}(g_{\beta\nu}g_{\mu\rho}-g_{\beta\rho}g_{\mu\nu}),\quad g=\det(g)=g_{11}g_{22}-g_{12}g_{21} \tag{2.173}$$

对于球面，利用公式(2.146)，有

$$R_{1212}=a^2\sin^2\theta \tag{2.174}$$

当 $N=3$ 时，曲率张量有六个分量。当 $N=4$ 时，曲率张量有20个分量。

曲率张量的分量与坐标的选取相关。为了研究空间的本性，可以用曲率张量和度规、莱维-齐维塔张量或者自己构成标量来讨论相关问题。我们看看这样独立标量的个数是多少。曲率张量和度规缩并，可以得到里奇张量：

$$R^{\rho}_{\mu\nu\rho}=g^{\alpha\rho}R_{\alpha\mu\nu\rho}=R_{\mu\nu} \tag{2.175}$$

里奇张量是对称张量，是通过曲率张量缩并可以获得的唯一二阶张量。里奇张量继续缩并，得到曲率标量：

$$R=g^{\mu\nu}R_{\mu\nu}=R^{\mu}_{\mu} \tag{2.176}$$

当 $N=2$ 时，只有唯一的标量(曲率张量本身只有一个独立分量)，即曲率标量：

$$R = g^{\beta\rho} g^{\mu\nu} R_{\beta\mu\nu\rho} = -2\,\frac{R_{1212}}{g} \tag{2.177}$$

对于球面来说，这是-2倍的高斯曲率。

当$N=3$时，曲率张量分量的独立个数和里奇张量分量的独立个数都是6，可以直接通过里奇张量和度规来构造标量。对于任意一点，可以做坐标变换，将度规矩阵对角归一化。然后再做坐标的正交变换（度规保持对角归一），将里奇张量矩阵对角化。这样里奇张量矩阵与自己或度规矩阵的任意乘积，都是里奇张量对角元的函数。所以独立的标量就是对角元。退到全局坐标，就是求本征值问题：

$$\det|R_{\mu\nu} - \lambda g_{\mu\nu}| = 0 \tag{2.178}$$

这个久期方程的系数由三个独立的标量函数组成：

$$R,\quad R^{\mu\nu}R_{\mu\nu},\quad \frac{1}{g}\varepsilon_{\alpha\beta\gamma}\varepsilon_{\mu\nu\rho}R^{\alpha\mu}R^{\beta\nu}R^{\gamma\rho} \tag{2.179}$$

所以可以将它们作为独立的标量函数（如果没有简并的话）。参照第2.6.2小节，$\varepsilon_{\alpha\beta\gamma}/\sqrt{g}$是张量。

当$N>3$时，曲率张量分量的独立个数多于里奇张量分量的个数，情况会复杂很多。但是思路是类似的：先将度规矩阵对角归一化，这要用去坐标变换矩阵独立个数N^2中的$N(N+1)/2$，剩余的再用来减少曲率张量自由度的个数。所以独立标量函数的个数是曲率张量分量的个数加上度规分量的个数减去任意坐标变换矩阵元独立的个数（如果没有简并的话）：

$$\frac{1}{12}N^2(N^2-1)+\frac{1}{2}N(N+1)-N^2=\frac{1}{12}N(N-1)(N-2)(N+3) \tag{2.180}$$

公式(2.180)不适用于$N=2$的情况，因为二维的里奇张量与度规只差一个整体的函数因子[利用公式(2.173)和(2.175)]，将度规矩阵对角归一化后，将里奇张量自然对角化（对角元只有一个独立标量函数），再做任意的坐标正交转动（由单个参数描述，即$4-3=1$），也不会改变度规张量的对角归一化和里奇张量的对角化。坐标变换还留下一个自由度,无法用于消除里奇张量剩下的标量函数。显然对于更高的维数,坐标变换的矩阵自由度不够用,所以公式(2.180)成立。在我们感兴趣的四维时空,最多有 14 个独立标量。比较简单且常见的是真空的情况。根据爱因斯坦引力场方程(见第 4 章),真空的里奇张量为零,即 $R_{\mu\nu}=0$,所以少了 10 个独立函数,只剩下四个独立标量函数。这四个独立标量函数可以由曲率张量自己互相缩并,或者与莱维-齐维塔张量缩并构成(若与度规张量缩并,就是里奇张量了)。这四个独立标量可以是

$$R_{\mu\nu\alpha\beta}R^{\mu\nu\alpha\beta},\quad \frac{1}{\sqrt{-g}}\varepsilon_{\alpha\beta\rho\sigma}R^{\alpha\beta}_{\ \ \mu\nu}R^{\mu\nu\rho\sigma},\quad R_{\alpha\beta\rho\sigma}R^{\alpha\beta}_{\ \ \mu\nu}R^{\mu\nu\rho\sigma},\quad \frac{1}{\sqrt{-g}}\varepsilon_{\alpha\beta\rho\sigma}R^{\alpha\beta}_{\ \ \mu\nu}R^{\mu\nu}_{\ \ \gamma\omega}R^{\lambda\omega\rho\sigma}$$

度规行列式前面有负号,是因为四维时空度规行列式值是负数,见第 2.6 节。在第 8 章关于黑洞的讨论中,我们将看到这些标量能真正反映时空的奇点。

2.5.5 曲率张量与高斯曲率*

到了高维,曲率张量失去了明显的直观性。为了获得曲率张量的直观效果,我们考虑在任意一点取任意两个线性无关的矢量 A^α 和 B^α,这两个矢量张成这点的某个二维切空间。通过这点有无数条测地线。其中有一类测地线,它们在这点的切线都落入 A^α 和 B^α 张成的切平面(图 2.9)。这类测地线组成一个二维曲面,这个二维曲面在这点的高斯曲率就是

$$K(A,B)=\frac{R_{\alpha\beta\mu\nu}A^\alpha B^\beta A^\mu B^\nu}{(g_{\alpha\mu}g_{\beta\nu}-g_{\alpha\nu}g_{\beta\mu})A^\alpha B^\beta A^\mu B^\nu}\tag{2.181}$$

如果原空间就是二维空间,任意一点的切空间是唯一的,与 A^α 和 B^α 的选取无关。经过这点的测地线自然张成了这个二维空间。利用公式(2.173),得到

$$K(A,B)=\frac{R_{1212}}{g}\tag{2.182}$$

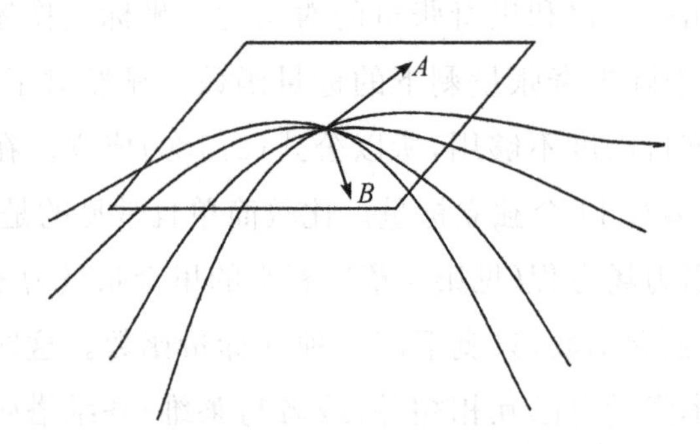

图 2.9 一类测地线构成了二维曲面，它们在这点的切线在 A^a 和 B^a 张成的切平面里

这与公式(2.177)一致。对于二维球面，利用公式(2.174)，有

$$K(A,B)=\frac{1}{a^2}$$

2.5.6 比安基恒等式

曲率张量满足著名的比安基恒等式：

$$R_{\beta\mu\nu\rho;\sigma}+R_{\beta\mu\rho\sigma;\nu}+R_{\beta\mu\sigma\nu;\rho}=0 \tag{2.183}$$

这个恒等式也可以借助等效原理证明。任意一点都可以取自由下落坐标系，在这点联络为零，协变导数也变成普通导数。由公式(2.171)，得到

$$\begin{aligned}R_{\beta\mu\nu\rho;\sigma}&=\frac{1}{2}\left(g_{\mu\nu,\beta,\rho}-g_{\mu\rho,\beta,\nu}+g_{\rho\beta,\mu,\nu}-g_{\nu\beta,\mu,\rho}\right)_{,\sigma}\\&=\frac{1}{2}(g_{\mu\nu,\beta,\rho,\sigma}-g_{\mu\rho,\beta,\nu,\sigma}+g_{\rho\beta,\mu,\nu,\sigma}-g_{\nu\beta,\mu,\rho,\sigma})\end{aligned} \tag{2.184}$$

轮换一下指标，注意到指标 β,μ 位置不变，所以公式(2.184)右边前两项和后两项分别抵消。

2.5.7 爱因斯坦张量

由里奇张量和曲率标量可以构成爱因斯坦张量：

$$G_{\mu\nu}=R_{\mu\nu}-\frac{1}{2}g_{\mu\nu}R \tag{2.185}$$

爱因斯坦张量是个守恒张量：

$$G^{\nu}_{\mu;\nu}=0 \tag{2.186}$$

可以借助比安基恒等式证明公式(2.186)。对公式(2.183)指标 β,ρ 进行缩并，注意度规的协变微分为零，得到

$$R_{\mu\nu;\sigma}-R_{\mu\sigma;\nu}+R^{\rho}_{\mu\sigma\nu;\rho}=0$$

继续对指标 μ,σ 进行缩并，得到

$$R^{\mu}_{\nu;\mu}-R_{;\nu}+R^{\rho}_{\nu;\rho}=2R^{\mu}_{\nu;\mu}-R_{;\nu}=0$$

2.6　度规张量的一些性质

2.6.1　度规行列式

度规矩阵的行列式简写为

$$g=\det(g_{\alpha\beta}) \tag{2.187}$$

在四维时空，其值是负数。用 $\Delta^{\mu\nu}$ 表示矩阵元 $g_{\mu\nu}$ 的代数余子式，即

$$g_{\mu\rho}\Delta^{\mu\sigma}=g\delta^{\sigma}_{\rho} \quad \Rightarrow \quad \Delta^{\mu\sigma}=gg^{\mu\sigma} \tag{2.188}$$

所以

$$\mathrm{d}g=\Delta^{\mu\nu}\mathrm{d}g_{\mu\nu}=gg^{\mu\nu}\mathrm{d}g_{\mu\nu}$$

或者

$$g_{,\alpha}=gg^{\mu\nu}g_{\mu\nu,\alpha}=-gg_{\mu\nu}g^{\mu\nu}_{,\alpha} \tag{2.189}$$

公式(2.189)可以转换成一个很有用的公式：

$$\ln(\sqrt{-g})_{,\alpha}=\frac{1}{2}g^{\mu\nu}g_{\mu\nu,\alpha}=-\frac{1}{2}g_{\mu\nu}g^{\mu\nu}_{,\alpha} \tag{2.190}$$

公式(2.190)的右边是一个联络：

$$\Gamma^{\mu}_{\alpha\mu}=\frac{1}{2}g^{\mu\rho}(g_{\alpha\rho,\mu}+g_{\mu\rho,\alpha}-g_{\alpha\mu,\rho})=\frac{1}{2}g^{\mu\rho}g_{\mu\rho,\alpha}=\ln(\sqrt{-g})_{,\alpha} \tag{2.191}$$

2.6.2 张量密度

时空的四维体积元的坐标变换形式为

$$\mathrm{d}^4 x' = \det\left(\frac{\partial x'}{\partial x}\right) \mathrm{d}^4 x \tag{2.192}$$

雅可比行列式在弯曲时空不等于1。考虑度规的坐标变换：

$$g'_{\alpha\beta} = \frac{\partial x^\mu}{\partial x'^\alpha} \frac{\partial x^\nu}{\partial x'^\beta} g_{\mu\nu}$$

所以

$$\det\left(\frac{\partial x'}{\partial x}\right) = \frac{\sqrt{-g}}{\sqrt{-g'}} \tag{2.193}$$

代入公式(2.192)，得到

$$\sqrt{-g'}\, \mathrm{d}^4 x' = \sqrt{-g}\, \mathrm{d}^4 x \tag{2.194}$$

公式(2.194)可以作为四维不变体积元。如果 L 是标量(比如作用量密度)，则

$$\int L \sqrt{-g}\, \mathrm{d}^4 x \tag{2.195}$$

是坐标变换不变量，我们称 $L\sqrt{-g}$ 为标量密度。对于一个张量 $T^{\mu\nu}$，我们称 $T^{\mu\nu}\sqrt{-g}$ 为张量密度。这不等于说

$$\int T^{\mu\nu} \sqrt{-g}\, \mathrm{d}^4 x \tag{2.196}$$

也是一个张量。因为积分是对不同点的张量密度一起求和，公式(2.196)不再是张量。莱维-齐维塔张量在闵氏空间是张量，在弯曲空间不再是张量，是个张量密度。考虑坐标变换：

$$\frac{\partial x'^\alpha}{\partial x^\rho} \frac{\partial x'^\beta}{\partial x^\sigma} \frac{\partial x'^\mu}{\partial x^\omega} \frac{\partial x'^\nu}{\partial x^\lambda} \varepsilon^{\rho\sigma\omega\lambda} = \det\left(\frac{\partial x'^\eta}{\partial x^\chi}\right) \varepsilon^{\alpha\beta\mu\nu} = \frac{\sqrt{-g}}{\sqrt{-g'}} \varepsilon^{\alpha\beta\mu\nu} \tag{2.197}$$

所以

$$\frac{\partial x'^{\alpha}}{\partial x^{\rho}}\frac{\partial x'^{\beta}}{\partial x^{\sigma}}\frac{\partial x'^{\mu}}{\partial x^{\omega}}\frac{\partial x'^{\nu}}{\partial x^{\lambda}}\frac{1}{\sqrt{-g}}\varepsilon^{\rho\sigma\omega\lambda}=\frac{1}{\sqrt{-g'}}\varepsilon^{\alpha\beta\mu\nu} \tag{2.198}$$

在任何坐标下，$\varepsilon^{\rho\sigma\omega\lambda}$ 都按照公式(1.28)上面那段的定义。公式(2.198)说明 $\varepsilon^{\alpha\beta\mu\nu}/\sqrt{-g}$ 是张量，$\varepsilon^{\alpha\beta\mu\nu}$ 等于一个张量乘以$\sqrt{-g}$，是张量密度。我们通常把一个张量乘以$(-g)^{-W/2}$ 称作权为 W 的张量密度，所以 $\varepsilon^{\alpha\beta\mu\nu}$ 是权为-1的张量密度。而度规的行列式是权为-2的张量密度。张量密度有时也称为赝张量。

2.6.3　高斯定律和斯托克斯定律

利用公式(2.191)，可以把逆变矢量的协变散度改写为

$$\begin{aligned} J^{\mu}_{;\mu} &= J^{\mu}_{,\mu}+\Gamma^{\mu}_{\mu\rho}J^{\rho}=J^{\mu}_{,\mu}+(\ln\sqrt{-g})_{,\rho}J^{\rho} \\ &= \frac{1}{\sqrt{-g}}\left(\sqrt{-g}\,J^{\mu}\right)_{,\mu} \end{aligned} \tag{2.199}$$

任意坐标下标量函数的达朗贝尔(D′Alembert)算符定义为

$$\Box\Phi=g^{\mu\nu}\Phi_{;\mu;\nu}=(g^{\mu\nu}\Phi_{,\mu})_{;\nu}=\frac{1}{\sqrt{-g}}(\sqrt{-g}\,g^{\mu\nu}\Phi_{,\mu})_{,\nu} \tag{2.200}$$

例 2.7　求三维平直空间球坐标下标量函数的达朗贝尔算符表达式。

解：

$$g=r^4\sin^2\theta,\quad g^{rr}=1,\quad g^{\theta\theta}=\frac{1}{r^2},\quad g^{\varphi\varphi}=\frac{1}{r^2\sin^2\theta}$$

$$\begin{aligned} \frac{1}{\sqrt{g}}(\sqrt{g}\,g^{\mu\nu}\Phi_{,\mu})_{,v} &= \frac{1}{r^2\sin\theta}\frac{\partial}{\partial r}\left(r^2\sin\theta\,\frac{\partial\Phi}{\partial r}\right)+\frac{1}{r^2\sin\theta}\frac{\partial}{\partial\theta}\left(\sin\theta\,\frac{\partial\Phi}{\partial\theta}\right) \\ &\quad +\frac{1}{r^2\sin\theta}\frac{\partial}{\partial\varphi}\left(\frac{1}{\sin\theta}\frac{\partial\Phi}{\partial\varphi}\right) \\ &= \frac{1}{r^2}\frac{\partial}{\partial r}\left(r^2\,\frac{\partial\Phi}{\partial r}\right)+\frac{1}{r^2\sin\theta}\frac{\partial}{\partial\theta}\left(\sin\theta\,\frac{\partial\Phi}{\partial\theta}\right) \\ &\quad +\frac{1}{r^2\sin^2\theta}\,\frac{\partial^2\Phi}{\partial\varphi^2} \end{aligned}$$

由于 $J^{\mu}_{;\mu}$ 是标量，

$$\int J^{\mu}_{;\mu}\sqrt{-g}\,\mathrm{d}^4x=\int(\sqrt{-g}J^{\mu})_{,\mu}\mathrm{d}^4x=\int\sqrt{-g}J^{\mu}\mathrm{d}S_{\mu} \quad (2.201)$$

在任意坐标下成立，是弯曲空间的高斯定律。协变守恒流可以转化成普通守恒流：

$$J^{\mu}_{;\mu}=0 \quad\Rightarrow\quad (\sqrt{-g}J^{\mu})_{,\mu}=0 \quad (2.202)$$

因此有弯曲空间的守恒电荷：

$$Q=\int\sqrt{-g}J^{0}\mathrm{d}V,\quad \frac{\mathrm{d}Q}{\mathrm{d}t}=0 \quad (2.203)$$

体积分包括全三维空间或者足够大一块区域。

二阶及以上的张量就不会有这么简单的形式了。对于二阶逆变张量，有

$$T^{\mu\nu}_{;\nu}=T^{\mu\nu}_{,\nu}+T^{\mu\alpha}\Gamma^{\nu}_{\alpha\nu}+T^{\nu\alpha}\Gamma^{\mu}_{\alpha\nu}=\frac{1}{\sqrt{-g}}(T^{\mu\nu}\sqrt{-g})_{,\nu}+T^{\nu\alpha}\Gamma^{\mu}_{\alpha\nu} \quad (2.204)$$

只有当张量是反对称时，右边最后一项才为零。常见的反对称张量是电磁张量 $F^{\mu\nu}$，其在狭义相对论中定义为

$$F_{\mu\nu}=\partial_{\mu}A_{\nu}-\partial_{\nu}A_{\mu} \quad (2.205)$$

我们从协变张量开始讨论电磁张量，是因为协变张量有简单的形式。在弯曲时空，公式(2.205)可推广成

$$\begin{aligned}F_{\mu\nu}&=A_{\nu;\mu}-A_{\mu;\nu}=A_{\nu,\mu}-A_{\alpha}\Gamma^{\alpha}_{\mu\nu}-(A_{\mu,\nu}-A_{\alpha}\Gamma^{\alpha}_{\mu\nu})\\&=A_{\nu,\mu}-A_{\mu,\nu}\end{aligned} \quad (2.206)$$

与闵氏空间的形式一样。在闵氏空间，电磁张量满足比安基恒等式：

$$F_{\alpha\beta,\gamma}+F_{\beta\gamma,\alpha}+F_{\gamma\alpha,\beta}=0$$

在弯曲时空就是

$$F_{\alpha\beta;\gamma}+F_{\beta\gamma;\alpha}+F_{\gamma\alpha;\beta}=F_{\alpha\beta,\gamma}+F_{\beta\gamma,\alpha}+F_{\gamma\alpha,\beta}=0 \quad (2.207)$$

形式也是不变的。弯曲时空的麦克斯韦方程就变成

$$F^{\alpha\beta}_{;\beta}=\frac{1}{\sqrt{-g}}(\sqrt{-g}F^{\alpha\beta})_{,\beta}=J^{\alpha} \tag{2.208}$$

公式(2.208)右边电流满足电流守恒[公式(2.202)]。

电磁张量还可以有斯托克斯(Stokes)定律：

$$\iint F_{\mu\nu}\mathrm{d}S^{\mu\nu}=\oint A_{\mu}\mathrm{d}l^{\mu} \tag{2.209}$$

其中 $\mathrm{d}S^{\mu\nu}$ 是一个反对称张量面元，比如

$$\mathrm{d}S^{12}=\frac{1}{2}\mathrm{d}x^{1}\mathrm{d}x^{2}=-\mathrm{d}S^{21} \tag{2.210}$$

取一个特殊的面，这个面上 x^{0} 和 x^{3} 都是常数，对于这样的面积分，有

$$2\iint F_{12}\mathrm{d}S^{12}=\iint(\partial_{1}A_{2}-\partial_{2}A_{1})\mathrm{d}x^{1}\mathrm{d}x^{2}=\oint(A_{1}\mathrm{d}x^{1}+A_{2}\mathrm{d}x^{2}) \tag{2.211}$$

2.6.4　p-形式和外导数*

对于像电磁张量这样的全反对称协变张量，在微分几何里有统一的表示。把一个 p 阶全反对称协变张量称为 p-形式，比如

$$\begin{cases}\text{标量：0-形式}\\ \text{协变矢量：1-形式，}A=A_{\mu}\mathrm{d}x^{\mu}\\ \text{二阶协变反对称张量：2-形式，}B=B_{\mu\nu}\mathrm{d}x^{\mu}\wedge\mathrm{d}x^{\nu}\end{cases} \tag{2.212}$$

如我们在第 1.6 节所说，数学上协变单位矢量是 $\mathrm{d}x^{\mu}$，公式(2.212)中将张量的单位矢量也写上了。符号 $\wedge$ 表示外积，其满足

$$\mathrm{d}x^{\mu}\wedge\mathrm{d}x^{\nu}=-\mathrm{d}x^{\nu}\wedge\mathrm{d}x^{\mu}$$

一个 p 阶的反对称张量和一个 q 阶的反对称张量的外积可以形成一个 $(p+q)$-形式的反对称张量：

$$(A\wedge B)_{\mu_1\mu_2\cdots\mu_{p+q}}=\frac{1}{(p+q)!}\sum\delta_{\mathrm{II}}(A_{\mu_1\mu_2\cdots\mu_p}B_{\mu_{p+1}\mu_{p+2}\cdots\mu_{p+q}}) \tag{2.213}$$

$$\delta_{\mathrm{II}}=\pm 1\text{（偶置换为正，奇置换为负）}$$

举例如下。

两个1-形式：

$$A\wedge B=A_\mu B_\nu \mathrm{d}x^\mu\wedge \mathrm{d}x^\nu=\frac{1}{2}(A_\mu B_\nu-A_\nu B_\mu)\mathrm{d}x^\mu\wedge \mathrm{d}x^\nu$$

$$\Rightarrow\quad (A\wedge B)_{\mu\nu}=\frac{1}{2}(A_\mu B_\nu-A_\nu B_\mu)$$

一个1-形式，一个2-形式：

$$\begin{aligned}A\wedge B&=A_{\mu\nu}B_\rho \mathrm{d}x^\mu\wedge \mathrm{d}x^\nu\wedge \mathrm{d}x^\rho\\&=\frac{1}{3}(A_{\mu\nu}B_\rho-A_{\rho\nu}B_\mu-A_{\mu\rho}B_\nu)\mathrm{d}x^\mu\wedge \mathrm{d}x^\nu\wedge \mathrm{d}x^\rho\end{aligned}$$

$$\begin{aligned}\Rightarrow\quad (A\wedge B)_{\mu\nu\rho}&=\frac{1}{3}(A_{\mu\nu}B_\rho-A_{\rho\nu}B_\mu-A_{\mu\rho}B_\nu)\\&=\frac{1}{3}(A_{\mu\nu}B_\rho+A_{\nu\rho}B_\mu+A_{\rho\mu}B_\nu)\end{aligned}\tag{2.214}$$

一个微分算符$\frac{\partial}{\partial x^\alpha}$是一个1-形式，写成$D=\frac{\partial}{\partial x^\mu}\mathrm{d}x^\mu$，与$p$阶反对称张量的外积称为外导数，是一个$p+1$阶反对称张量。举例如下。

0-形式的A：

$$D\wedge A=\frac{\partial A}{\partial x^\mu}\mathrm{d}x^\mu$$

1-形式的$A_\alpha \mathrm{d}x^\alpha$：

$$\begin{aligned}D\wedge A&=\frac{\partial A_\nu}{\partial x^\mu}\mathrm{d}x^\mu\wedge \mathrm{d}x^\nu\\&=\frac{1}{2}(A_{\nu,\mu}-A_{\mu,\nu})\mathrm{d}x^\mu\wedge \mathrm{d}x^\nu=\frac{1}{2}(A_{\nu;\mu}-A_{\mu;\nu})\mathrm{d}x^\mu\wedge \mathrm{d}x^\nu\end{aligned}$$

2-形式的$A_{\alpha\beta}\mathrm{d}x^\alpha\wedge \mathrm{d}x^\beta$：

$$\begin{aligned}D\wedge A&=\frac{1}{3}(A_{\mu\nu,\rho}+A_{\nu\rho,\mu}+A_{\rho\mu,\nu})\mathrm{d}x^\mu\wedge \mathrm{d}x^\nu\wedge \mathrm{d}x^\rho\\&=\frac{1}{3}(A_{\mu\nu;\rho}+A_{\nu\rho;\mu}+A_{\rho\mu;\nu})\mathrm{d}x^\mu\wedge \mathrm{d}x^\nu\wedge \mathrm{d}x^\rho\end{aligned}\tag{2.215}$$

2-形式的外导数的第一等式用到了公式(2.214)最后一个等式；第二等式留作练习。公式(2.205)和(2.207)就是外导数。连续两次外导数为零[庞加莱(Poincaré)引理]。考虑任意微分形式 A，隐去其协变单位矢量，则有

$$D\wedge D\wedge A=D\wedge(\mathrm{d}x^{\mu}\wedge A_{,\mu})=\mathrm{d}x^{\nu}\wedge\mathrm{d}x^{\mu}\wedge A_{,\mu,\nu}=0 \quad (2.216)$$

公式(2.216)最后等式是由于普通微分可对易。公式(2.207)的比安基恒等式就是对 1-形式 A 的连续两次求外导数：

$$(D\wedge D\wedge A)_{\alpha\beta\gamma}=0 \quad (2.217)$$

三维空间的庞加莱引理就是

$$\begin{cases}0=(\nabla\times\nabla\Phi)_k=\varepsilon_{ijk}\partial_i\partial_j\Phi=\varepsilon_{ijk}(D\wedge D\wedge\Phi)_{ij}\\0=\nabla\cdot\nabla\times\boldsymbol{A}=\varepsilon_{ijk}\partial_i\partial_jA_k=\varepsilon_{ijk}(D\wedge D\wedge A)_{ijk}\end{cases} \quad (2.218)$$

例 2.8　已知球坐标下的矢势，求球坐标下的磁场表达式。

解：

球坐标下的矢势表示为 $\boldsymbol{A}=A_i\boldsymbol{e}^i$。在笛卡尔坐标下，磁场和电磁张量(空间部分)的关系为

$$B^k=\varepsilon^{ijk}(D\wedge A)_{jk}=\frac{1}{\sqrt{g}}\varepsilon^{ijk}(D\wedge A)_{jk} \quad (2.219)$$

这样磁场可以看作一个三维空间的逆变矢量，公式(2.219)在球坐标下也成立，所以

$$\begin{cases}B^r=\dfrac{1}{r^2\sin\theta}(\partial_\theta A_\varphi-\partial_\varphi A_\theta)\\B^\theta=\dfrac{1}{r^2\sin\theta}(\partial_\varphi A_r-\partial_r A_\varphi)\\B^\varphi=\dfrac{1}{r^2\sin\theta}(\partial_r A_\theta-\partial_\theta A_r)\end{cases} \quad (2.220)$$

但是我们选用的单位矢量都没有归一化，如果采用归一化的单位矢量(也就是电动力学常采用的形式)，要做个转化。因为

$$\begin{cases} \boldsymbol{e}_\theta \cdot \boldsymbol{e}_\theta = g_{\theta\theta} = r^2, & \boldsymbol{e}_\varphi \cdot \boldsymbol{e}_\varphi = g_{\varphi\varphi} = r^2\sin^2\theta \\ \boldsymbol{e}^\theta \cdot \boldsymbol{e}^\theta = g^{\theta\theta} = \dfrac{1}{r^2}, & \boldsymbol{e}^\varphi \cdot \boldsymbol{e}^\varphi = g^{\varphi\varphi} = \dfrac{1}{r^2\sin^2\theta} \end{cases} \tag{2.221}$$

对公式(2.220)的所有矢量的基采用归一的单位矢量，其相应的分量也要做改变：

$$\begin{cases} A_\theta \to rA_\theta, & A_\varphi \to r\sin\theta A_\varphi \\ B^\theta \to B^\theta / r, & B^\varphi \to B^\varphi / (r\sin\theta) \end{cases} \tag{2.222}$$

如此就得到我们的表达式(单位矢量归一化后，球坐标下的三维协变和逆变矢量是完全一样的)：

$$\begin{cases} B^r = \dfrac{1}{r^2\sin\theta}[\partial_\theta(r\sin\theta A_\varphi) - \partial_\varphi(rA_\theta)] = \dfrac{1}{r\sin\theta}[\partial_\theta(\sin\theta A_\varphi) - \partial_\varphi A_\theta] \\ B^\theta = \dfrac{1}{r\sin\theta}[\partial_\varphi A_r - \partial_r(r\sin\theta A_\varphi)] \\ B^\varphi = \dfrac{1}{r}[\partial_r(rA_\theta) - \partial_\theta A_r] \end{cases} \tag{2.223}$$

2.7 协变导数

某些物理量，比如粒子自旋、陀螺的角动量，并不是整个时空的函数(场)，而只是在粒子的某一路径上有值，其变化通常是对路径参量的导数。但是普通导数并不是协变的，比如

$$\frac{\mathrm{d}A^\alpha[x(\tau)]}{\mathrm{d}\tau} = A^\alpha_{,\mu}\frac{\mathrm{d}x^\mu}{\mathrm{d}\tau} \tag{2.224}$$

明显不是张量，原因如第2.2节所述：用不同点的张量分量直接做差。如果采用张量平移做差，我们就可以定义协变导数：

$$\begin{aligned} \frac{\mathrm{D}A^\alpha[x(\tau)]}{\mathrm{d}\tau} &= \frac{A^\alpha[x(\tau+\mathrm{d}\tau)] - A^\alpha_{\text{平移}}[x(\tau)]}{\mathrm{d}\tau} = A^\alpha_{;\mu}\frac{\mathrm{d}x^\mu}{\mathrm{d}\tau} \\ &= A^\alpha_{,\mu}\frac{\mathrm{d}x^\mu}{\mathrm{d}\tau} + A^\beta\Gamma^\alpha_{\beta\mu}\frac{\mathrm{d}x^\mu}{\mathrm{d}\tau} = \frac{\mathrm{d}A^\alpha}{\mathrm{d}\tau} + A^\beta\Gamma^\alpha_{\beta\mu}u^\mu \end{aligned} \tag{2.225}$$

这就是明显的协变形式。任意张量的协变导数定义类似:其协变微分与粒子四维速度缩并。粒子的测地线方程就可以用四维速度的协变导数表示成

$$\frac{\mathrm{D}u^{\alpha}}{\mathrm{d}\tau}=\frac{\mathrm{d}u^{\alpha}}{\mathrm{d}\tau}+\Gamma^{\alpha}_{\beta\mu}u^{\beta}u^{\mu}=0 \tag{2.226}$$

这正确反映了自由运动的粒子“速度”不变。考虑一个带自旋的粒子的自由运动。其自旋如果不受别的相互作用影响,应沿着测地线做平移,即

$$\frac{\mathrm{D}S^{\alpha}}{\mathrm{d}\tau}=\frac{\mathrm{d}S^{\alpha}}{\mathrm{d}\tau}+\Gamma^{\alpha}_{\beta\mu}S^{\beta}u^{\mu}=0 \tag{2.227}$$

例 2.9 在非相对论框架下,考虑两个质点从北极出发自由运动。初速度分别沿着两条挨着很近的经线(初速度大小相同),讨论质点间的相对运动状态。

解:

两质点的坐标分别为(θ,φ)和$(\theta+\delta\theta,\varphi+\delta\varphi)$。质点满足测地线方程

$$\begin{cases}\dfrac{\mathrm{d}^2\theta}{\mathrm{d}\tau^2}+\Gamma^{1}_{22}\dfrac{\mathrm{d}\varphi}{\mathrm{d}\tau}\dfrac{\mathrm{d}\varphi}{\mathrm{d}\tau}=0\\[2ex]\dfrac{\mathrm{d}^2\varphi}{\mathrm{d}\tau^2}+2\Gamma^{2}_{12}\dfrac{\mathrm{d}\theta}{\mathrm{d}\tau}\dfrac{\mathrm{d}\varphi}{\mathrm{d}\tau}=0\end{cases} \tag{2.228}$$

初始条件是

$$\left.\frac{\mathrm{d}\varphi}{\mathrm{d}\tau}\right|_{\tau=0}=0$$

通过对公式(2.228)第二个方程任意次微分,可以得到

$$\left.\frac{\mathrm{d}^n\varphi}{\mathrm{d}\tau^n}\right|_{\tau=0}=0$$

所以两质点的经度和相对经度不会发生改变,即

$$\frac{\mathrm{d}\varphi}{\mathrm{d}\tau}=0,\quad \frac{\mathrm{d}^2\varphi}{\mathrm{d}\tau^2}=0,\quad \frac{\mathrm{d}\delta\varphi}{\mathrm{d}\tau}=0,\quad \frac{\mathrm{d}^2\delta\varphi}{\mathrm{d}\tau^2}=0 \tag{2.229}$$

同样对公式(2.228)第一个方程任意次微分,可以得到

$$\left.\frac{\mathrm{d}^n\theta}{\mathrm{d}\tau^n}\right|_{\tau=0}=0,\quad n\geqslant 2$$

即

$$\frac{\mathrm{d}\theta}{\mathrm{d}\tau}=\left.\frac{\mathrm{d}\theta}{\mathrm{d}\tau}\right|_{\tau=0},\quad \delta\theta=0,\quad \frac{\mathrm{d}\delta\theta}{\mathrm{d}\tau}=0$$

但是两质点的相对坐标($\delta\theta$,$\delta\varphi$),需要当作逆变矢量来处理,其改变要用协变导数描述,即

$$\begin{cases}\dfrac{\mathrm{D}\delta\varphi}{\mathrm{d}\tau}=\dfrac{\mathrm{d}\delta\varphi}{\mathrm{d}\tau}+\Gamma_{12}^{2}\dfrac{\mathrm{d}\theta}{\mathrm{d}\tau}\delta\varphi=\dfrac{\cos\theta}{\sin\theta}\dfrac{\mathrm{d}\theta}{\mathrm{d}\tau}\delta\varphi\\ \dfrac{\mathrm{D}\delta\theta}{\mathrm{d}\tau}=\dfrac{\mathrm{d}\delta\theta}{\mathrm{d}\tau}+\Gamma_{22}^{1}\dfrac{\mathrm{d}\varphi}{\mathrm{d}\tau}\delta\varphi=0\end{cases}\tag{2.230}$$

公式(2.230)是两质点间的相对速度。两质点间的相对加速度是

$$\begin{cases}\dfrac{\mathrm{D}^2\delta\varphi}{\mathrm{d}\tau^2}=\dfrac{\mathrm{d}}{\mathrm{d}\tau}\left(\dfrac{\mathrm{D}\delta\varphi}{\mathrm{d}\tau}\right)+\Gamma_{12}^{2}\dfrac{\mathrm{d}\theta}{\mathrm{d}\tau}\dfrac{\mathrm{D}\delta\varphi}{\mathrm{d}\tau}=-\left(\dfrac{\mathrm{d}\theta}{\mathrm{d}\tau}\right)^2\delta\varphi\\ \dfrac{\mathrm{D}^2\delta\theta}{\mathrm{d}\tau^2}=\dfrac{\mathrm{d}}{\mathrm{d}\tau}\left(\dfrac{\mathrm{D}\delta\theta}{\mathrm{d}\tau}\right)+\Gamma_{22}^{1}\dfrac{\mathrm{d}\varphi}{\mathrm{d}\tau}\dfrac{\mathrm{D}\delta\varphi}{\mathrm{d}\tau}=0\end{cases}\tag{2.231}$$

加速度也可以直接利用公式(2.165)得到:

$$\frac{\mathrm{D}^2\delta\varphi}{\mathrm{d}\tau^2}=R_{112}^{2}\frac{\mathrm{d}\theta}{\mathrm{d}\tau}\frac{\mathrm{d}\theta}{\mathrm{d}\tau}\delta\varphi=-\left(\frac{\mathrm{d}\theta}{\mathrm{d}\tau}\right)^2\delta\varphi\tag{2.232}$$

公式(2.230)和(2.231)可以通过如下方式理解。

两质点间的距离,即两质点间距离矢量的大小是

$$\delta L^2=g_{ij}\delta x^i\delta x^j=R^2\sin^2\theta\delta\varphi^2\tag{2.233}$$

虽然两个质点坐标差不随时间变化,距离却是随时间变化的(图2.10):

$$\frac{\mathrm{d}\delta L}{\mathrm{d}\tau}=R\cos\theta\frac{\mathrm{d}\theta}{\mathrm{d}\tau}|\delta\varphi|\tag{2.234}$$

而根据公式(2.230),速度的平方是

$$v^2=g_{ij}\frac{\mathrm{D}\delta x^i}{\mathrm{d}\tau}\frac{\mathrm{D}\delta x^j}{\mathrm{d}\tau}=R^2\cos^2\theta\left(\frac{\mathrm{d}\theta}{\mathrm{d}\tau}\right)^2\delta\varphi^2\tag{2.235}$$

与公式(2.234)一致。对加速度也可以做类似讨论。

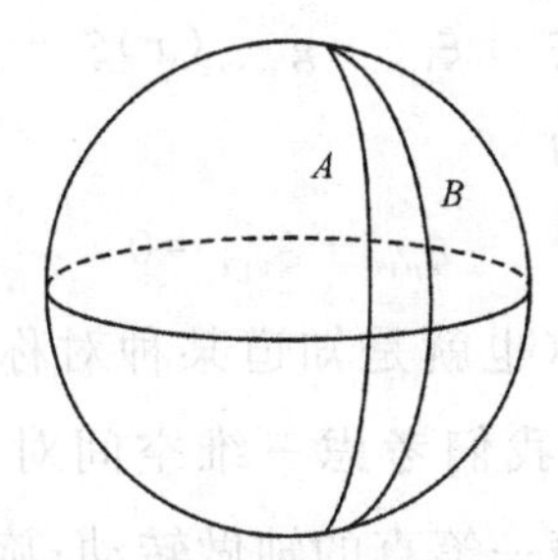

图 2.10 A,B 两个质点,相对坐标保持不变,但是有相对速度和加速度

2.8 等度规变换和基灵矢量

度规是坐标的函数。一般来说,取不同的坐标时,度规关于坐标的函数形式会发生改变。如果空间有某种对称性,在做一定的坐标变换后,度规函数的形式不发生改变,即

$$g'_{\mu\nu}(x')=\frac{\partial x^{\alpha}}{\partial x'^{\mu}}\frac{\partial x^{\beta}}{\partial x'^{\nu}}g_{\alpha\beta}(x)=g_{\mu\nu}(x') \tag{2.236}$$

则称这种坐标变换为等度规变换。

考虑一无穷小等度规变换

$$x'^{\mu}=x^{\mu}+\varepsilon\xi^{\mu} \tag{2.237}$$

其中 ε 是一无穷小常数,ξ^{μ} 称为基灵(Killing)矢量。则

$$\frac{\partial x'^{\mu}}{\partial x^{\alpha}}=\delta^{\mu}_{\alpha}+\varepsilon\xi^{\mu}_{,\alpha}$$

代入公式(2.236),有

$$(\delta^{\alpha}_{\mu}-\varepsilon\xi^{\alpha}_{,\mu})(\delta^{\beta}_{\nu}-\varepsilon\xi^{\beta}_{,\nu})g_{\alpha\beta}(x)=g_{\mu\nu}(x)+g_{\mu\nu,\alpha}(x)\varepsilon\xi^{\alpha} \tag{2.238}$$

保留一阶无穷小量,整理后得到

$$\xi^{\alpha}_{,\nu}g_{\alpha\mu}+\xi^{\alpha}_{,\mu}g_{\alpha\nu}+g_{\mu\nu,\alpha}\xi^{\alpha}=0 \tag{2.239}$$

这就是基灵矢量满足的方程。公式(2.239)可以写成更简洁的形式。利用

$$\xi_{\mu,\nu}=(\xi^{\alpha}g_{\alpha\mu})_{,\nu}=\xi^{\alpha}_{,\nu}g_{\alpha\mu}+\xi^{\alpha}g_{\alpha\mu,\nu} \tag{2.240}$$

方程(2.239)可以化成

$$\xi_{\mu,\nu}-g_{\mu\alpha,\nu}(x)\xi^{\alpha}+\xi_{\nu,\mu}-g_{\nu\alpha,\mu}(x)\xi^{\alpha}+g_{\mu\nu,\alpha}(x)\xi^{\alpha}=0 \quad (2.241)$$

公式(2.241)最后整理为

$$\xi_{\mu;\nu}+\xi_{\nu;\mu}=0 \quad (2.242)$$

如果已知基灵矢量(也就是知道某种对称性),方程(2.239)可以对度规有很强的限制。我们考虑三维空间对某点具有旋转不变性。在平直空间,旋转就是绕一笔直的轴做转动;旋转不变,就是分别绕三个笛卡尔坐标轴旋转不变。在弯曲空间,没有笔直的轴,也没有笛卡尔坐标系。弯曲空间定义旋转不变可以类比于笛卡尔坐标系。如果有一个类笛卡尔坐标,其空间分量做如下变换:

$$x'^0=x^0,\quad x'^i=R^i_jx^j \quad (2.243)$$

其中 R^i_j 是一个正交矩阵,我们称之为绕原点的转动。如果度规在公式(2.243)变换下不变,则称之为空间旋转不变,对称中心在坐标原点。在无穷小变换下,旋转矩阵可以表示为

$$R^i_j=\delta^i_j+\Omega^i_j \quad (2.244)$$

其中 Ω^i_j 是一个反对称矩阵,保证 R 是正交矩阵。3×3 的反对称矩阵可由三个基本矩阵构成:

$$\begin{cases}\Lambda^i_{1j}=\delta^i_2\delta^3_j-\delta^i_3\delta^2_j=\begin{pmatrix}0&0&0\\0&0&1\\0&-1&0\end{pmatrix}_{ij}\\ \Lambda^i_{2j}=\delta^i_3\delta^1_j-\delta^i_1\delta^3_j=\begin{pmatrix}0&0&-1\\0&0&0\\1&0&0\end{pmatrix}_{ij}\\ \Lambda^i_{3j}=\delta^i_1\delta^2_j-\delta^i_2\delta^1_j=\begin{pmatrix}0&1&0\\-1&0&0\\0&0&0\end{pmatrix}_{ij}\end{cases} \quad (2.245)$$

它们可以代表旋转的三个独立的“方向”。比如绕“第三轴”做一个无穷旋转 ε，就是

$$\delta x^i=\varepsilon\Lambda^i_{3j}x^j=\varepsilon(\delta^i_1x^2-\delta^i_2x^1) \tag{2.246}$$

$$\Rightarrow\quad \delta x^1=\varepsilon x^2,\quad \delta x^2=-\varepsilon x^1,\quad \delta x^3=0$$

我们现在采用“球坐标”，其与 x 坐标的关系为

$$x^1=r\sin\theta\cos\varphi,\quad x^2=r\sin\theta\sin\varphi,\quad x^3=r\cos\theta \tag{2.247}$$

公式(2.243)保证了长度 x^ix^i 是不变的，即公式(2.247)中 r 在旋转下是不变的。因此公式(2.246)等价于

$$\delta\theta=0,\quad \delta\varphi=-\varepsilon \tag{2.248}$$

在球坐标下，我们采用符号排序：

$$(x^0,x^1,x^2,x^3)=(t,r,\theta,\varphi)$$

所以我们获得了球坐标下的一个基灵矢量(0,0,0,−1)。再考虑绕第一轴旋转：

$$\delta x^i=\varepsilon\Lambda^i_{1j}x^j=\varepsilon(\delta^i_2x^3-\delta^i_3x^2) \tag{2.249}$$

$$\Rightarrow\quad \delta x^1=0,\quad \delta x^2=\varepsilon x^3,\quad \delta x^3=-\varepsilon x^2$$

转化成球坐标就是

$$\delta\theta=\varepsilon\sin\varphi,\quad \delta\varphi=\varepsilon\cot\theta\cos\varphi \tag{2.250}$$

所以我们获得了第二个基灵矢量：

$$\xi^\mu=(0,0,\sin\varphi,\cot\theta\cos\varphi) \tag{2.251}$$

第三个基灵矢量留作练习。利用两个基灵矢量，我们能获得很多度规的信息。将第一个基灵矢量代入公式(2.239)，可以得到

$$g_{\mu\nu,3}=0 \tag{2.252}$$

这说明度规不依赖于坐标 φ。将第二个基灵矢量代入公式(2.239)，分别取 $\mu,\nu=0,1,2,3$，就可以得到

$$g_{00,2}=g_{11,2}=g_{22,2}=g_{01,2}=g_{02}=g_{03}=g_{12}=g_{13}=g_{23}=0$$

$$g_{33,2}=2g_{33}\cot\theta,\quad g_{33}=\sin^2\theta g_{22} \tag{2.253}$$

比如当 $\mu,\nu=0$ 时，公式(2.239)就是

$$\xi^{\alpha}_{,0} g_{\alpha 0} + \xi^{\alpha}_{,0} g_{\alpha 0} + g_{00,2}\xi^{2} + g_{00,3}\xi^{3} = 0 \tag{2.254}$$

基灵矢量只是 θ,φ 的函数，而度规不是 φ 的函数，马上有

$$g_{00,2} = 0 \tag{2.255}$$

公式(2.253)中的其它项留作练习。联合公式(2.252)和(2.253)，就得到具有空间旋转不变性的度规：

$$\begin{aligned} \mathrm{d}s^2 = & f_1(t,r)\mathrm{d}t^2 + f_2(t,r)\mathrm{d}t\mathrm{d}r + f_3(t,r)\mathrm{d}r^2 \\ & + f_4(t,r)(\mathrm{d}\theta^2 + \sin^2\theta\mathrm{d}\varphi^2) \end{aligned} \tag{2.256}$$

关于时空对称的完整讨论，可以参看温伯格的《引力与宇宙学》。

本章练习

1. 椭球面可以用两个参数描述：

$x = a\sin\theta\cos\varphi$，　$y = b\sin\theta\sin\varphi$，　$z = c\cos\theta$　$(0\leqslant\theta\leqslant\pi, 0\leqslant\varphi\leqslant 2\pi)$

这两个参数可以作为椭球面的坐标。求这个坐标的逆变单位矢量和度规。

2. 如图，任意一个二维光滑曲面，以其上 O 点的切平面作为 x-y 面，以 O 点作为原点建立直角坐标系。曲面可以用方程 $z = z(x,y)$ 来描述。以 (x,y) 作为曲面坐标，求曲面的度规，并证明度规的一阶微分在原点(切点)等于零。

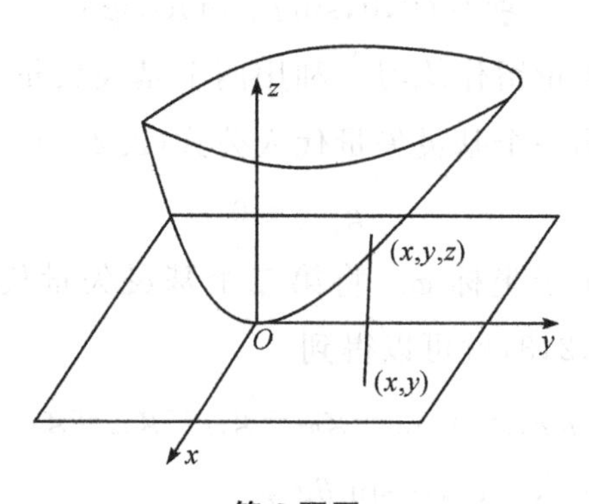

第 2 题图

3. 一个矢量用两种方式平移：先往 dx^α 平移，再往 dy^β 平移；先往 dy^β 平移，再往 dx^α 平移。请计算这两种平移的差别。

4. 计算球面上的联络和曲率张量。

5. 证明球面上的测地线是大圆。

6. 如图，用 x-y 平面里的极坐标(r,θ)作为锥面的坐标，请画出这个坐标逆变单位矢量的方向；请写出圆锥面上的度规，计算锥面的联络。一个逆变矢量绕锥尖平移一周(轨道与锥尖等距)，计算矢量偏转的角度。

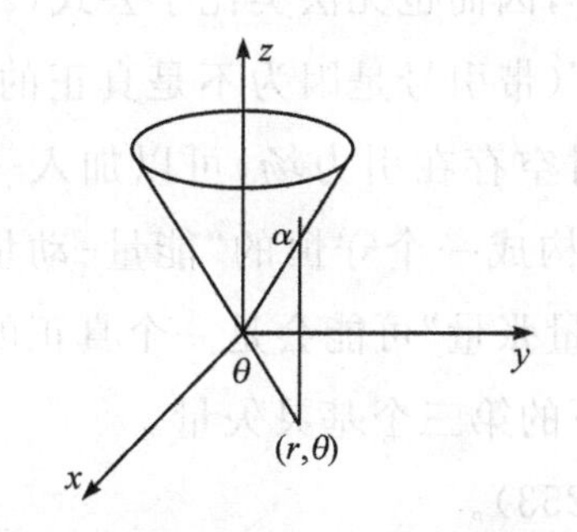

第 6 题图　锥面与 z 轴夹角为 α

7. 推导二阶逆变张量的协变微分。

8. 有一个三维空间，其度规为 $ds^2=-dz^2+dx^2+dy^2$。在这个空间中有一个伪球面：$z^2-x^2-y^2=R^2$。请用坐标 x-y 面里的极坐标表示伪球面上的距离平方微分元，并计算伪球面的曲率张量。

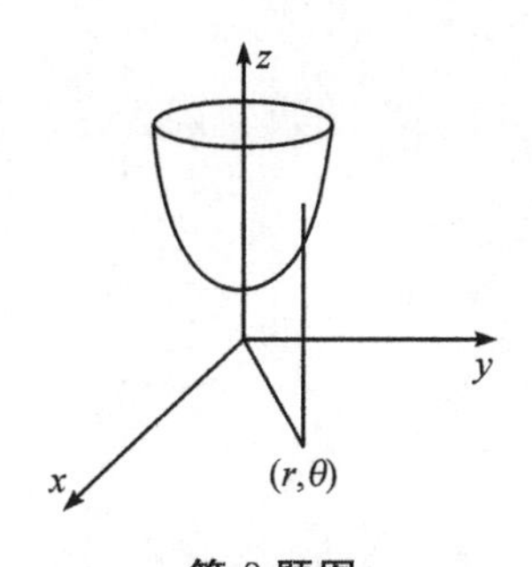

第 8 题图

9. 一个粒子在做平面运动，单位质量受到一个正比于速度的黏滞力 $\boldsymbol{F}=k_1\boldsymbol{v}$ 和径向力 $\boldsymbol{F}=k_2\dfrac{\boldsymbol{r}}{r^3}$。请采用极坐标建立粒子的非相对论运动方程。

10. 验证曲率张量缩并只能得到一种二阶张量（里奇张量）。并验证里奇张量是对称张量。

11. 能量-动量张量是对称张量，依据公式(2.204)，在弯曲时空，能量-动量张量协变微分守恒不会对应一个张量密度的普通微分守恒[类比于公式(2.199)]，因而也无法类比于公式(2.203)而获得一个守恒的"能量-动量矢量"（带引号是因为不是真正的矢量）。类比于公式(1.59)，由于在弯曲时空存在引力场，可以加入一项专属于引力场的"能量-动量张量"，来构成一个守恒的"能量-动量矢量"。请分析：这个引力场的"能量-动量张量"可能会是一个真正的张量吗？

12. 计算球坐标下的第三个基灵矢量。

13. 验证公式(2.253)。

14. 利用公式(2.83)证明公式(2.88)。

第3章　弯曲时空的观测量

由于广义相对论具有普遍的协变性，坐标的选取是非常随意的，其作用就是标记一个时空点，构成时空点与四个数组成的数组之间的一一对应关系。观测者总是在某一个时空点进行测量，显然其测量结果与用哪组数标记时空点的位置没有任何关系。然而我们的理论是依赖坐标进行计算的。如何让我们纸面上的坐标与实际观测者的测量关联起来是本章讨论的主要内容。在进行任何具体讨论前，有些事情是可以明确的：观测者的测量结果与观测者所在的时空点相关，与观测者的运动状态相关，与观测者观测的对象相关，唯独与坐标的选取无关。由于广义协变的前提是洛伦兹协变，因此我们的讨论从狭义相对论开始。

3.1　狭义相对论时空

在狭义相对论中，空间坐标一般选取为笛卡尔坐标，其意义是明确的。时间坐标是如何选取的呢？我们回顾一下爱因斯坦的想法：在任意一个空间点，放一个钟，这个钟就是在这点静止观测者的时钟（这里的静止是对笛卡尔坐标而言的）。不同点的（相对静止的）观测者时钟可以互相校准，校准后的时钟就是坐标时了。所以，狭义相对论的坐标时就是静止观测者的时钟，已经具有确定的物理意义。相对坐标运动的观测者，其时钟和坐标时不是同步的。但是相对这样的观测者，也可以找到一个静止坐标系，其中也有一批相对静止的观测者。这些观测者的时钟也可以互相校准而作为新的坐标系的坐标时。两种坐标时之间的关系就是洛伦兹变换：

$$\mathrm{d}t'=\gamma(\mathrm{d}t-v\mathrm{d}x)=u^0\mathrm{d}t-u^x\mathrm{d}x=-\eta_{\mu\nu}u^\mu\mathrm{d}x^\nu=-u_\nu\mathrm{d}x^\nu$$

$$\left.\begin{aligned}\mathrm{d}x'&=\gamma(\mathrm{d}x-v\mathrm{d}t)\\ \mathrm{d}y'&=\mathrm{d}y\\ \mathrm{d}z'&=\mathrm{d}z\end{aligned}\right\}\Rightarrow \mathrm{d}x'^2+\mathrm{d}y'^2+\mathrm{d}z'^2=(\eta_{\mu\nu}+u_\mu u_\nu)\mathrm{d}x^\mu\mathrm{d}x^\nu \quad (3.1)$$

u^μ 是运动观测者的四维速度，$\mathrm{d}x^\mu$ 是某两个事件的四维时空间隔。为了一目了然，一开始我们只选取观测者沿 x 轴运动，最后的等式变换成适用于任何方向运动的形式。公式(3.1)可以看作任意运动的观测者对某两个事件时间间隔和空间间隔的测量。这里并没有指出观测者处于时空哪一点，那是因为平直空间处处均匀。公式(3.1)显示，这名观测者对事件的测量与坐标无关，因为公式的右边是洛伦兹不变的。公式(3.1)实际上就是四维位移矢量在速度 u 方向和垂直于速度的超平面上的投影。这表明，对于以速度 u 运动的观测者而言，其时间坐标轴沿着速度 u 的方向。这个结论已经表现在图 1.1 里了。这样，在平直空间任意观测者的时空测量与坐标之间的关系就建立了。对于任意的逆变矢量形式的物理量，比如四维动量，其洛伦兹变换形式与 $\mathrm{d}x^\mu$ 一样，所以任意运动状态的观测者测量的结果与依靠坐标计算的结果依然有类似公式(3.1)的关系。这个结论可以推广到任意阶张量形式的物理量。

3.2 弯曲时空

在弯曲时空中，对于某一点的观测者，其时间和空间的测量与坐标的关联需要用到等效原理。等效原理告诉我们，在任意时空点，我们可以采取局域惯性系，在这个局域惯性系中，观测者的测量与坐标的关系由公式(3.1)给出。[需要说明的是,如果观测者原来不是在做自由运动,他相对局域惯性系可能是加速运动的。他与同一时空点以相同速度匀速运动的观测者瞬间相对静止,公式(3.1)表明这两者的时钟瞬间是一样快的。]局域惯性系和全局坐标的关系可以通过坐标变换得到,这样观测者对两个事件时空间隔的观测与坐标的关系就变为

$$\begin{cases}\Delta T = -u_\nu \mathrm{d}x^\nu \\ \Delta L^2 = (g_{\mu\nu} + u_\mu u_\nu)\mathrm{d}x^\mu \mathrm{d}x^\nu\end{cases} \tag{3.2}$$

这里的 $\mathrm{d}x$ 已采用全局坐标,四维速度依然定义为

$$u^\alpha = \frac{\mathrm{d}x^\alpha}{\mathrm{d}\tau}, \quad \mathrm{d}\tau^2 = -g_{\mu\nu}\mathrm{d}x^\mu \mathrm{d}x^\nu \tag{3.3}$$

这里的固有时是狭义相对论的自然推广,其物理意义是明确的。考虑到发生在观测者身上的两个事件的间隔 $\mathrm{d}x^\alpha$,由公式(3.2)得到

$$\Delta T = -u_\nu \mathrm{d}x^\nu = -u_\nu \frac{\mathrm{d}x^\nu}{\mathrm{d}\tau}\mathrm{d}\tau = -u_\nu u^\nu \mathrm{d}\tau = \mathrm{d}\tau \tag{3.4}$$

其中用到了四维速度归一化,可以由固有时定义[公式(3.3)]得到:

$$1 = -g_{\mu\nu}\frac{\mathrm{d}x^\mu}{\mathrm{d}\tau}\frac{\mathrm{d}x^\nu}{\mathrm{d}\tau} = -g_{\mu\nu}u^\mu u^\nu \tag{3.5}$$

所以观测者在观察自己身边(也只能是自己身边)的两个事件时,时钟的读数就是固有时,与坐标选取无关。它也等于观测者瞬间静止的局域惯性系的坐标时差。两个事件一般发生在不同时空点,时间由当地的观测者记录,狭义相对论通常采用坐标时,而忽略观测者,这是由于观测者的时钟都是校准的,由谁读出关系不大。这种情况在弯曲时空不再成立。

其它物理矢量的测量都类似时空间隔的测量,通过等效原理得到,因为小的时空间隔可以看作一个矢量。任意张量测量可以自然推广而获得。

例 3.1　对闵氏空间做坐标变换：

$$\begin{cases} x=\kappa\cosh\eta \\ t=\kappa\sinh\eta \\ y=y \\ z=z \end{cases}$$

新坐标的时空度规就是

$$ds^2=-\kappa^2 d\eta^2+d\kappa^2+dy^2+dz^2$$

这个坐标称为伦德勒(Rindler)坐标。这个坐标的特点是每个静止的观测者都会观测到自己在做匀加速运动(取 $\kappa>0$)：

$$观测者的速度: u^\alpha=\left(\frac{1}{\kappa},0,0,0\right)$$

$$观测者的加速度: \frac{Du^\alpha}{d\tau}=\frac{du^\alpha}{d\tau}+\Gamma^\alpha_{\beta\gamma}u^\beta u^\gamma=\left(0,\frac{1}{\kappa},0,0\right)$$

加速度不等于零，表明观测者不是在做自由运动，受到了外力。加速度与位置相关，坐标 κ 越小，加速度越大。静止观测者的固有时与坐标的关系是

$$d\tau^2=\kappa^2 d\eta^2$$

所以坐标 κ 越小，观测者的时钟越慢(坐标时 η 是校准的，见第 3.3 节)。在闵氏坐标看来，伦德勒坐标的静止观测者也在做加速运动(加速度是四维矢量，在一个坐标系中不等于零，在任何坐标系中都不等于零)，因此他必须受到外力作用。在伦德勒坐标中，这个外力不会导致他运动，因为他还会感受到惯性力，两个力达到平衡。所以在伦德勒坐标中，静止观测者的加速度越大，外力就越大(加速度只与外力有关，引力、惯性力都只是时空性质)，惯性力也越大，观测者的时钟越慢。

3.3 物理坐标

考虑一个静止的观测者，他记录下发生在身上的两个事件的时间

间隔是固有时：

$$\Delta T^2 = d\tau^2 = -g_{\mu\nu}dx^\mu dx^\nu = -g_{00}\Delta t^2 \tag{3.6}$$

要使这个等式有意义，必须有

$$g_{00} < 0 \tag{3.7}$$

我们将此称为物理坐标的条件。如果这个条件不成立，则任何观测者在这个坐标系都不能静止，这种情况会发生在黑洞的视界内。再考虑这个观测者测量身边两个事件的空间距离：

$$\begin{aligned}\Delta L^2 &= (g_{\mu\nu} + u_\mu u_\nu)dx^\mu dx^\nu = (g_{\mu\nu} + g_{\mu 0}g_{\nu 0}u^0 u^0)dx^\mu dx^\nu \\ &= \left(g_{\mu\nu} - \frac{g_{\mu 0}g_{\nu 0}}{g_{00}}\right)dx^\mu dx^\nu = \left(g_{ij} - \frac{g_{i0}g_{j0}}{g_{00}}\right)dx^i dx^j \geqslant 0\end{aligned} \tag{3.8}$$

其中，我们用到了速度的归一化：

$$-g_{00}u^0 u^0 = 1 \tag{3.9}$$

考虑两个事件只有 dx^1 分量的空间间隔，公式(3.8)就变成

$$\Delta L^2 = \left(g_{11} - \frac{g_{10}g_{10}}{g_{00}}\right)dx^1 dx^1 \geqslant 0 \tag{3.10}$$

由于公式(3.7)，有

$$\begin{vmatrix} g_{00} & g_{01} \\ g_{10} & g_{11} \end{vmatrix} \leqslant 0 \tag{3.11}$$

加入其它空间分量间隔后，会有

$$\begin{vmatrix} g_{00} & g_{01} & g_{02} \\ g_{10} & g_{11} & g_{12} \\ g_{20} & g_{21} & g_{22} \end{vmatrix} \leqslant 0, \quad \begin{vmatrix} g_{00} & g_{01} & g_{02} & g_{03} \\ g_{10} & g_{11} & g_{12} & g_{13} \\ g_{20} & g_{21} & g_{22} & g_{23} \\ g_{30} & g_{31} & g_{32} & g_{33} \end{vmatrix} \leqslant 0 \tag{3.12}$$

我们把公式(3.7)、(3.11)和(3.12)称为物理坐标的条件。这些条件有个先入为主的前提：把 $i=1,2,3$ 看作空间坐标。空间坐标是判断观测者是否静止的依据。时空度规比照闵氏度规(等效原理)，其本征值为一个负，三个正，负的对应时间。这个性质在任意坐标变换

下都是不变的。然而在某些条件下时空错位是可能的(也就是原来的空间坐标扮演起时间的角色)。这样公式(3.7)、(3.11)和(3.12)就不满足了,而这仅仅是因为"静止"的判据先出问题了。另一种情况是度规的时空交叉项不为零(见本章练习4)。在第8章我们还会进一步讨论这个问题。

3.4 弯曲时空的时间校准

在平直空间,坐标时是校准的,各时空点的静止观测者的时钟也是校准的。在弯曲空间,各时空点的静止观测者的时钟快慢是不一样的,不可能校准。

我们现在讨论坐标时校准的可能性。在平直空间,时空是均匀的,我们可以拿一把标准尺丈量空间,但这在弯曲时空行不通。弯曲时空唯一可以很好定义的是光。光走的是零光程线,可以用来校准坐标钟,校准后,可以根据光传播的时间丈量空间。

我们考虑两个挨得很近的观测者 A,B。从 A 发射一束光,到达 B 后,反射回 A 点。根据零光程线,我们可以算出来去的时间间隔:

$$\begin{cases} g_{00}(\mathrm{d}x^0_{去})^2+2g_{0i}\mathrm{d}x^0_{去}\,\mathrm{d}x^i+g_{ij}\mathrm{d}x^i\mathrm{d}x^j=0 \\ \mathrm{d}x^0_{去}=\dfrac{1}{-g_{00}}\left[g_{0i}\mathrm{d}x^i+\sqrt{(g_{0i}g_{0j}-g_{00}g_{ij})\mathrm{d}x^i\mathrm{d}x^j}\right] \end{cases} \tag{3.13}$$

$$\begin{cases} g_{00}(\mathrm{d}x^0_{来})^2-2g_{0i}\mathrm{d}x^0_{来}\,\mathrm{d}x^i+g_{ij}\mathrm{d}x^i\mathrm{d}x^j=0 \\ \mathrm{d}x^0_{来}=\dfrac{1}{-g_{00}}\left[-g_{0i}\mathrm{d}x^i+\sqrt{(g_{0i}g_{0j}-g_{00}g_{ij})\mathrm{d}x^i\mathrm{d}x^j}\right] \end{cases} \tag{3.14}$$

在公式(3.13)和(3.14)中,我们已经去掉了不符合物理的另一个解。这两式显示,光来去所花费的时间并不一样,因为去时的空间间隔是 $\mathrm{d}x^i$,回来就是 $-\mathrm{d}x^i$。从 A 的角度看,来回的时间差是

$$2\Delta t=\mathrm{d}x^0_{去}+\mathrm{d}x^0_{来}=\frac{2}{-g_{00}}\sqrt{(g_{0i}g_{0j}-g_{00}g_{ij})\mathrm{d}x^i\mathrm{d}x^j}=2\Delta L/\sqrt{-g_{00}} \tag{3.15}$$

如果出发的时间是 t_A，那么观测者 A 预计光到达 B 点的时间应该是 $t_A+\Delta t$，其实到达的时间是 $t_A+\mathrm{d}x^0_{去}$，这可以解释为 A，B 点的坐标时不同步。是两处坐标时走得快慢不一致吗？我们换算一下 A 处观测者的时钟读数：

$$\Delta T=\sqrt{-g_{00}}(\mathrm{d}x^0_{去}+\mathrm{d}x^0_{来})=2\Delta L \tag{3.16}$$

其中 ΔL 是 A，B 两地的空间距离。所以光速是

$$c=\frac{2\Delta L}{\Delta T}=1 \tag{3.17}$$

符合 A 处观测者的预期。任何局域测量的光速都是 1，原因还是等效原理：任意一点都可以取自由下落坐标系，而观测者的测量结果与坐标选取无关。B 处的观测者也可以做类似的实验，向 A 发射光并返回，来回时间也是 $2\Delta t$，并且也会得出光速等于 1。所以，原因可以归结为 A，B 两处的坐标时没有校准，B 处的坐标时比 A 处的坐标时快了

$$\mathrm{d}x^0_{去}-\Delta t=-\frac{g_{0i}\mathrm{d}x^i}{g_{00}} \tag{3.18}$$

如果 A，B 之间是一小段距离，就变成积分

$$\mathrm{d}x^0_{去}-\Delta t=\int_A^B-\frac{g_{0i}\mathrm{d}x^i}{g_{00}} \tag{3.19}$$

但是从 A 到 B 的光路很多，由不同的光路获得的结果会不同，因为一般来说，

$$\oint-\frac{g_{0i}\mathrm{d}x^i}{g_{00}}\neq 0 \tag{3.20}$$

所以我们又无法确定 B 处的坐标时比 A 处的坐标时快了多少，坐标时就无法校准了。我们看到时差都来自度规分量 g_{0i}，如果这个分量等于零，就不会有问题。所以若坐标选取合适，让这个分量等于零，就说明坐标时已经校准了。最后需要说明的是，我们所讨论的坐标时校准，都是纸面的理论，与实际测量无关。在做理论计算时，要选取合适的理论框架来考虑问题。校准的坐标时有利于比较不同观测者测量的结果。

例 3.2　爱因斯坦转盘

爱因斯坦转盘最初是1909年埃伦菲斯特(Ehrenfest)在一篇短文中提出的,文中讨论了一个旋转的圆盘的几何形状(图3.1)。在圆盘上静止的观测者A测量圆盘的周长和半径,可以得出圆周率。在地面的观测者B认为,当A横着尺子量圆周时,尺子变短了,所以A的读数比B的多,而量半径时,A的读数与B一致。所以B认为A得出的圆周率会大于π。我们现在就讨论相对圆盘静止的坐标系的测量问题。

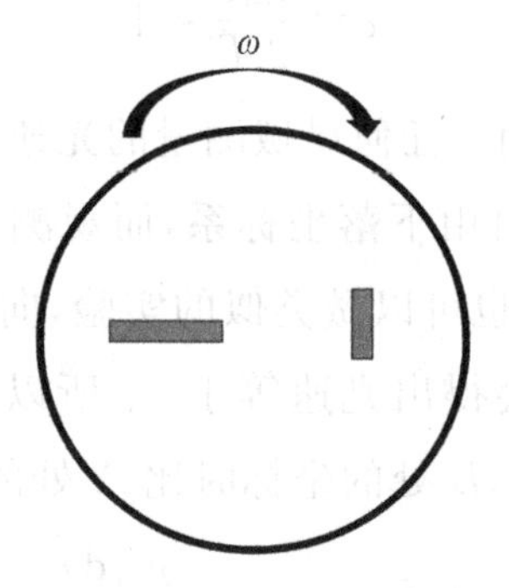

图3.1　旋转的圆盘(横着放和沿着径向放的尺子,从地面看长度不一样)

地面是闵氏空间(柱坐标):

$$ds^2 = -dt^2 + dr^2 + r^2 d\theta^2 + dz^2$$

做坐标变换:

$$t' = t, \quad r' = r, \quad \theta' = \theta + \omega t, \quad z' = z \tag{3.21}$$

获得相对转盘静止的坐标系:

$$\begin{aligned} ds^2 &= -dt^2 + dr^2 + r^2(d\theta - \omega dt)2 + dz^2 \\ &= -(1 - r^2\omega^2)dt^2 + dr^2 + r^2 d\theta^2 - 2r^2\omega d\theta dt + dz^2 \end{aligned} \tag{3.22}$$

公式(3.22)中,我们已经略去了坐标上的撇。我们把度规仔细列出来:

$$g_{00} = -(1 - r^2\omega^2), \quad g_{02} = -r^2\omega$$

$$g_{11} = 1, \quad g_{22} = r^2, \quad g_{33} = 1 \tag{3.23}$$

对于一位静止于这个坐标系的观测者,其空间的测量为

$$dL^2 = \left(g_{ij} - \frac{g_{i0}g_{j0}}{g_{00}}\right)dx^i dx^j = dr^2 + \frac{r^2}{1-r^2\omega^2}d\theta^2 + dz^2 \tag{3.24}$$

利用公式(3.24) 计算的圆周就等于

$$L = \int_0^{2\pi} \frac{r}{\sqrt{1-r^2\omega^2}}d\theta = \frac{2\pi r}{\sqrt{1-r^2\omega^2}} \tag{3.25}$$

与地面坐标系的预言一致,即尺子收缩了($r < 1/\omega$,否则就没有静止观测者,见本章练习 4)。

对于圆盘上静止的观测者,其时间与坐标时的关系是

$$\Delta T = \sqrt{-g_{00}}\,\Delta t = \sqrt{1-r^2\omega^2}\,\Delta t \tag{3.26}$$

由于在做坐标变换(3.21) 时,时间没有做变换,所以圆盘静止系的坐标时与地面的坐标时是一样的。这就是运动时钟变慢效应。根据公式(3.18),度规(3.22) 的坐标时是没有校准的。考虑在圆盘上某一点,一个静止的观测者沿着圆周发射一束光,绕一圈回到观测者。观测者预计自己的钟会走

$$\Delta T = L_{周长} = \frac{2\pi r}{\sqrt{1-r^2\omega^2}} \tag{3.27}$$

折算成坐标时是

$$\Delta t = \frac{\Delta T}{\sqrt{-g_{00}}} = \frac{2\pi r}{1-r^2\omega^2} \tag{3.28}$$

然而坐标时是没有校准的,光每传播一段距离,时钟会照着公式(3.18) 变快,转了一圈,坐标时会多走

$$\delta t = \oint -\frac{g_{0i}dx^i}{g_{00}} = \oint -\frac{r^2\omega d\theta}{1-r^2\omega^2} \tag{3.29}$$

光的旋转方向决定了公式(3.29) 的积分方向。逆时针和顺时针的结果差个负号:

$$\delta t_{顺}=\int_0^{-2\pi}-\frac{r^2\omega\mathrm{d}\theta}{1-r^2\omega^2}=\frac{2\pi r^2\omega}{1-r^2\omega^2}=-\delta t_{逆} \tag{3.30}$$

所以两束不同绕行的光回到出发点时，时差是

$$\delta T=2\sqrt{-g_{00}}\delta t_{顺}=\frac{4\pi r^2\omega}{\sqrt{1-\omega^2r^2}}\approx 4\pi r^2\omega \tag{3.31}$$

当顺时针和逆时针光束回到出发点并发生干涉时，公式(3.31)就相当于光程差(图3.2)，所以由转盘的旋转导致的干涉条纹移动的数目为

$$N=\frac{4\pi r^2\omega}{\lambda c} \tag{3.32}$$

在公式(3.32)中，我们补上了光速。这就是萨尼亚克效应(Sagnac effect)。

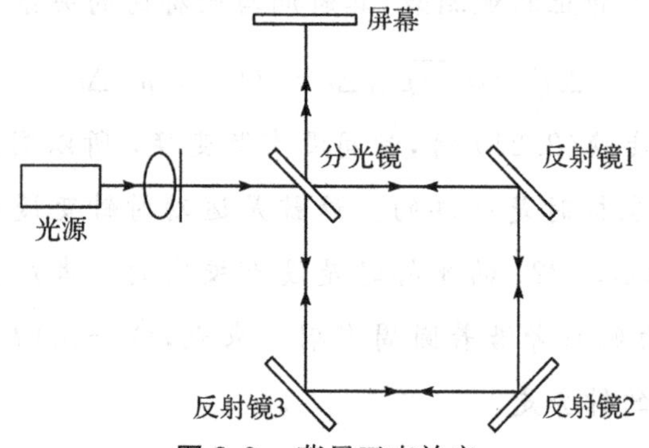

图 3.2 萨尼亚克效应

公式(3.32)的结果在地面坐标系看来是很显然的。光顺时针走，与圆盘转动的方向一致，所以光在追观测者，需要时间

$$\Delta t_{顺}=\frac{2\pi r}{1-\omega r} \tag{3.33}$$

光逆时针走，则需要时间

$$\Delta t_{逆}=\frac{2\pi r}{1+\omega r} \tag{3.34}$$

时差为

$$\delta t=\Delta t_{顺}-\Delta t_{逆}=\frac{4\pi r^2\omega}{1-\omega^2r^2} \tag{3.35}$$

考虑到运动的观测者的时钟变慢，故观测者的时钟读数是

$$\delta T = \sqrt{1 - r^2\omega^2}\,\delta t = \frac{4\pi r^2\omega}{\sqrt{1-\omega^2 r^2}} \approx 4\pi r^2\omega \tag{3.36}$$

与公式(3.31)结果一致。

3.5　共动坐标

我们考虑这样一个坐标系：所有静止的粒子(即它们的空间坐标是不变的)都在做自由运动(满足测地线方程)，它们自己的固有时是互相校准的，坐标时就采用它们的固有时。这样的坐标系非常类似闵氏度规(在平直空间，静止的观测者就是在做自由运动)。如果存在无穷多时空轨迹(世界线)不相交的自由运动粒子，这样的坐标系是可能的也是很方便的。我们对每个这样的粒子用四个数标注：三个对应空间坐标(可以采用粒子在任意坐标某瞬间的三维空间坐标，以保持粒子位置的连续性)，另一个用它自己的固有时。这个粒子所经过的时空点的坐标就用这四个数标注。这种坐标称为共动坐标。

我们现在考虑这种坐标的性质。由这个坐标的定义可知，对于任意一个静止的(粒子)观测者，

$$d\tau^2 = -g_{\alpha\beta}\,dx^\alpha dx^\beta = -g_{00}\,dt^2 = dt^2 \tag{3.37}$$

所以

$$g_{00} = -1 \tag{3.38}$$

另外，由这些静止粒子(观测者)的测地线方程，得到

$$\frac{d^2x^\alpha}{d\tau^2} + \Gamma^\alpha_{\mu\nu}\frac{dx^\mu}{d\tau}\frac{dx^\nu}{d\tau} = 0 \quad \Rightarrow \quad \Gamma^\alpha_{00} = 0 \tag{3.39}$$

即

$$g^{\alpha\beta} g_{\beta0,0} = 0 \tag{3.40}$$

两边乘以 $g_{\mu\alpha}$，就得到

$$g_{\mu0,0} = 0 \tag{3.41}$$

条件(3.41)并不足以使坐标时是校准的(也就是各个静止粒子的固有时同步),所以光有一群静止的自由粒子是不够的。我们尝试做坐标变换:

$$t'=t+T(x),\quad x'^i=x^i \tag{3.42}$$

对度规做相应变换:

$$\begin{cases} g'_{00}=-1 \\ g'_{i0}=g_{i0}+\dfrac{\partial T(x)}{\partial x^i} \end{cases} \tag{3.43}$$

如果能找到 $T(x)$,使得 $g'_{i0}=0$,坐标时就可以校准了。在很多情况下,这个条件是可以满足的。比如,我们要描述分子云的坍缩过程。分子云是一群相互作用很弱的粒子,在坍缩前是静止的,或者说存在一个坐标时校准的坐标系,这些粒子在某一瞬间同时静止。可以在这一瞬间把所有粒子的时钟设置为零,这样,

$$\begin{cases} \left.\dfrac{\partial x'^i}{\partial x^0}\right|_{x^0=0}=\left.\dfrac{\mathrm{d}x'^i}{\mathrm{d}\tau}\right|_{x^0=0}=0 \\ \left.\dfrac{\partial x'^0}{\partial x^i}\right|_{x^0=0}=0 \end{cases} \tag{3.44}$$

其中带撇的是坐标时校准的坐标,不带撇的是共动坐标。公式(3.44)第一个方程表示在这一瞬间,任何粒子相对带撇坐标都是静止的,共动坐标的坐标时等于粒子的固有时;第二个等式表示在这一瞬间,所有粒子的带撇坐标时都是一样的,所以

$$g_{0i}\Big|_{x^0=0}=g'_{\alpha\beta}\frac{\partial x'^\alpha}{\partial x^0}\frac{\partial x'^\beta}{\partial x^i}\Big|_{x^0=0}=0 \tag{3.45}$$

公式(3.45)第二个等式是因为带撇度规时空交叉项为零。由于公式(3.41),在任何时刻共动坐标的时空交叉项都为零,所以共动坐标的坐标时校准了。

还有一种常见的情况是:研究的系统物质具有球对称分布。在球对称条件下,度规可以写成[见公式(2.256)]

$$ds^2 = f_1(r,t)dt^2 + f_2(r,t)dt\,dr + f_3(r,t)dr^2 + f_4(r,t)(r^2 d\theta^2 + r^2 \sin^2\theta d\varphi^2) \tag{3.46}$$

做坐标变换：

$$t' = \int^t \sqrt{-f_1(r,t'')}\,dt'' = \varphi(r,t) \tag{3.47}$$

则公式(3.46) 变成

$$\begin{aligned} ds^2 &= -dt'^2 + \left[2\frac{\partial\varphi(r,t)}{\partial r} + \frac{f_2(r,t)}{\sqrt{-f_1(r,t)}}\right]dt'dr \\ &\quad + \left[f_3(r,t) - \left(\frac{\partial\varphi(r,t)}{\partial r}\right)^2 - \frac{f_2(r,t)}{\sqrt{-f_1(r,t)}}\frac{\partial\varphi(r,t)}{\partial r}\right]dr^2 \\ &\quad + f_4(r,t)(r^2 d\theta^2 + r^2\sin^2\theta d\varphi^2) \\ &= -dt'^2 + f_2'(r,t')dt'dr + f'_3(r,t')dr^2 \\ &\quad + f_4'(r,t')(r^2 d\theta^2 + r^2\sin^2\theta d\varphi^2) \end{aligned} \tag{3.48}$$

可见在选择静止观测者的时钟作为坐标时后，时空交叉项只有 g_{r0} 是非零的。如果满足静止的粒子做自由运动的条件，即公式(3.41)成立，知其与时间无关。只要令

$$T(r) = -\int_{r_0}^{r} g_{r0}(r)dr = -\int_{r_0}^{r} f_2'(r)dr$$

就可以校准时钟。度规可以写成

$$ds^2 = -dt^2 + g_1(r,t)dr^2 + g_2(r,t)(r^2 d\theta^2 + r^2\sin^2\theta d\varphi^2) \tag{3.49}$$

普遍而言，共动坐标的度规表示为

$$ds^2 = -dt^2 + g_{ij}(x)dx^i dx^j \tag{3.50}$$

共动坐标并不一定需要存在(或虚构)一群做自由运动且时空轨迹不相交的粒子。比如物质球对称分布的真空解，总可以采用共动坐标[见公式(8.13)]。共动坐标在星云的引力坍塌过程中或者在宇宙学中尤为重要。

本章练习

1. 一个宇航员做飞船星际旅行。地面观测站看飞船以匀加速度 a 飞行时间 T，接着以匀速运动飞行时间 $2T$，再以加速度 $-a$ 减速，然后掉头，以相同的方式飞回。问：宇航员在这一旅程中花费了多少时间？

2. 计算相对坐标(3.22)静止的粒子的四维加速度。

3. 在以 ω 旋转的圆盘上，在半径 r 处有人向圆心发射频率为 ν 的一束光，求圆心观测者接收到的光的频率。如果圆心向圆周某一观测者发射频率为 ν 的一束光，求圆周观测者接收到的光的频率。这与狭义相对论的横向多普勒效应有何异同？

4. 在度规(3.22)描述的时空中，一个粒子的坐标满足 $r>1/\omega$，证明：这个粒子的角速度 $\mathrm{d}\varphi/\mathrm{d}t$ 不等于零，并求其大小范围。

第4章　爱因斯坦引力场方程

4.1　牛顿近似

我们在第1.4.3小节已经讲过，将万有引力定律纳入狭义相对论框架异常困难，相关尝试都是失败的。例3.2的爱因斯坦转盘也表明，在一个加速参照系里，空间是“弯曲”的。(当然坐标的改变不会导致时空性质的改变，爱因斯坦转盘只表明时空的某一“切片”弯曲了。然而这只有在将整个时空统一考虑时才能一目了然。)当等效原理将加速参照系与引力场联系起来时，这些看似矛盾的现象促使天才的灵感在爱因斯坦头脑中闪现。爱因斯坦曾回忆说：“有一天，转机突然出现了。我坐在伯尔尼专利局的椅子上，突然想到，如果一个人自由下落，他会感觉不到他的体重。我很吃惊，这个简单的推理实验对我影响至深，把我引向了引力理论。我继续设想一个下落的人处于加速的情况。此时，他的感觉和判断都是在加速运动的参照系里发生的。我决定把相对论扩展到加速运动的参照系，我认为这样做可能同时解决引力问题。”爱因斯坦决定用弯曲时空代替引力场。在弯曲时空中，自由粒子的运动轨迹满足测地线方程。在特殊情况下，测地线方程必须与平直空间中在万有引力作用下的粒子运动方程相一致，因为万有引力定律在经典力学框架下几乎与所有的宏观运动符合得很好。对于这个特殊情况，我们可以归纳为以下几点：

(1)粒子的运动速度是非相对论的，即远远小于光速；

(2)度规是静态的，即与时间无关；

(3)空间是近似平坦的，即度规偏离闵氏度规很小，且对空间坐标的导数也不大。

这几点可以称为牛顿近似。第二、三条要求引力场不仅很弱，而且不能剧变，这与万有引力被验证的实验环境一致。根据以上几点，我们可以把度规写作

$$g_{\mu\nu}=\eta_{\mu\nu}+h_{\mu\nu} \tag{4.1}$$

把 h 看作小量展开，并只保留到一阶，联络为

$$\Gamma^{\gamma}_{\alpha\beta}=\frac{1}{2}\eta^{\chi\rho}(h_{\alpha\rho,\beta}+h_{\beta\rho,\alpha}-h_{\alpha\beta,\rho}) \tag{4.2}$$

我们暂时只需要这些联络：

$$\Gamma^{0}_{00}=0,\quad \Gamma^{i}_{00}=-\frac{1}{2}h_{00}^{\ \ ,i}=-\frac{1}{2}h_{00,i} \tag{4.3}$$

一阶小量的指标可以用闵氏度规升降，这样导致的差距是二阶小量。粒子的测地线方程为

$$\frac{\mathrm{d}^2x^{\rho}}{\mathrm{d}\tau^2}+\Gamma^{\rho}_{\alpha\beta}\frac{\mathrm{d}x^{\alpha}}{\mathrm{d}\tau}\frac{\mathrm{d}x^{\beta}}{\mathrm{d}\tau}=0 \tag{4.4}$$

考虑这样一个事实：所有联络都正比于度规的导数，所以是一阶小量[见公式(4.2)]，而速度的三维分量也是小量，在测地线方程中只保留一阶小量，就有

$$\begin{cases}\dfrac{\mathrm{d}^2x^{0}}{\mathrm{d}\tau^2}+\Gamma^{0}_{00}\dfrac{\mathrm{d}x^{0}}{\mathrm{d}\tau}\dfrac{\mathrm{d}x^{0}}{\mathrm{d}\tau}=\dfrac{\mathrm{d}^2x^{0}}{\mathrm{d}\tau^2}=0\\[2ex] \dfrac{\mathrm{d}^2x^{i}}{\mathrm{d}\tau^2}+\Gamma^{i}_{00}\dfrac{\mathrm{d}x^{0}}{\mathrm{d}\tau}\dfrac{\mathrm{d}x^{0}}{\mathrm{d}\tau}=0\end{cases} \tag{4.5}$$

方程(4.5)的解为

$$\begin{cases}\dfrac{\mathrm{d}x^{0}}{\mathrm{d}\tau}=c\\[2ex] \dfrac{\mathrm{d}^2x^{i}}{\mathrm{d}t^2}=\dfrac{1}{2}h_{00,i}\end{cases} \tag{4.6}$$

其中 c 是积分常数。粒子在万有引力作用下的运动方程为

$$\frac{d^2 x^i}{dt^2} = -\frac{\partial V}{\partial x^i} \tag{4.7}$$

其中 V 是万有引力势。比较公式(4.6)和(4.7)，得到

$$h_{00} = -2V + c \tag{4.8}$$

其中 c 是积分常数。考虑一个中心引力源，在无穷远处，引力势为零，而空间也是平直的，所以积分常数 c 等于零。在牛顿近似下，我们得到

$$g_{00} = -1 - 2V \tag{4.9}$$

由于牛顿万有引力理论在目前与实验高度一致，测地线方程如果是一个正确的粒子运动方程，即通过公式(4.6)与(4.7)高度一致，就要求公式(4.8)的微扰展开是合理的。我们可以评估一下在通常情况下引力势 V 的大小。对于一个球状物体来说，其引力势为

$$V = -\frac{GM}{r} = -\frac{GM}{rc^2} = -\frac{R_g}{2r}, \quad R_g = \frac{2GM}{c^2} \tag{4.10}$$

在第二个等式中，我们补上了光速，因为度规(4.9)是无量纲的。R_g 为物体的引力半径，对于太阳来说大约是 3km，对地球来说是 1cm。太阳半径是 7×10^5km，地球半径大约是 6000km，所以在实验的范围内 V 都足够小。具有太阳质量大小的白矮星，其半径大约为 6000km，问题也不大。如果是具有太阳质量大小的中子星，其半径大约为 10km，在其表面近似就不太合适了。对于中子星、黑洞这样的高密度天体，在其附近万有引力定律不再适用。

4.2　引力场方程

在广义相对论框架下，度规就代表引力效应，可以认为度规就是引力场。所以这个场是二阶张量场。其一个分量在牛顿近似下通过公式(4.9)与万有引力势联系起来。因而在牛顿近似下也满足泊松方

程[见公式(1.45)]：

$$\nabla^2 g_{00} = -2\,\nabla^2 V = -8\pi G\rho \tag{4.11}$$

这只是度规张量的一个分量满足的近似方程。如何将其扩充为一个包括所有分量的张量方程呢？我们在第1.4.6小节已经提到公式(4.11)右边的质量密度是物质能量-动量张量的分量，所以右边自然可以扩充为能量-动量张量，其分量 T^{00} 就是能量密度。左边必须是个二阶张量。这个二阶张量只是度规和度规导数的函数。由于 $8\pi G\rho$ 的质量量纲为2，度规是没有量纲的，对时空导数的量纲为1，所以这个张量包括线性的度规二次导数或者双线性的度规一次导数，即对度规总的导数的次数等于2。但这也不是绝对的，如果存在含量纲的常数，对度规导数的次数可以不等于2。考虑一个渐进平直的时空，在趋于无穷远时，引力场方程应该趋于公式(4.11)，这时含有少于二次导数的项会比二次导数项更重要，所以不能存在。如果全空域都是弱引力场，在坐标原点附近也应该满足公式(4.11)近似(比如地球球心)，所以度规更高阶导数项也不存在。这就是所谓的共形不变性(小尺度和大尺度的物理是一样的)。共形不变性要求理论上不存在带量纲的物理常数。在黎曼几何中，这个条件就把左边的形式给确定了(见温伯格《引力与宇宙学》)，即只能包括里奇张量和曲率标量：

$$AR_{\mu\nu} + Bg_{\mu\nu}R \tag{4.12}$$

其中 A，B 都是常数，所以公式(4.11)扩充为

$$AR_{\mu\nu} + Bg_{\mu\nu}R = -8\pi G T_{\mu\nu} \tag{4.13}$$

由于右边是守恒张量，所以要求

$$(AR_{\mu}^{\nu} + Bg_{\mu}^{\nu}R)_{;\nu} = 0 \tag{4.14}$$

这两项组合必须正比于爱因斯坦张量，即

$$AR_{\mu\nu} + Bg_{\mu\nu}R = AG_{\mu\nu} = A\left(R_{\mu\nu} - \frac{1}{2}g_{\mu\nu}R\right) \tag{4.15}$$

最后确定公式(4.15)的常数 A。我们先利用公式(4.15)把方程(4.13)写为

$$AG_{\mu\nu}=-8\pi GT_{\mu\nu} \tag{4.16}$$

然后对公式进行缩并，就有

$$-AR=-8\pi GT,\quad T=T^{\mu}_{\mu} \tag{4.17}$$

将公式(4.17)代入公式(4.16)，就有

$$AR_{\mu\nu}=-8\pi G\left(T_{\mu\nu}-\frac{1}{2}g_{\mu\nu}T\right) \tag{4.18}$$

现在我们考虑一种静态的无相互作用的物质分布[即压强为零的理想流体,见公式(1.54)]，其能量-动量张量表示为

$$T_{\mu\nu}=\rho u_{\mu}u_{\nu} \tag{4.19}$$

其中 u 是四维速度。考虑在静止系中,四维速度只有零分量是非零的,则

$$g_{00}u^0u^0=-1\quad\Rightarrow\quad u_0=g_{00}u^0=-\sqrt{-g_{00}}$$

所以公式(4.18)右边的 00 分量是

$$T_{00}-\frac{1}{2}g_{00}T=-g_{00}\rho-\frac{1}{2}g_{00}(-\rho)=-\frac{1}{2}g_{00}\rho=\frac{1}{2}\rho \tag{4.20}$$

在最后一步,我们忽略了正比于 h 的小项。我们还要计算里奇张量的 00 分量,依然采取弱场加静态近似。我们考虑曲率张量(2.171)，在公式(4.1)展开下,只保留一级 h,有

$$R_{\alpha\mu\nu\rho}=\frac{1}{2}(h_{\mu\nu,\alpha,\rho}+h_{\rho\alpha,\mu,\nu}-h_{\mu\rho,\alpha,\nu}-h_{\nu\alpha,\mu,\rho}) \tag{4.21}$$

所以里奇张量为

$$R_{\mu\nu}=g^{\alpha\rho}R_{\alpha\mu\nu\rho}=\eta^{\alpha\rho}R_{\alpha\mu\nu\rho}=\frac{1}{2}\eta^{\alpha\rho}(h_{\mu\nu,\alpha,\rho}+h_{\rho\alpha,\mu,\nu}-h_{\mu\rho,\alpha,\nu}-h_{\nu\alpha,\mu,\rho}) \tag{4.22}$$

考虑静态近似后，就有

$$R_{00}=\frac{1}{2}h_{00,i}^{;i} \tag{4.23}$$

在公式(4.23)中,我们依然用闵氏度规来升降 h 的指标。前面已经提到,做了一级近似后,与用弯曲空间度规升降相比,只有 h^2 级的差距。将公式(4.23)和(4.20)代入公式(4.18),并利用公式(4.9),就得到

$$-A\ \nabla^2 V=-4\pi G\rho$$

比较方程(4.11),得到 $A=1$。这样一来,爱因斯坦引力场方程为

$$G_{\mu\nu}=-8\pi GT_{\mu\nu} \tag{4.24}$$

把方程(4.24)用于宇宙学,会发现宇宙是不稳定的。爱因斯坦为了获得稳态的宇宙,人为地加入了一个正比于度规的项:

$$G_{\mu\nu}-\lambda g_{\mu\nu}=-8\pi GT_{\mu\nu} \tag{4.25}$$

由于度规的协变微分等于零,$\lambda g_{\mu\nu}$ 不会破坏右边的能量-动量张量守恒,然而这项破坏了引力场的共形不变性。我们会在第 9 章发现这项与物质真空的能量-动量张量形式是一样的。按照前面的分析,这项在大尺度上会变得重要,而在小尺度上不重要(见第 6 章练习 10)。它在局部影响很小,只有在宇宙学上有用(宇宙学并不要求时空是渐进平直的,所以有了宇宙项后,时空在大尺度上不会回归牛顿万有引力定律),系数 λ 需根据实验确定。公式(4.24)在广义相对论中的角色与麦克斯韦方程在电磁学中的角色一样重要。后面几章将围绕不同条件下引力场方程(4.24)的解展开。

4.3 引力场的作用量原理*

类似麦克斯韦方程,引力场方程也可以通过最小作用量原理获得。在真空情况下,作用量取为

$$S_G=\int R\sqrt{-g}\,\mathrm{d}^4x \tag{4.26}$$

曲率标量里有线性的度规二次微分,可以通过分部积分把它去除:

$$
\begin{aligned}
R\sqrt{-g} &= \sqrt{-g}\,g^{\mu\nu}(-\Gamma^{\beta}_{\mu\nu,\beta}+\Gamma^{\beta}_{\mu\beta,\nu}-\Gamma^{\lambda}_{\mu\nu}\Gamma^{\beta}_{\lambda\beta}+\Gamma^{\lambda}_{\mu\beta}\Gamma^{\beta}_{\lambda\nu}) \\
&= -(\sqrt{-g}\,g^{\mu\nu}\Gamma^{\beta}_{\mu\nu})_{,\beta}+(\sqrt{-g}\,g^{\mu\nu})_{,\beta}\Gamma^{\beta}_{\mu\nu} \\
&\quad +(\sqrt{-g}\,g^{\mu\nu}\Gamma^{\beta}_{\mu\beta})_{,\nu}-(\sqrt{-g}\,g^{\mu\nu})_{,\nu}\Gamma^{\beta}_{\mu\beta} \\
&\quad +\sqrt{-g}\,g^{\mu\nu}(-\Gamma^{\lambda}_{\mu\nu}\Gamma^{\beta}_{\lambda\beta}+\Gamma^{\lambda}_{\mu\beta}\Gamma^{\beta}_{\lambda\nu})
\end{aligned}
\tag{4.27}
$$

其中

$$
\begin{aligned}
(\sqrt{-g}\,g^{\mu\nu})_{,\beta} &= \sqrt{-g}\,g^{\mu\nu}_{,\beta}+(\sqrt{-g})_{,\beta}g^{\mu\nu} \\
&= -\sqrt{-g}\,g^{\mu\rho}g^{\nu\sigma}g_{\rho\sigma,\beta}+\sqrt{-g}\,g^{\mu\nu}\Gamma^{\lambda}_{\beta\lambda} \\
&= -\sqrt{-g}\,g^{\mu\rho}g^{\nu\sigma}(g_{\rho\sigma,\beta}+g_{\rho\beta,\sigma}-g_{\sigma\beta,\rho})+\sqrt{-g}\,g^{\mu\nu}\Gamma^{\lambda}_{\beta\lambda} \\
&= -2\sqrt{-g}\,g^{\nu\sigma}\Gamma^{\mu}_{\sigma\beta}+\sqrt{-g}\,g^{\mu\nu}\Gamma^{\lambda}_{\beta\lambda}
\end{aligned}
\tag{4.28}
$$

$$
\begin{aligned}
(\sqrt{-g}\,g^{\mu\nu})_{,\nu} &= \sqrt{-g}_{,v}g^{\mu\nu}+\sqrt{-g}\,g^{\mu\nu}_{,\nu} \\
&= \frac{1}{2}\sqrt{-g}\,g^{\rho\sigma}g_{\rho\sigma,\nu}g^{\mu\nu}-\sqrt{-g}\,g^{\mu\rho}g^{\nu\sigma}g_{\rho\sigma,\nu} \\
&= \frac{1}{2}\sqrt{-g}\,g^{\rho\sigma}g^{\mu\nu}(g_{\rho\sigma,\nu}-g_{v\rho,\sigma}-g_{v\pi,\rho}) \\
&= -\sqrt{-g}\,g^{\rho\sigma}\Gamma^{\mu}_{\rho\sigma}
\end{aligned}
\tag{4.29}
$$

在公式(4.28)和(4.29)中，我们利用了

$$
(g^{\mu\nu}g_{\nu\alpha})_{,\beta}=g^{\mu\nu}_{,\beta}g_{\nu\alpha}+g^{\mu\nu}g_{\nu\alpha,\beta}=0 \quad\Rightarrow\quad g^{\mu\nu}_{,\beta}=-g^{\mu\rho}g^{\nu\sigma}g_{\rho\sigma,\beta} \tag{4.30}
$$

在公式(4.28)中，我们还利用了指标 μ,v 对称。

因此，作用量密度最后等效于

$$
L_G=R\sqrt{-g}\cong-\sqrt{-g}\,g^{\mu\nu}(-\Gamma^{\lambda}_{\mu\nu}\Gamma^{\beta}_{\lambda\beta}+\Gamma^{\lambda}_{\mu\beta}\Gamma^{\beta}_{\lambda\nu}) \tag{4.31}
$$

在作用量密度(4.31)中，只有双线性的度规一次导数，与通常场论里的形式一致。对作用量做变分：

$$
\begin{aligned}
&\delta(\sqrt{-g}\,g^{\mu\nu}\Gamma^{\lambda}_{\mu\nu}\Gamma^{\beta}_{\lambda\beta}) \\
&=\Gamma^{\lambda}_{\mu\nu}\delta(\sqrt{-g}\,g^{\mu\nu}\Gamma^{\beta}_{\lambda\beta})+\sqrt{-g}\,g^{\mu\nu}\Gamma^{\beta}_{\lambda\beta}\delta(\Gamma^{\lambda}_{\mu\nu}) \\
&=\Gamma^{\lambda}_{\mu\nu}\delta(g^{\mu\nu}\sqrt{-g}_{,\lambda})+\Gamma^{\beta}_{\lambda\beta}\delta(\sqrt{-g}\,g^{\mu\nu}\Gamma^{\lambda}_{\mu\nu})-\Gamma^{\lambda}_{\mu\nu}\Gamma^{\beta}_{\lambda\beta}\delta(\sqrt{-g}\,g^{\mu\nu})
\end{aligned}
$$

$$=\Gamma^{\lambda}_{\mu\nu}\delta(g^{\mu\nu}\sqrt{-g}_{,\lambda})-\Gamma^{\beta}_{\lambda\beta}\delta(\sqrt{-g}g^{\lambda\nu})_{,v}-\Gamma^{\lambda}_{\mu\nu}\Gamma^{\beta}_{\lambda\beta}\delta(\sqrt{-g}g^{\mu\nu})$$

$$=\Gamma^{\lambda}_{\mu\nu}\delta(g^{\mu\nu}\sqrt{-g}_{,\lambda})-\left[\Gamma^{\beta}_{\lambda\beta}\delta(\sqrt{-g}g^{\lambda\nu})\right]_{,v}$$

$$+\Gamma^{\beta}_{\lambda\beta,v}\delta(\sqrt{-g}g^{\lambda\nu})-\Gamma^{\lambda}_{\mu\nu}\Gamma^{\beta}_{\lambda\beta}\delta(\sqrt{-g}g^{\mu\nu}) \tag{4.32}$$

$$\delta(\sqrt{-g}g^{\mu\nu}\Gamma^{\lambda}_{\mu\beta}\Gamma^{\beta}_{\lambda\nu})=\Gamma^{\lambda}_{\mu\beta}\Gamma^{\beta}_{\lambda\nu}\delta(\sqrt{-g}g^{\mu\nu})+2\sqrt{-g}g^{\mu\nu}\Gamma^{\beta}_{\lambda\nu}\delta\Gamma^{\lambda}_{\mu\beta}$$

$$=\Gamma^{\lambda}_{\mu\beta}\Gamma^{\beta}_{\lambda\nu}\delta(\sqrt{-g}g^{\mu\nu})+2\Gamma^{\beta}_{\lambda\nu}\delta(\sqrt{-g}g^{\mu\nu}\Gamma^{\lambda}_{\mu\beta})-2\Gamma^{\lambda}_{\mu\beta}\Gamma^{\beta}_{\lambda\nu}\delta(\sqrt{-g}g^{\mu\nu})$$

$$=-\Gamma^{\lambda}_{\mu\beta}\Gamma^{\beta}_{\lambda\nu}\delta(\sqrt{-g}g^{\mu\nu})-\Gamma^{\beta}_{\lambda\nu}\delta(\sqrt{-g}g^{\lambda\nu}_{,\beta})$$

$$=-\Gamma^{\lambda}_{\mu\beta}\Gamma^{\beta}_{\lambda\nu}\delta(\sqrt{-g}g^{\mu\nu})-\Gamma^{\beta}_{\lambda\nu}\delta(\sqrt{-g}g^{\lambda\nu})_{,\beta}+\Gamma^{\beta}_{\lambda\nu}\delta(\sqrt{-g}_{,\beta}g^{\lambda\nu})$$

$$=-\Gamma^{\lambda}_{\mu\beta}\Gamma^{\beta}_{\lambda\nu}\delta(\sqrt{-g}g^{\mu\nu})-\left[\Gamma^{\beta}_{\lambda\nu}\delta(\sqrt{-g}g^{\lambda\nu})\right]_{,\beta}$$

$$+\Gamma^{\beta}_{\lambda\nu,\beta}\delta(\sqrt{-g}g^{\lambda\nu})+\Gamma^{\beta}_{\lambda\nu}\delta(\sqrt{-g}_{,\beta}g^{\lambda\nu}) \tag{4.33}$$

将公式(4.32)和(4.33)代入公式(4.31)，得到

$$\delta L_G=\Gamma^{\beta}_{\lambda\beta,v}\delta(\sqrt{-g}g^{\lambda\nu})-\Gamma^{\lambda}_{\mu\nu}\Gamma^{\beta}_{\lambda\beta}\delta(\sqrt{-g}g^{\mu\nu})$$

$$+\Gamma^{\lambda}_{\mu\beta}\Gamma^{\beta}_{\lambda\nu}\delta(\sqrt{-g}g^{\mu\nu})-\Gamma^{\beta}_{\lambda\nu,\beta}\delta(\sqrt{-g}g^{\lambda\nu})$$

$$=R_{\lambda\nu}\delta(\sqrt{-g}g^{\lambda\nu}) \tag{4.34}$$

由于

$$\delta(\sqrt{-g}g^{\lambda\nu})=g^{\lambda\nu}\delta\sqrt{-g}+\sqrt{-g}\delta g^{\lambda\nu}$$

$$=-\frac{1}{2}\sqrt{-g}g^{\lambda\nu}g_{\rho\sigma}\delta g^{\rho\sigma}+\sqrt{-g}\delta g^{\lambda\nu} \tag{4.35}$$

所以

$$\delta L_G=\sqrt{-g}\left(R_{\lambda\nu}-\frac{1}{2}g_{\lambda\nu}R\right)\delta g^{\lambda\nu}=0 \tag{4.36}$$

这就是真空中的引力场方程。

爱因斯坦宇宙项就相当于在作用量密度中加入一项：

$$L_G=R\sqrt{-g}+2\lambda\sqrt{-g} \tag{4.37}$$

在有物质存在时，需要把物质相关的作用量包括进来。对于电磁场，广义不变的作用量是

$$S_E = -\frac{1}{4}\int F_{\mu\nu}F^{\mu\nu}\sqrt{-g}\,\mathrm{d}^4x \tag{4.38}$$

对公式(4.38) 做变分：

$$\begin{aligned}\delta L_E &= -\frac{1}{4}\delta(g^{\mu\alpha}g^{\nu\beta}\sqrt{-g})F_{\mu\nu}F_{\alpha\beta} - \frac{1}{2}g^{\mu\alpha}g^{\nu\beta}\sqrt{-g}F_{\mu\nu}\delta F_{\alpha\beta} \\ &= -\frac{1}{4}(2g^{\nu\beta}\sqrt{-g}\delta g^{\mu\alpha} - \frac{1}{2}g^{\mu\alpha}g^{\nu\beta}\sqrt{-g}\,g_{\rho\sigma}\delta g^{\rho\sigma})F_{\mu\nu}F_{\alpha\beta} \\ &\quad -(g^{\mu\alpha}g^{\nu\beta}\sqrt{-g}F_{\mu\nu}\delta A_\beta)_{,\alpha} + (g^{\mu\alpha}g^{\nu\beta}\sqrt{-g}F_{\mu\nu})_{,\alpha}\delta A_\beta \\ &= -\frac{1}{2}\sqrt{-g}\left(g^{\nu\beta}F_{\mu\nu}F_{\alpha\beta} - \frac{1}{4}F_{\rho\sigma}F^{\rho\sigma}g_{\mu\alpha}\right)\delta g^{\mu\alpha} + (\sqrt{-g}F^{\alpha\beta})_{,\alpha}\delta A_\beta\end{aligned} \tag{4.39}$$

如果选取总的作用量为

$$L = -\frac{1}{16\pi G}L_G + L_E \tag{4.40}$$

就分别得到引力场方程

$$R_{\lambda\nu} - \frac{1}{2}g_{\lambda\nu}R = -8\pi G T_{\lambda\nu} \tag{4.41}$$

和真空中的麦克斯韦方程

$$(\sqrt{-g}F^{\alpha\beta})_{,\alpha} = 0 \tag{4.42}$$

其中

$$T_{\mu\alpha} = g^{\nu\beta}F_{\mu\nu}F_{\alpha\beta} - \frac{1}{4}F_{\rho\sigma}F^{\rho\sigma}g_{\mu\alpha} \tag{4.43}$$

是电磁场的能量-动量张量。

由公式(4.39)可知，如果只做度规变分，就有

$$\delta L_E = -\frac{1}{2}\sqrt{-g}\,T_{\mu\nu}\delta g^{\mu\nu} = \frac{1}{2}\sqrt{-g}\,T^{\mu\nu}\delta g_{\mu\nu} \tag{4.44}$$

公式(4.44)具有普遍意义。我们考虑一个自由运动的质点，其作用量是公式(2.117)。我们可以乘上它的质量，变为

$$S_p = -m\int d\tau = -m\int\sqrt{-g_{\alpha\beta}\frac{dx^\alpha}{d\tau}\frac{dx^\beta}{d\tau}}d\tau \tag{4.45}$$

在这个作用量里，度规只取粒子轨迹上的值，所以只作为粒子的背景场。为了使度规成为独立的自由度，可以将公式(4.45)改写为

$$S_p = -m\int\left(\sqrt{-g_{\alpha\beta}(x')\frac{dx'^\alpha}{d\tau}\frac{dx'^\beta}{d\tau}}d\tau\right)\delta^4(x'-x)d^4x' \tag{4.46}$$

所以四维作用量密度是

$$L_p(x') = -m\int\left(\sqrt{-g_{\alpha\beta}(x')\frac{dx'^\alpha}{d\tau}\frac{dx'^\beta}{d\tau}}d\tau\right)\delta^4(x'-x) \tag{4.47}$$

对度规变分得到

$$\begin{aligned}\delta L_p &= \frac{1}{2}m\int d\tau\left(-g_{\alpha\beta}\frac{dx'^\alpha}{d\tau}\frac{dx'^\beta}{d\tau}\right)^{-\frac{1}{2}}\frac{dx'^\alpha}{d\tau}\frac{dx'^\beta}{d\tau}\delta^4(x'-x)\delta g_{\alpha\beta}\\ &= \frac{1}{2}m\int d\tau\frac{dx'^\alpha}{d\tau}\frac{dx'^\beta}{d\tau}\delta^4(x'-x)\delta g_{\alpha\beta}\end{aligned} \tag{4.48}$$

由公式(4.44)可知一个粒子的能量-动量张量为

$$T^{\alpha\beta}(x') = m\int(-g)^{-\frac{1}{2}}d\tau\delta^4(x'-x)\frac{dx'^\alpha}{d\tau}\frac{dx'^\beta}{d\tau} \tag{4.49}$$

如果有一群互相没有作用的自由粒子，能量-动量张量就是

$$T^{\alpha\beta}(x) = \int(-g)^{-\frac{1}{2}}d\tau\sum_n m_n\delta^4(x-x_n)\frac{dx_n{}^\alpha}{d\tau}\frac{dx_n{}^\beta}{d\tau} \tag{4.50}$$

公式(4.50)是公式(1.49)在广义相对论中的推广，因为$\delta^4(x)$不再是四维标量，要和$(-g)^{-1/2}$合在一起才是标量。

公式(4.44)可以用来证明能量-动量张量是守恒张量。作用量密度可以分成纯引力部分和其它部分：

$$L = -\frac{1}{16\pi G}L_G + L_O \tag{4.51}$$

作用量是标量，在坐标变换下是不变的。做一个无穷小坐标变换：

$$x'^\mu = x^\mu + a^\mu \tag{4.52}$$

度规的变换是

$$g'_{\rho\sigma}(x') = \frac{\partial x^{\mu}}{\partial x'^{\rho}} \frac{\partial x^{\nu}}{\partial x'^{\sigma}} g_{\mu\nu}(x)$$

$$= g_{\rho\sigma}(x) - a^{\mu}_{,\rho} g_{\mu\sigma}(x) - a^{\nu}_{,\sigma} g_{\rho\nu}(x) \qquad (4.53)$$

这相当于度规做了变分：

$$\delta g_{\rho\sigma}(x) = g'_{\rho\sigma}(x) - g_{\rho\sigma}(x)$$

$$= -g_{\rho\sigma,\mu}(x) a^{\mu} - a^{\mu}_{,\rho} g_{\mu\sigma}(x) - a^{\mu}_{,\sigma} g_{\rho\mu}(x) \quad (4.54)$$

作用量密度的变化是

$$\delta L = -\frac{1}{16\pi G} \delta L_G + \delta L_O$$

$$= -\frac{1}{16\pi G} \sqrt{-g}\,(R^{\rho\sigma} - \frac{1}{2} g^{\rho\sigma} R) \delta g_{\rho\sigma} + \frac{1}{2} \sqrt{-g}\, T^{\rho\sigma} \delta g_{\rho\sigma}$$

$$= \left[-\frac{1}{16\pi G} \sqrt{-g}\,(R^{\rho\sigma} - \frac{1}{2} g^{\rho\sigma} R) + \frac{1}{2} \sqrt{-g}\, T^{\rho\sigma} \right] \delta g_{\rho\sigma} \quad (4.55)$$

将公式(4.54)代入公式(4.55)，并利用简写

$$\sqrt{-g}\, M^{\rho\sigma} = \sqrt{-g} \left[-\frac{1}{16\pi G} (R^{\rho\sigma} - \frac{1}{2} g^{\rho\sigma} R) + \frac{1}{2} T^{\rho\sigma} \right] \quad (4.56)$$

得到

$$\delta L = \sqrt{-g}\, M^{\rho\sigma} [-g_{\rho\sigma,\mu}(x) a^{\mu} - a^{\mu}_{,\rho} g_{\mu\sigma}(x) - a^{\mu}_{,\sigma} g_{\rho\mu}(x))]$$

$$= -\sqrt{-g}\, M^{\rho\sigma} g_{\rho\sigma,\mu} a^{\mu} - 2(\sqrt{-g}\, M^{\rho\sigma} g_{\mu\sigma} a^{\mu})_{,\rho} + 2(\sqrt{-g}\, M^{\rho\sigma} g_{\mu\sigma})_{,\rho} a^{\mu}$$

第二项全微分可以丢弃，将第三项展开和第一项合并，得到

$$\delta L = -\sqrt{-g}\, M^{\rho\sigma} g_{\rho\sigma,\mu} a^{\mu} + 2\sqrt{-g}\,(M^{\rho\sigma}_{,\rho} g_{\mu\sigma} + M^{\rho\sigma} g_{\mu\sigma,\rho} + \Gamma^{\alpha}_{\rho\alpha} M^{\rho\sigma} g_{\mu\sigma}) a^{\mu}$$

$$= 2\sqrt{-g}\, g_{\mu\sigma} \left[M^{\rho\sigma}_{,\rho} + M^{\rho\alpha} \frac{1}{2} g^{\sigma\nu} (g_{\nu\alpha,\rho} + g_{\nu\rho,\alpha} - g_{\rho\alpha,\nu}) + M^{\rho\sigma} \Gamma^{\alpha}_{\rho\alpha} \right] a^{\mu}$$

$$= 2\sqrt{-g}\, g_{\mu\sigma} (M^{\rho\sigma}_{,\rho} + M^{\rho\alpha} \Gamma^{\sigma}_{\alpha\rho} + M^{\rho\sigma} \Gamma^{\alpha}_{\rho\alpha}) a^{\mu}$$

$$= 2\sqrt{-g}\, g_{\mu\sigma} M^{\rho\sigma}_{;\rho} a^{\mu} \qquad (4.57)$$

广义协变性要求公式(4.57)等于零，所以

$$M^{\rho\sigma}_{;\rho} = 0$$

由于爱因斯坦张量是守恒张量，我们就得到

$$T^{\rho\sigma}_{;\rho}=0 \tag{4.58}$$

本章练习

1. 对于在二维球面生活的小扁人来说，如果球面的半径 R 非常大，他们会认为空间近似平直。然而经过仔细观察，会发现自由行走的粒子其实受到一个力的作用。利用第 2 章练习 2 的方法，在球面建立局域的 x-y 坐标系。把时间当作标量，采用弱场近似，计算粒子所受到的力。

第5章 引力波

5.1 坐标条件

爱因斯坦引力场方程 (4.24)是关于度规张量的方程。度规张量有 10 个分量，方程(4.24)却只有六个独立方程。这是由于爱因斯坦张量满足方程(2.186)，这四个约束条件表明爱因斯坦张量只有六个独立分量，通过公式(4.24)获得爱因斯坦张量并不能完全确定度规。这个情形与麦克斯韦方程(1.34)非常相近。方程(1.34) 左边的反对称电磁张量显然满足

$$\partial_\mu \partial_\nu F^{\mu\nu}=0 \tag{5.1}$$

这使得方程(1.34)只有三个独立方程，无法确定四维矢势 A^μ。如果找到了一个解 A^μ，那么通过规范变换

$$A'^\mu = A^\mu + \partial^\mu \Phi \tag{5.2}$$

获得的矢势也是方程的解。容易验证，电磁张量在公式(5.2)变换下是不变的。方程(1.34)右边是守恒流，正好配合了公式(5.1)。这是因为理论的规范不变性导致方程(1.34)右边必须是守恒流，即规范不变性导致电荷守恒。爱因斯坦引力场方程也遇到同样的问题。由理论广义协变性的要求，可以得出：如果 $g_{\mu\nu}$ 是方程的解，那么通过坐标变换

$$g'_{\alpha\beta}(x') = \frac{\partial x^\mu}{\partial x'^\alpha}\frac{\partial x^\nu}{\partial x'^\beta} g_{\mu\nu}(x) \tag{5.3}$$

获得的度规也是引力场方程的解，仅仅是取不同坐标而已。为了看清这一点，我们考虑真空的情况。这时所有的外场都等于零，只剩下度规，所以场引力方程写为

$$G[g(x)]_{\mu\nu}=0$$

这里的 $G_{\mu\nu}$ 只要求是度规和度规导数的函数(不必是爱因斯坦张量)。做坐标变换后得到

$$G[g'(x')]_{\alpha\beta}=\frac{\partial x^{\mu}}{\partial x'^{\alpha}}\frac{\partial x^{\nu}}{\partial x'^{\beta}}G_{\mu\nu}[g(x)]=0 \tag{5.4}$$

所以 g 和 g' 同时是方程的解。任意的坐标变换[公式(5.3)]提供了四个自由函数，所以引力场方程的独立个数不能超过六个。在有外源时，要保证方程的广义协变性，必须要求能量-动量张量守恒。这样能量-动量张量也只有六个独立的分量，配合了引力场方程六个独立方程的上限(这里左边并不一定要求是爱因斯坦张量，所以爱因斯坦引力场方程只是广义协变性方程的一种特殊形式)。这与麦克斯韦方程非常类似，正是广义协变性的要求，才使得能量-动量张量守恒[见公式(4.51)至(4.56)]。为了完全确定度规张量，也可以借助电磁学的方法。电磁学采用固定规范，即限制电磁势做规范变换。比如给电磁势添加限制条件：

$$\partial_{\mu}A^{\mu}=0 \tag{5.5}$$

再加上原来三个方程，就可以确定电磁势。麦克斯韦方程也可以化简成

$$\Box A^{\mu}=J^{\mu} \tag{5.6}$$

对于爱因斯坦引力场方程，可以通过固定坐标来确定度规。常用的一种坐标条件是和谐坐标条件：

$$\Gamma^{\alpha}=g^{\mu\nu}\Gamma^{\alpha}_{\mu\nu}=0 \tag{5.7}$$

这个条件显然不是协变的，这也是能够固定坐标的原因。通过公式(5.7)的四个方程联合爱因斯坦引力场方程就可以确定度规。这个坐

标条件称为和谐坐标条件,这是因为历史上把达朗贝尔方程

$$\square\Phi=0 \tag{5.8}$$

称为和谐方程。把公式(5.8)中的标量函数用坐标代替,就是

$$\square x^{\alpha}=g^{\mu\nu}(x^{\alpha}_{,\mu,\nu}-x^{\alpha}_{,\beta}\Gamma^{\beta}_{\mu\nu})=-g^{\mu\nu}\Gamma^{\alpha}_{\mu\nu}=-\Gamma^{\alpha}=0$$

显然闵氏度规满足和谐坐标条件。和谐坐标条件可以看作闵氏度规的推广。

5.2　平面波

和谐坐标条件对弱场展开很有用。在公式(4.1)弱场展开下,保留一级 h,公式(5.7)就变为

$$\begin{cases}\Gamma^{\alpha}=\dfrac{1}{2}\eta^{\mu\nu}\eta^{\alpha\beta}(h_{\beta\mu,\nu}+h_{\beta\nu,\mu}-h_{\mu\nu,\beta})=\dfrac{1}{2}(2h^{\alpha\nu}_{,\nu}-h^{,\alpha})=0\\ h=h^{\nu}_{\nu}\end{cases} \tag{5.9}$$

后面经常使用的是公式(5.9)降下指标的形式

$$2h^{\nu}_{\alpha,\nu}-h_{,\alpha}=0 \tag{5.10}$$

我们依然在一级近似下用闵氏度规升降指标。将公式(5.10)代入公式(4.21),里奇张量可以表示为

$$\begin{aligned}R_{\mu\nu}&=\frac{1}{2}(h_{\mu\nu,\alpha}^{\ \ \ ,\alpha}+h_{,\mu,\nu}-h^{\alpha}_{\mu,\alpha,\nu}-h^{\alpha}_{\nu,\mu,\alpha})\\&=\frac{1}{2}\left(h_{\mu\nu,\alpha}^{\ \ \ ,\alpha}+h_{,\mu,\nu}-\frac{1}{2}h_{,\mu,\nu}-\frac{1}{2}h_{,\mu,\nu}\right)\\&=\frac{1}{2}h_{\mu\nu,\alpha}^{\ \ \ ,\alpha}\end{aligned}$$

真空中的爱因斯坦引力场方程[见公式(4.18)]等价为里奇张量等于零(里奇张量为零不等于曲率张量为零,空间可以是弯曲的,见第 2.5.4 小节):

$$R_{\mu\nu}=0$$

在弱场近似下就是

$$h_{\mu\nu,\alpha}^{;\alpha}=0 \tag{5.11}$$

这个方程有平面波解。为了简单起见,我们假定波沿着 x^1 方向传播,方程的解可以写成

$$h_{\mu\nu}=A_{\mu\nu}\mathrm{e}^{i(\omega x^0+kx^1)}+cc \tag{5.12}$$

cc 表示前一项的复共轭,因为度规是实数。为了简便,我们只需讨论第一项。$A_{\mu\nu}$ 是一个常数对称张量。公式(5.12)表明引力波以光速传播,即

$$\omega^2=k^2$$

我们选取

$$\omega=k=k_0=k_1$$

公式(5.12)中的对称张量 $A_{\mu\nu}$ 由于和谐坐标条件(5.10)的限制,只有六个独立分量。将公式(5.12)代入公式(5.10),得到

$$k^\mu A_{\mu\lambda}-\frac{1}{2}k_\lambda A_\mu^\mu=0 \tag{5.13}$$

当 $\lambda=0$ 时,

$$k^0A_{00}+k^1A_{10}-\frac{1}{2}k_0(A_0^0+A_1^1+A_2^2+A_3^3)=0$$

$$\Rightarrow\quad -A_{00}+A_{10}-\frac{1}{2}(A_0^0+A_1^1+A_2^2+A_3^3)=0 \tag{5.14}$$

当 $\lambda=1$ 时,

$$k^0A_{01}+k^1A_{11}-\frac{1}{2}k_1(A_0^0+A_1^1+A_2^2+A_3^3)=0$$

$$\Rightarrow\quad -A_{01}+A_{11}-\frac{1}{2}(A_0^0+A_1^1+A_2^2+A_3^3)=0 \tag{5.15}$$

联合公式(5.14)和(5.15),注意到张量 0 分量上下指标差一个负号,1,2,3 分量不差,得到

$$A_{01}=\frac{1}{2}(A_{00}+A_{11}),\quad A_{22}=-A_{33} \tag{5.16}$$

当 $\lambda=2$ 时，

$$k^0A_{02}+k^1A_{12}=0$$

当 $\lambda=3$ 时，

$$k^0A_{03}+k^1A_{13}=0$$

所以

$$A_{02}=A_{12},\quad A_{03}=A_{13} \tag{5.17}$$

公式(5.16)和(5.17)合并为

$$\begin{bmatrix} A_{00} & \frac{1}{2}(A_{00}+A_{11}) & A_{02} & A_{03} \\ \frac{1}{2}(A_{00}+A_{11}) & A_{11} & A_{02} & A_{03} \\ A_{02} & A_{02} & A_{22} & A_{23} \\ A_{03} & A_{03} & A_{23} & -A_{22} \end{bmatrix} \tag{5.18}$$

公式(5.18)并不是引力波最终的独立个数，因为和谐坐标条件并没有完全固定坐标。

做坐标变换：

$$x^\mu \to x^\mu+\xi^\mu$$

度规的变换是

$$\begin{aligned} \eta_{\mu\nu}+h'_{\mu\nu} &= \frac{\partial x^\alpha}{\partial x'^\mu}\frac{\partial x^\alpha}{\partial x'^\mu}(\eta_{\alpha\beta}+h_{\alpha\beta}) \\ &= (\delta^\alpha_\mu-\xi^\alpha_{,\mu})(\delta^\beta_\nu-\xi^\beta_{,\nu})(\eta_{\alpha\beta}+h_{\alpha\beta}) \\ &= \eta_{\mu\nu}+h_{\mu\nu}-\xi_{\mu,\nu}-\xi_{\nu,\mu} \end{aligned}$$

即

$$h'_{\mu\nu}=h_{\mu\nu}-\xi_{\mu,\nu}-\xi_{\nu,\mu} \tag{5.19}$$

将变换后的度规(5.19)代入和谐坐标条件(5.10)，得到

$$\xi^{,\nu}_{\mu,\nu}=0 \tag{5.20}$$

也就是说，坐标变换满足公式(5.20)，度规(5.19)依然满足和谐坐标条件。方程(5.20)也有平面波解

$$\xi_\mu = B_\mu \mathrm{e}^{i(\omega x^0 + kx^1)} + cc \tag{5.21}$$

其中 B_μ 是一个常数矢量。选择合适的坐标变换，即选择合适的四个常数 B_μ，可以把公式(5.18)再减去四个独立元。依照公式(5.19)和(5.21)，受影响的分量是

$$\begin{cases} A'_{00} = A_{00} - 2i\omega B_0 \\ A'_{11} = A_{11} - 2ikB_1 \\ A'_{01} = A_{01} - ikB_0 - i\omega B_1 \\ A'_{02} = A_{02} - i\omega B_2 \\ A'_{03} = A_{03} - i\omega B_3 \\ A'_{12} = A_{12} - ikB_2 \\ A'_{13} = A_{13} - ikB_3 \end{cases} \tag{5.22}$$

在公式(5.22)中，消去第一、二项，自然就消去了第三项，消去第四、五项，就消去了第六、七项。所以最后公式(5.18)化简成

$$\begin{pmatrix} 0 & 0 & 0 & 0 \\ 0 & 0 & 0 & 0 \\ 0 & 0 & A_{22} & A_{23} \\ 0 & 0 & A_{23} & -A_{22} \end{pmatrix} \tag{5.23}$$

公式(5.23)称为横波规范，表明引力波是横波，独立振幅只有两个，可以分解成两种模式：

$$\boldsymbol{e}_1 = \begin{pmatrix} 0 & 0 & 0 & 0 \\ 0 & 0 & 0 & 0 \\ 0 & 0 & 1 & 0 \\ 0 & 0 & 0 & -1 \end{pmatrix}, \quad \boldsymbol{e}_2 = \begin{pmatrix} 0 & 0 & 0 & 0 \\ 0 & 0 & 0 & 0 \\ 0 & 0 & 0 & 1 \\ 0 & 0 & 1 & 0 \end{pmatrix} \tag{5.24}$$

公式(5.24)也称为引力波的两种极化矢量。这样公式(5.12)可以用公式(5.24)表示成

$$h_{\mu\nu} = (A_1 \boldsymbol{e}_1 + A_2 \boldsymbol{e}_2) \mathrm{e}^{i(\omega x^0 + kx^1)} + cc \tag{5.25}$$

我们已经用 A_1 和 A_2 代替公式(5.23)中的 A_{22} 和 A_{33}。公式(5.25)

表示的是自旋为2的物质波。

为了看清这一点，我们将坐标绕着传播方向做一个旋转，转动矩阵是

$$\boldsymbol{R}^{\mu}_{\nu}=\begin{pmatrix}1&0&0&0\\0&1&0&0\\0&0&\cos\theta&\sin\theta\\0&0&-\sin\theta&\cos\theta\end{pmatrix}$$

这个转动不影响 x^0,x^1 分量，度规张量振幅相应变化为

$$A'_{\alpha\beta}=\boldsymbol{R}^{\mu}_{\alpha}\boldsymbol{R}^{\nu}_{\beta}A_{\mu\nu}$$

$$=\begin{pmatrix}1&0&0&0\\0&1&0&0\\0&0&\cos\theta&\sin\theta\\0&0&-\sin\theta&\cos\theta\end{pmatrix}\begin{pmatrix}0&0&0&0\\0&0&0&0\\0&0&A_1&A_2\\0&0&A_2&-A_1\end{pmatrix}\begin{pmatrix}1&0&0&0\\0&1&0&0\\0&0&\cos\theta&-\sin\theta\\0&0&\sin\theta&\cos\theta\end{pmatrix}$$

$$=\begin{pmatrix}0&0&0&0\\0&0&0&0\\0&0&A_1\cos2\theta+A_2\sin2\theta&A_2\cos2\theta-A_1\sin2\theta\\0&0&A_2\cos2\theta-A_1\sin2\theta&-(A_1\cos2\theta+A_2\sin2\theta)\end{pmatrix}$$

$$=\begin{pmatrix}0&0&0&0\\0&0&0&0\\0&0&A'_1&A'_2\\0&0&A'_2&-A'_1\end{pmatrix}$$

等效的写法是

$$\begin{cases}A'_1+iA'_2=A_1\cos2\theta+A_2\sin2\theta+i(A_2\cos2\theta-A_1\sin2\theta)\\\qquad\qquad=(A_1+iA_2)\mathrm{e}^{-i2\theta}\\A'_1-iA'_2=A_1\cos2\theta+A_2\sin2\theta-i(A_2\cos2\theta-A_1\sin2\theta)\\\qquad\qquad=(A_1-iA_2)\mathrm{e}^{i2\theta}\end{cases}\tag{5.26}$$

振幅也可以按照公式(5.26)的方式分解：

$$
\begin{cases}
A_{\alpha\beta}=A_1\boldsymbol{e}_1+A_2\boldsymbol{e}_2=\frac{1}{2}(A_1+iA_2)(\boldsymbol{e}_1-i\boldsymbol{e}_2)+\frac{1}{2}(A_1-iA_2)(\boldsymbol{e}_1+i\boldsymbol{e}_2)\\
A'_{\alpha\beta}=\frac{1}{2}(A_1+iA_2)\mathrm{e}^{-i2\theta}(\boldsymbol{e}_1-i\boldsymbol{e}_2)+\frac{1}{2}(A_1-iA_2)\mathrm{e}^{i2\theta}(\boldsymbol{e}_1+i\boldsymbol{e}_2)
\end{cases}
\tag{5.27}
$$

$\boldsymbol{e}_1$,$\boldsymbol{e}_2$ 可以类比于电磁波的线偏振，而 $\boldsymbol{e}_1\pm i\boldsymbol{e}_2$ 可以类比于左右旋圆偏振。从公式(5.27)中，我们可以看到两种模式在旋转变换下具有不同的本征值，即

$$
R(\theta)(\boldsymbol{e}_1\pm i\boldsymbol{e}_2)=\mathrm{e}^{\pm i2\theta}(\boldsymbol{e}_1\pm i\boldsymbol{e}_2) \tag{5.28}
$$

一般来说，在坐标绕传播方向做转动时，波函数按照如下行为变换：

$$
R(\theta)\Phi=\mathrm{e}^{is\theta}\Phi \tag{5.29}
$$

我们说这种粒子具有的螺旋度为 s。引力子具有 ± 2 的螺旋度，所以其自旋为 2。

5.3 平面电磁波类比

在施加规范条件(5.5)后，真空的麦克斯韦方程(5.6)的平面波解是

$$
A_\mu=\varepsilon_\mu\mathrm{e}^{i(\omega x^0+kx^1)}+cc \tag{5.30}
$$

我们依然假定波沿着 x^1 方向传播。利用规范条件(5.5)可以使振幅矢量 ε_μ 减少一个独立自由度：

$$
0=k^\mu\varepsilon_\mu=k^0\varepsilon_0+k^1\varepsilon_1=-\omega\varepsilon_0+k\varepsilon_1=-\omega(\varepsilon_0-\varepsilon_1) \tag{5.31}
$$

但是规范条件(5.5)也没有完全限制规范变换[公式(5.2)]。将公式(5.2)代入公式(5.5)，得到

$$
\partial^\mu\partial_\mu\Phi=0 \tag{5.32}
$$

也就是说，只要规范变换满足公式(5.32)，规范条件(5.5)依然满足。方程(5.32)也有平面波解

$$\Phi = C\mathrm{e}^{i(\omega x^0 + kx^1)} + cc \tag{5.33}$$

通过规范变换(5.2)受到影响的振幅分量是

$$\varepsilon_0' = \varepsilon_0 + i\omega C, \quad \varepsilon_1' = \varepsilon_1 + ikC$$

结合公式(5.31),可以通过选取适当的 C,同时消除振幅的 0,1 分量。因而电磁波是横波,只有两个独立的振幅,可以表示成

$$\boldsymbol{A} = (\varepsilon_2 \boldsymbol{j} + \varepsilon_3 \boldsymbol{k})\mathrm{e}^{i(\omega x^0 + kx^1)} + cc = \begin{pmatrix} 0 \\ 0 \\ \varepsilon_2 \\ \varepsilon_3 \end{pmatrix} \mathrm{e}^{i(\omega x^0 + kx^1)} + cc$$

我们依然可以绕转播方向旋转坐标轴,振幅的变换是

$$\varepsilon'_\alpha = \boldsymbol{R}^\mu_\alpha \varepsilon_\mu = \begin{pmatrix} 1 & 0 & 0 & 0 \\ 0 & 1 & 0 & 0 \\ 0 & 0 & \cos\theta & \sin\theta \\ 0 & 0 & -\sin\theta & \cos\theta \end{pmatrix} \begin{pmatrix} 0 \\ 0 \\ \varepsilon_2 \\ \varepsilon_3 \end{pmatrix}$$

$$= \begin{pmatrix} 0 \\ 0 \\ \varepsilon_2\cos\theta + \varepsilon_3\sin\theta \\ \varepsilon_3\cos\theta - \varepsilon_2\sin\theta \end{pmatrix} = \begin{pmatrix} 0 \\ 0 \\ \varepsilon'_2 \\ \varepsilon'_3 \end{pmatrix}$$

同样,振幅也可以重新组合为

$$\varepsilon_2 \boldsymbol{j} + \varepsilon_3 \boldsymbol{k} = \frac{1}{2}(\varepsilon_2 + i\varepsilon_3)(\boldsymbol{j} - i\boldsymbol{k}) + \frac{1}{2}(\varepsilon_2 - i\varepsilon_3)(\boldsymbol{j} + i\boldsymbol{k})$$

相应于左右旋圆偏振,其旋转变换表示为

$$\varepsilon_2' - i\varepsilon_3' = (\varepsilon_2 - i\varepsilon_3)\mathrm{e}^{i\theta}, \quad \varepsilon_2' + i\varepsilon_3' = (\varepsilon_2 + i\varepsilon_3)\mathrm{e}^{-i\theta} \tag{5.34}$$

分别对应螺旋度为 ± 1,所以光子的自旋为 1。

5.4 质点在引力波中的运动

自由质点满足测地线方程:

$$\frac{d^2 x^\alpha}{d\tau^2}+\Gamma^\alpha_{\rho\sigma}\frac{dx^\rho}{d\tau}\frac{dx^\sigma}{d\tau}=0 \tag{5.35}$$

入射引力波取横波规范时，$\Gamma^\alpha_{00}=0$。在非相对论近似下，

$$\frac{d^2 x^\alpha}{dt^2}=0 \quad \Rightarrow \quad \frac{dx^\alpha}{dt}=c^\alpha \tag{5.36}$$

即质点在引力波中的速度不会改变。如果引力波入射前，各质点都处于静止，则

$$\frac{dx^\alpha}{dt}=\delta^\alpha_0 \tag{5.37}$$

引力波到达后，各质点的坐标不会发生变化。但是各质点之间的距离会发生改变：

$$L^2=(\eta_{ij}+h_{ij})dx^i dx^j \tag{5.38}$$

在弱场近似下，可以选取新的坐标：

$$dy^i=\left(\eta^i_j+\frac{1}{2}\eta^{ik}h_{kj}\right)dx^j \tag{5.39}$$

在新坐标下，度规是平直的：

$$L^2=\eta_{ij}dy^i dy^j \tag{5.40}$$

入射波沿 x^1 方向传播，距离的改变只发生在 x^2-x^3 面。考虑在引力波到达前，排在 x^2-x^3 面中一个圆周上的质点群：

$$x_2^2+x_3^2=R^2$$

引力波到达后，质点群的形状会发生变化。入射波有两个极化模式：

$$\begin{aligned}h_{ij}&=(A_1\boldsymbol{e}_1+A_2\boldsymbol{e}_2)e^{i(\omega t+kx^1)}+cc\\&=2(A_1\boldsymbol{e}_1+A_2\boldsymbol{e}_2)\cos(\omega t+kx^1)\end{aligned}$$

考虑 $\boldsymbol{e}_1$ 极化模式[公式(5.24)]，利用公式(5.39)，有

$$y_2=x_2[1+A_1\cos(\omega t+kx_1)]$$

$$y_3=x_3[1-A_1\cos(\omega t+kx_1)]$$

$$\Rightarrow \quad \frac{y_2^2}{[1+A_1\cos(\omega t+kx_1)]^2}+\frac{y_3^2}{[1-A_1\cos(\omega t+kx_1)]^2}=R^2 \tag{5.41}$$

质点群排成了一个长短轴不断变化并交替的正椭圆，如图 5.1(a)所示。

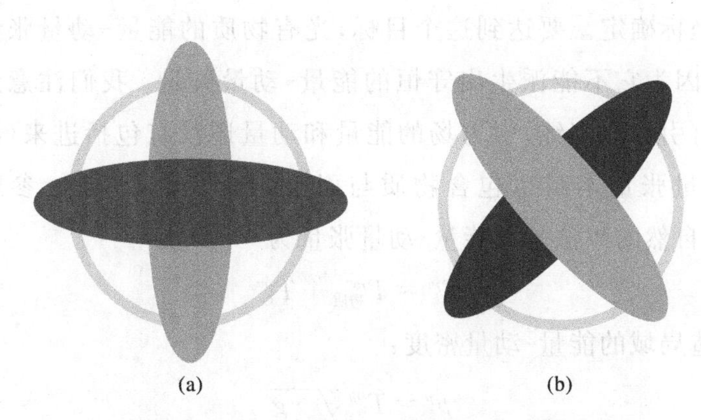

图 5.1　两种线偏振引力波导致的空间弯曲

在 $\boldsymbol{e}_2$ 极化模式下，

$$y_2 = x_2 + x_3 A_2 \cos(\omega t + k x_1)$$

$$y_3 = x_3 + x_2 A_2 \cos(\omega t + k x_1)$$

$$\Rightarrow \frac{(y_2 + y_3)^2}{[1 + A_2 \cos(\omega t + k x_1)]^2} + \frac{(y_2 - y_3)^2}{[1 - A_2 \cos(\omega t + k x_1)]^2} = 2R^2 \quad (5.42)$$

这是一个主轴旋转了 45°角的椭圆，其长短轴也不断交替变化，如图 5.1(b)所示。

5.5　平面引力波的能量*

在第 2 章练习 11 中，我们已经提到协变守恒的物质能量-动量张量，不能像平直空间那样得到一个守恒的能量-动量矢量。首先，即使我们像公式(1.50)那样定义能量和动量(可以加上类似$\sqrt{-g}$这样的因子)，那也不是一个四维矢量，因为我们把不同点的张量分量直接求和了。公式(1.50)在弯曲空间中的推广要有意义，这个弯曲空间必须是渐进平直的，这样这个总能量-动量矢量在渐进平直空间中才有一个“方向”。除此以外我们还希望这个能量-动量“矢量”在所有坐标变换(不改变渐进条件)下不变,即总能量-动量矢量分量只由渐进平直空间的坐标确定。要达到这个目标,光有物质的能量-动量张量也是不够的,因为它不能派生出守恒的能量-动量矢量。我们注意到在弯曲空间有引力场,(纯)引力场的能量和动量还没有包括进来(物质的能量-动量张量本身也包含物质与引力场相互作用能)。参照公式(1.59),自然的想法是总能量-动量张量为

$$T^{\mu\nu} = T^{\mu\nu}_{\text{物质}} + T^{\mu\nu}_{G} \tag{5.43}$$

然后构造局域的能量-动量密度:

$$p^{\mu} = T^{0\mu}\sqrt{-g} \tag{5.44}$$

然而公式(5.43)这样的形式不可能是张量。考虑真空里的某个时空点(没有物质),可以取局域惯性系,这点也没有引力场,所以“总能量-动量张量”在这点为零。按照张量的性质,在全局坐标里,张量在这点依然为零,这对于引力波这样独立在真空传播的物质无法给出正确描述。另外,如果“总能量-动量张量”是一个对称张量,也应该是一个守恒张量,因为其在局域惯性系退化为物质的能量-动量张量时,是平直空间的守恒张量。按照广义协变性,在全局参照系里也是守恒张量。这样不会导致一个守恒的总能量-动量矢量[即公式(5.44)不会导致总能量和动量守恒]。所以公式(5.43)多加的那项不会是张量。非张量性使得引力的能量是非局域的,也就是对于有限的三维区域,其能量的大小与(三维)坐标选取相关。好在我们只要求在全空域有一个守恒的总能量-动量矢量,所以选择

$$\begin{cases} T^{\mu\nu}_{,\nu} = 0 \\ P^{\mu} = \int T^{0\mu}\,\mathrm{d}^3 x \end{cases} \tag{5.45}$$

公式(5.45)显然不是广义协变的,但是可以是洛伦兹协变的。无论如何,要使四维能量和动量守恒,时空需要是渐进平直的,也就是在

一个无穷大的球面上，四维能量-动量流通量为零，这也拟合了我们的最初目标。守恒的总能量和动量必然使得总能量与三维坐标的选取无关。(可以选取不同的时间 t_1, t_2，在 t_1 不做三维空间变换，在 t_2 做三维空间变换，从而形成第二套坐标。两套坐标在 t_1 的总能量是一样的。由于总能量与时间无关，两套坐标在 t_2 的总能量也是一样的。)我们还需要总动量在任意不改变渐进条件的坐标变换下不变，这样的坐标变换是

$$x'^{\mu} = x^{\mu} + \xi^{\mu}(x)$$

$$\xi^{\mu}(x) \to 0, \quad \text{当 } x^{i} \to \infty \text{时}$$

要达到这个目的，通常要求

$$T^{\mu\nu} = \frac{\partial}{\partial x^{\alpha}} \Omega^{\alpha\mu\nu} \tag{5.46}$$

$\Omega^{\alpha\mu\nu}$ 的前两个指标反对称。这样，

$$P^{\mu} = \int T^{0\mu} \mathrm{d}V = \int \frac{\partial}{\partial x^{\alpha}} \Omega^{\alpha 0\mu} \mathrm{d}V = \int \frac{\partial}{\partial x^{i}} \Omega^{i0\mu} \mathrm{d}V = \oiint \Omega^{i0\mu} \mathrm{d}S_{i} \tag{5.47}$$

在无穷远的球面上，坐标是不变的，所以四维能量-动量矢量不变。如果 Ω 是一个洛伦兹张量，“总能量-动量张量”也是一个洛伦兹张量，四维能量-动量矢量在渐进平直的空间里就是一个洛伦兹矢量(可以利用第 1 章练习 10 的方法证明)。这要求在公式(5.43)中新添加的一项也是洛伦兹张量，从而保证在洛伦兹变换下能量和动量有局域性。此外，还要求通过能量-动量张量能够生成守恒的总角动量等一些其它条件。所有这些条件并不能完全确定引力场的能量-动量“张量”，在不同的应用环境会采取不同的方案。我们按照温伯格在《引力与宇宙学》所述的方法，从爱因斯坦引力场方程的弱引力场近似出发，引入引力场的能量-动量“张量”，这对于引力波的描述是比较方便的(平面引力波不满足时空渐进平直，这时总能量也为无穷大)。

爱因斯坦引力场方程按照弱场近似展开[公式(4.1)](坐标在无

穷远处渐进为闵氏坐标),可以写作

$$\begin{cases} G^{1\alpha\beta} = -8\pi G T^{\alpha\beta} - \Delta G^{\alpha\beta} \\ G^{1\alpha\beta} = \eta^{\alpha\mu}\eta^{\beta\nu}G^{1}_{\mu\nu} \\ \Delta G_{\alpha\beta} = G_{\alpha\beta} - G^{1}_{\alpha\beta} \\ 8\pi G T^{\alpha\beta} + \Delta G^{\alpha\beta} = \eta^{\alpha\mu}\eta^{\beta\nu}(8\pi G T_{\mu\nu} + \Delta G_{\mu\nu}) \end{cases} \tag{5.48}$$

这里 $G^{1}_{\alpha\beta}$ 只包含 $h_{\alpha\beta}$ 的一次项[利用公式(4.21)]:

$$\begin{aligned} G^{1\alpha\beta} &= \eta^{\mu\nu}\eta^{\alpha\sigma}\eta^{\beta\rho}R^{1}_{\mu\sigma\rho\nu} - \frac{1}{2}\eta^{\alpha\beta}\eta^{\mu\nu}\eta^{\sigma\rho}R^{1}_{\mu\sigma\rho\nu} \\ &= \frac{1}{2}\partial_{\mu}(h^{\alpha\beta,\mu} - h^{\mu\beta,\alpha} + \eta^{\mu\beta}h^{,\alpha} - \eta^{\alpha\beta}h^{,\mu} + \eta^{\alpha\beta}h^{\mu\nu}_{,\nu} - \eta^{\mu\beta}h^{\alpha\nu}_{,\nu}) \\ &= \partial_{\mu}\Omega^{\mu\alpha\beta} \end{aligned} \tag{5.49}$$

这是平直空间的守恒张量:

$$G^{1\alpha\beta}_{,\alpha} = 0 \tag{5.50}$$

公式(5.49)中的 Ω 是一个洛伦兹张量,前两个指标反对称。所以公式(5.48)第一式的右边也是守恒的洛伦兹张量,即

$$8\pi G T^{\alpha\beta}_{,\beta} + \Delta G^{\alpha\beta}_{,\beta} = 0 \tag{5.51}$$

而且由公式(5.49)可知,$8\pi G T^{\alpha\beta} + \Delta G^{\alpha\beta}$ 满足公式(5.46)。在局域惯性系中,ΔG 等于零,公式(5.51)退化为狭义相对论的能量-动量张量守恒。在离物质源足够远处,T 等于零,所以 $\Delta G^{\alpha\beta}_{,\beta} = 0$,$\Delta G_{\alpha\beta}$ 也是对称洛伦兹张量,这些都满足我们一开始所说的条件。可以把

$$\frac{1}{8\pi G}\Delta G_{\alpha\beta} = t_{\alpha\beta} \tag{5.52}$$

看作在平直空间的纯引力的能量-动量"张量"。在没有物质的环境中其单独是守恒的洛伦兹张量。纯引力的能量-动量"张量"包含 h^2 及更高阶项,在计算时可以采用微扰的方法,度规由方程(5.48)中领头阶方程确定。原则上 h 应该是完整的爱因斯坦引力场方程的解,比如在真空处,

$$G^1_{\alpha\beta}+\Delta G_{\alpha\beta}=0 \tag{5.53}$$

微扰展开后，保留第一阶，左边第一项为零；第二项的值由第一项的解代入，最终方程左边并不为零。所以这样的计算导致纯引力的能量-动量“张量”有 h^3 量级的误差。我们可以通过反复迭代获得所需要的精度。

公式(5.48)第一式的右边就形成了总能量-动量张量。而

$$P^\alpha=\iiint\left(T^{0\alpha}+\frac{1}{8\pi G}\Delta G^{0\alpha}\right)\mathrm{d}V \tag{5.54}$$

可以看作全四维能量-动量矢量。在渐进平坦的时空，只要取足够大的区域，能量和动量守恒。

由于引力波在多数情况下是弱场，将 $\Delta G_{\alpha\beta}$ 按弱场展开到 h^2：

$$\Delta G_{\alpha\beta}=-h^{\mu\nu}R^1_{\mu\alpha\beta\nu}+\eta^{\mu\nu}R^2_{\mu\alpha\beta\nu}-\frac{1}{2}h_{\alpha\beta}R^1-\frac{1}{2}\eta_{\alpha\beta}R^2 \tag{5.55}$$

注意

$$g^{\mu\nu}=\eta^{\mu\nu}-h^{\mu\nu} \tag{5.56}$$

在远离物质源的地方，有

$R^1=0$

$R^2=\eta^{\mu\nu}\eta^{\alpha\beta}R^2_{\mu\alpha\beta\nu}$

$R^1_{\mu\alpha\beta\nu}=\frac{1}{2}(h_{\alpha\beta,\mu\nu}+h_{\mu\nu,\alpha\beta}-h_{\alpha\nu,\mu\beta}-h_{\mu\beta,\alpha\nu})$

$$\begin{aligned}R^2_{\mu\alpha\beta\nu}&=\eta_{\rho\sigma}\Gamma^\rho_{\alpha\beta}\Gamma^\sigma_{\mu\nu}-\eta_{\rho\sigma}\Gamma^\rho_{\alpha\nu}\Gamma^\sigma_{\mu\beta}\\&=\frac{1}{4}\eta_{\rho\sigma}\eta^{\rho\lambda}(h_{\alpha\lambda,\beta}+h_{\beta\lambda,\alpha}-h_{\alpha\beta,\gamma})\eta^{\sigma\omega}(h_{\mu\omega,\nu}+h_{\nu\omega,\mu}-h_{\mu\nu,\omega})-(\beta\leftrightarrow\nu)\\&=\frac{1}{4}\eta^{\lambda\omega}(h_{\alpha\lambda,\beta}+h_{\beta\lambda,\alpha}-h_{\alpha\beta,\gamma})(h_{\mu\omega,\nu}+h_{\nu\omega,\mu}-h_{\mu\nu,\omega})-(\beta\leftrightarrow\nu)\end{aligned} \tag{5.57}$$

将

$$h_{\alpha\beta}=A_{\alpha\beta}\mathrm{e}^{ik^\mu x_\mu}+A^*_{\alpha\beta}\mathrm{e}^{-ik^\mu x_\mu} \tag{5.58}$$

代入，并忽略快速振荡项，即含有因子

$$\mathrm{e}^{\pm i2k^\mu x_\mu} \tag{5.59}$$

的项，得到

$$\begin{cases} h^{\mu\nu}R^{1}_{\mu\alpha\beta\nu} = -\frac{1}{2}A^{\mu\nu}(k_{\mu}k_{\nu}A^{*}_{\alpha\beta} + k_{\alpha}k_{\beta}A^{*}_{\mu\nu} - k_{\mu}k_{\beta}A^{*}_{\alpha\nu} - k_{\alpha}k_{\nu}A^{*}_{\mu\beta}) + cc \\ \qquad = -k_{\alpha}k_{\beta}\left(A^{\mu\nu}A^{*}_{\mu\nu} - \frac{1}{2}|A^{\mu}_{\mu}|^{2}\right) \\ R^{2}_{\mu\alpha\beta\nu} = \frac{1}{4}\eta^{\lambda\omega}(k_{\beta}A_{\alpha\lambda} + k_{\alpha}A_{\beta\lambda} - k_{\lambda}A_{\alpha\beta})(k_{\nu}A^{*}_{\mu\omega} + k_{\mu}A^{*}_{\nu\omega} - k_{\omega}A^{*}_{\mu\nu}) \\ \qquad - (\beta \leftrightarrow \nu) + cc \\ \eta^{\mu\nu}R^{2}_{\mu\alpha\beta\nu} = \eta^{\mu\nu}\left[\frac{1}{4}\eta^{\lambda\omega}(k_{\beta}A_{\alpha\lambda} + k_{\alpha}A_{\beta\lambda} - k_{\lambda}A_{\alpha\beta})(k_{\nu}A^{*}_{\mu\omega} + k_{\mu}A^{*}_{\nu\omega} - k_{\omega}A^{*}_{\mu\nu}) \right. \\ \qquad \left. - (\beta \leftrightarrow \nu) + cc\right] \\ \qquad = -\frac{1}{2}k_{\alpha}k_{\beta}\left(A^{*}_{\mu\nu}A^{\mu\nu} - \frac{1}{2}|A^{\mu}_{\mu}|^{2}\right) \\ R^{2} = \eta^{\mu\nu}\eta^{\alpha\beta}R^{2}_{\mu\alpha\beta\nu} + 2h^{\mu\nu}\eta^{\alpha\beta}R^{1}_{\mu\alpha\beta\nu} = 0 \end{cases} \tag{5.60}$$

推导上式，用到和谐坐标条件和零引力子质量：

$$k^{\mu}A_{\mu\nu} = \frac{1}{2}k^{\nu}A^{\mu}_{\mu}, \quad k^{\mu}k_{\mu} = 0 \tag{5.61}$$

将公式(5.60)代入公式(5.55)，得到平面波的能量-动量张量为

$$t_{\alpha\beta} = \frac{1}{8\pi G}\Delta G_{\alpha\beta} = \frac{k_{\alpha}k_{\beta}}{16\pi G}\left(A^{*}_{\mu\nu}A^{\mu\nu} - \frac{1}{2}|A^{\mu}_{\mu}|^{2}\right) \tag{5.62}$$

公式(5.62)如期望的那样是一个洛伦兹张量。

如果进一步限制为横波，即通过规范变换(5.22)得到

$$k^{\mu}A_{\mu\nu} = \frac{1}{2}k^{\nu}A^{\mu}_{\mu} = 0 \tag{5.63}$$

就有

$$t_{\alpha\beta} = \frac{k_{\alpha}k_{\beta}}{16\pi G}A^{*}_{\mu\nu}A^{\mu\nu} \tag{5.64}$$

引力波的能量-动量张量是规范不变的。只要注意到公式(5.18)中，

$$A^{0i}A^*_{0i}=-A^{1i}A^*_{1i}\quad(i=2,3)$$

$$A^{00}A^*_{00}+A^{11}A^*_{11}+2A^{01}A^*_{01}-\frac{1}{2}|A^0_0+A^1_1|^2=0$$

由公式(5.62)就可以得到

$$t_{\alpha\beta}=\frac{k_\alpha k_\beta}{16\pi G}\left(A^*_{\mu\nu}A^{\mu\nu}-\frac{1}{2}|A^\mu_\mu|^2\right)=\frac{k_\alpha k_\beta}{8\pi G}(|A_{22}|^2+|A_{23}|^2)\tag{5.65}$$

这与公式(5.64)完全相同。

5.6 引力波的产生*

在和谐坐标条件下，弱引力场方程是

$$\partial^2 h_{\alpha\beta}=-16\pi GS_{\alpha\beta}=-16\pi G\left(T_{\alpha\beta}-\frac{1}{2}\eta_{\alpha\beta}T\right)\tag{5.66}$$

方程的解是推迟势：

$$h_{\alpha\beta}=4G\iiint\frac{S_{\alpha\beta}(x',t-|\boldsymbol{r}-\boldsymbol{r}'|)}{|\boldsymbol{r}-\boldsymbol{r}'|}\mathrm{d}V\tag{5.67}$$

注意到

$$\begin{cases}S^\alpha_\alpha=-T\\[2mm] S^\beta_{\alpha,\beta}=T^\beta_{\alpha,\beta}-\dfrac{1}{2}T_{,\alpha}=\dfrac{1}{2}S^\beta_{\beta,\alpha}\end{cases}\tag{5.68}$$

在公式(5.68)中我们用到了 $T_{\mu\nu}$ 守恒。所以公式(5.67)的确是满足和谐坐标条件的。

如果距离物质源很远，可以做近似：

$$h_{\alpha\beta}=\frac{4G}{r}\iiint S_{\alpha\beta}(x',t-|\boldsymbol{r}-\boldsymbol{r}'|)\mathrm{d}V\tag{5.69}$$

对时间部分做傅里叶变换：

$$\begin{aligned}S_{\alpha\beta}(x',t-|\boldsymbol{r}-\boldsymbol{r}'|)&=\int S_{\alpha\beta}(x',\omega)\mathrm{e}^{i\omega(t-|\boldsymbol{r}-\boldsymbol{r}'|)}\mathrm{d}\omega\\&\approx\int S_{\alpha\beta}(x',\omega)\mathrm{e}^{i\boldsymbol{k}\cdot\boldsymbol{r}'}\mathrm{e}^{i\omega(t-r)}\mathrm{d}\omega\end{aligned}\tag{5.70}$$

这里我们做了近似：

$$|\boldsymbol{r}-\boldsymbol{r}'|\approx r-\frac{\boldsymbol{k}\cdot\boldsymbol{r}'}{\omega},\quad \boldsymbol{k}=\frac{\boldsymbol{r}}{r}\omega \tag{5.71}$$

如果只有单种频率，就直接写成

$$\begin{aligned}S_{\alpha\beta}(x',t-|\boldsymbol{r}-\boldsymbol{r}'|)&=S_{\alpha\beta}(x',\omega)\mathrm{e}^{i\boldsymbol{k}\cdot\boldsymbol{r}'}\mathrm{e}^{i\omega(t-r)}+cc\\&=\left[T_{\alpha\beta}(x',\omega)-\frac{1}{2}\eta_{\alpha\beta}T(x',\omega)\right]\mathrm{e}^{i\boldsymbol{k}\cdot\boldsymbol{r}'}\mathrm{e}^{i\omega(t-r)}+cc\end{aligned} \tag{5.72}$$

$$\begin{aligned}h_{\alpha\beta}&=\frac{4G}{r}\mathrm{e}^{i\omega(t-r)}\iiint\left[T_{\alpha\beta}(x',\omega)-\frac{1}{2}\eta_{\alpha\beta}T(x',\omega)\right]\mathrm{e}^{i\boldsymbol{k}\cdot\boldsymbol{r}'}\mathrm{d}V+cc\\&=\frac{4G}{r}\mathrm{e}^{i\omega(t-r)}\left[T_{\alpha\beta}(k,\omega)-\frac{1}{2}\eta_{\alpha\beta}T(k,\omega)\right]+cc\end{aligned} \tag{5.73}$$

这里

$$T_{\alpha\beta}(k,\omega)=\iiint T_{\alpha\beta}(x',\omega)\mathrm{e}^{i\boldsymbol{k}\cdot\boldsymbol{r}'}\mathrm{d}V \tag{5.74}$$

由于

$$\begin{cases}T_{\alpha\beta}(x,t)=T_{\alpha\beta}(x,\omega)\mathrm{e}^{i\omega t}+cc\\T^{\beta}_{\alpha,\beta}(x,t)=i\omega T^{0}_{\alpha}(x,\omega)\mathrm{e}^{i\omega t}+T^{i}_{\alpha,i}(x,\omega)\mathrm{e}^{i\omega t}+cc=0\end{cases} \tag{5.75}$$

可以得到

$$\omega T^{0}_{\alpha}(k,\omega)-k_iT^{i}_{\alpha}(k,\omega)=0 \tag{5.76}$$

将公式(5.76)代入引力波的能量-动量张量，就得到

$$\begin{aligned}t_{\alpha\beta}&=\frac{k_\alpha k_\beta}{16\pi G}\left(\frac{4G}{r}\right)^2\left(T^{*}_{\mu\nu}T^{\mu\nu}-\frac{1}{2}|T|^2\right)\\&=\frac{Gk_\alpha k_\beta}{\pi r^2}\left(T^{*}_{ij}T^{ij}-\frac{2k_ik_j}{\omega^2}T^{*i}_{k}T^{jk}+\frac{k_ik_jk_lk_m}{\omega^4}T^{*ij}T^{lm}\right.\\&\qquad\left.-\frac{1}{2}\left|T^{i}_{i}-\frac{k_ik_j}{\omega^2}T^{ij}\right|^2\right)\\&=\frac{Gk_\alpha k_\beta}{\pi r^2}\left[T^{*}_{ij}T^{ij}-\frac{2k_ik_j}{\omega^2}T^{*i}_{k}T^{jk}+\frac{k_ik_jk_lk_m}{2\omega^4}T^{*ij}T^{lm}\right.\end{aligned}$$

$$-\frac{1}{2}\mid T_i^i\mid^2+\frac{1}{2}\frac{k_ik_j}{\omega^2}(T_{ij}^*T_i^i+T^{ij}T_i^{*i})\Big] \tag{5.77}$$

我们只要计算张量的三维分量就可以了。在做具体计算前，我们可以进一步假定物质源的尺度远小于引力波长，这在非相对情况下是满足的。比如考虑类似地球这样的回旋系统：

$$k=\omega=\frac{v}{R},\quad kR=v\ll 1 \tag{5.78}$$

这样公式(5.74)中的 e 指数项可以近似等于 1，$T_{ij}(k,\omega)=T_{ij}(\omega)$，与波矢 k 无关。引力波的辐射功率就等于

$$\mathrm{d}P=t^{0i}\frac{k^i}{\omega}r^2\mathrm{d}\Omega=\frac{G\omega^2}{\pi}\Big[T_{ij}^*T^{ij}-\frac{2k_ik_j}{\omega^2}T_{ik}^*T^{jk}+\frac{k_ik_jk_lk_m}{2\omega^4}T_{ij}^*T^{lm}$$

$$-\frac{1}{2}\mid T_i^i\mid^2+\frac{1}{2}\frac{k_ik_j}{\omega^2}(T_{ij}^*T_i^i+T^{ij}T_i^{*i})\Big]\mathrm{d}\Omega \tag{5.79}$$

利用

$$\int\frac{k_ik_j}{\omega^2}\mathrm{d}\Omega=\frac{4\pi}{3}\delta_{ij},\quad \int\frac{k_ik_jk_lk_m}{\omega^4}\mathrm{d}\Omega=\frac{4\pi}{15}(\delta_{ij}\delta_{lm}+\delta_{il}\delta_{jm}+\delta_{im}\delta_{lj})$$

得到

$$P=\frac{8G\omega^2}{5}\Big(T_{ij}^*T^{ij}-\frac{1}{3}\mid T_i^i\mid^2\Big) \tag{5.80}$$

现在来计算 $T_{ij}(k,\omega)$。我们希望用物质的密度即 T^{00} 来表示。物质的能量-动量张量满足守恒方程：

$$T^{0\alpha}_{,\alpha}=T^{00}_{,0}+T^{0i}_{,i}=0,\quad T^{j\alpha}_{,\alpha}=T^{j0}_{,0}+T^{ji}_{,i}=0 \tag{5.81}$$

所以有

$$\iiint T^{ij}(x,t)\mathrm{d}V=\iiint T^{ik}(x,t)\frac{\partial x^j}{\partial x^k}\mathrm{d}V$$

$$=\iiint\frac{\partial}{\partial x^k}(T^{ik}x^j)\mathrm{d}V-\iiint T^{ik}_{,k}x^j\mathrm{d}V=\iiint T^{i0}_{,0}x^j\mathrm{d}V$$

$$=\frac{\mathrm{d}}{\mathrm{d}t}\iiint T^{i0}(x,t)x^j\mathrm{d}V=\frac{\mathrm{d}}{\mathrm{d}t}\iiint T^{j0}(x,t)x^i\mathrm{d}V$$

(5.82)

最后等式用到指标 i,j 是对称的。我们对时间导数项继续化简：

$$\begin{aligned}\iiint T^{i0}(x,t)x^j \mathrm{d}V &= \iiint T^{k0} \frac{\partial x^i}{\partial x^k} x^j \mathrm{d}V \\ &= \iiint \frac{\partial}{\partial x^k}(T^{k0} x^i x^j)\mathrm{d}V \\ &\quad - \iiint T^{k0}_{,k} x^i x^j \mathrm{d}V - \iiint T^{k0} x^i \frac{\partial x^j}{\partial x^k}\mathrm{d}V \\ &= \frac{\mathrm{d}}{\mathrm{d}t}\iiint T^{00}(x,t)x^i x^j \mathrm{d}V - \iiint T^{j0}(x,t)x^i \mathrm{d}V\end{aligned} \tag{5.83}$$

综合公式(5.82) 和(5.83)，我们将 $T_{ij}(k,\omega)$ 表示成质量的四极矩：

$$\begin{aligned}\iiint T^{ij}(x,t)\mathrm{d}V &= \frac{1}{2}\frac{\mathrm{d}^2}{\mathrm{d}t^2}\iiint T^{00}(x,t)x^i x^j \mathrm{d}V \\ &\approx \iiint T^{ij}(x,\omega)\mathrm{e}^{i\omega t}\mathrm{d}V + cc \\ &= T^{ij}(\omega)\mathrm{e}^{i\omega t} + cc\end{aligned} \tag{5.84}$$

引力辐射最低阶是四极矩辐射。质量偶极子就是质心坐标乘以总质量。在孤立系统中，质心加速度为零：

$$\begin{aligned}\iiint T^{0i}(x,t)\mathrm{d}V &= \iiint T^{0j}\frac{\partial x^i}{\partial x^j}\mathrm{d}V = \iiint \frac{\partial}{\partial x^j}(T^{0j}x^i)\mathrm{d}V - \iiint T^{0j}_{,j}x^i \mathrm{d}V \\ &= \frac{\mathrm{d}}{\mathrm{d}t}\iiint T^{00}x^i \mathrm{d}V\end{aligned}$$

$$\Rightarrow \quad \frac{\mathrm{d}}{\mathrm{d}t}\iiint T^{0i}(x,t)\mathrm{d}V = -\iiint T^{ji}_{,j}(x,t)\mathrm{d}V = 0 = \frac{\mathrm{d}^2}{\mathrm{d}t^2}\iiint T^{00}x^i \mathrm{d}V \tag{5.85}$$

所以偶极子不对引力辐射有贡献。当然这不等于说 $T^{0\alpha}(k,\omega)$ 对引力辐射的贡献等于零，有

$$
\begin{aligned}
&T^{0\alpha}(k,\omega)\mathrm{e}^{i\omega(t-r)}+cc\\
&\quad=\iiint T^{0\alpha}(x',t-|\boldsymbol{r}-\boldsymbol{r}'|)\mathrm{d}V\\
&\quad\approx\iiint T^{0\alpha}(x',\omega)\mathrm{e}^{i\omega(t-r)}\mathrm{e}^{i\boldsymbol{k}\cdot\boldsymbol{x}'}\mathrm{d}V+cc\\
&\quad=\mathrm{e}^{i\omega(t-r)}\iiint T^{0\alpha}(x',\omega)\mathrm{e}^{i\boldsymbol{k}\cdot\boldsymbol{x}'}\mathrm{d}V+cc\\
&\quad=\mathrm{e}^{i\omega(t-r)}\iiint T^{0\alpha}(x',\omega)\left[1+i\boldsymbol{k}\cdot\boldsymbol{x}'-\frac{1}{2}(\boldsymbol{k}\cdot\boldsymbol{x}')^2+\cdots\right]\mathrm{d}V+cc\\
&\quad=\mathrm{e}^{-i\omega r}\iiint T^{0\alpha}(x',t)\left[1+i\boldsymbol{k}\cdot\boldsymbol{x}'-\frac{1}{2}(\boldsymbol{k}\cdot\boldsymbol{x}')^2+\cdots\right]\mathrm{d}V+cc
\end{aligned}
\tag{5.86}
$$

其中省略号表示更高阶的展开项。当$\alpha=0$时,右边第一项是总质量,第二项是偶极子,第三项是四极矩;当$\alpha=i$时,右边第一项就是偶极子对时间的导数[见公式(5.85)],第二项是四极矩对时间的导数。对公式(5.86)两边求时间导数,可以消去与时间无关的总质量和偶极子项,利用公式(5.84)或(5.82),就回到公式(5.76),所以它们的贡献已经包括在公式(5.77)中了。

例 5.1 考虑质量为M的物体,绕一圆心旋转,转动半径为R,转动角频率为ω,求引力的辐射功率。

解:

物体在X-Y平面里转动,坐标分别为

$$x_1=R\cos\omega t,\quad y_1=R\sin\omega t,\quad z_1=0$$

系统密度为

$$T^{00}(x,t)=\rho=M\delta(x-x_1)\delta(y-y_1)\delta(z-z_1)$$

$$\iiint T^{00}(x,t)x^ix^j\mathrm{d}V=MR^2\begin{pmatrix}\cos^2\omega t & \sin\omega t\cos\omega t & 0\\ \sin\omega t\cos\omega t & \sin^2\omega t & 0\\ 0 & 0 & 0\end{pmatrix}$$

$$\frac{\mathrm{d}^2}{\mathrm{d}t^2}\iiint T^{00}(x,t)x^i x^j \mathrm{d}V = -2M\omega^2 R^2 \begin{pmatrix} \cos 2\omega t & \sin 2\omega t & 0 \\ \sin 2\omega t & -\cos 2\omega t & 0 \\ 0 & 0 & 0 \end{pmatrix}$$

$$= -M\omega^2 R^2 \begin{pmatrix} 1 & -i & 0 \\ -i & -1 & 0 \\ 0 & 0 & 0 \end{pmatrix} \mathrm{e}^{i2\omega t} + cc$$

利用公式(5.84),得到

$$T^{ij}(2\omega) = -\frac{1}{2}M\omega^2 R^2 \begin{pmatrix} 1 & -i & 0 \\ -i & -1 & 0 \\ 0 & 0 & 0 \end{pmatrix}$$

代入辐射功率的公式(5.80),注意引力波的角频率是 2ω,得到

$$P = \frac{32GM^2R^4\omega^6}{5} = \frac{32G(MR^2)^2\omega^6}{5} = \frac{32GI^2\omega^6}{5} \tag{5.87}$$

其中 I 是系统的转动惯量。

现在考虑引力波的偏振。从不同角度观测，引力波的偏振是不一样的。从垂直轨道平面的方向看,波矢方向是 z 轴方向,根据公式(5.76) 可知

$$T^{0\alpha} = T^{3\alpha} \quad \Rightarrow \quad T^{0\alpha} = 0$$

再根据公式(5.73),得到引力波的振幅是

$$h^{\alpha\beta} = A \begin{pmatrix} 0 & 0 & 0 & 0 \\ 0 & 1 & -i & 0 \\ 0 & -i & -1 & 0 \\ 0 & 0 & 0 & 0 \end{pmatrix} + cc$$

其中 A 代表其余的因子,所以偏振模式是 $\boldsymbol{e}_1 - i\boldsymbol{e}_2$(圆偏振)。如果从转动平面观测,比如从 x 轴方向观测，波矢方向就是 x 轴方向,根据公式(5.76) 可知

$$T^{0\alpha} = T^{1\alpha}$$

再利用公式(5.73),得到

$$h^{\alpha\beta}=A\begin{pmatrix}\frac{1}{2} & 1 & -i & 0\\ 1 & \frac{3}{2} & -i & 0\\ -i & -i & -\frac{1}{2} & 0\\ 0 & 0 & 0 & \frac{1}{2}\end{pmatrix}+cc \tag{5.88}$$

取横向规范,根据公式(5.24),偏振模式是 $\boldsymbol{e}_1$(线偏振),则有

$$h^{\alpha\beta}=-\frac{A}{2}\begin{pmatrix}0 & 0 & 0 & 0\\ 0 & 0 & 0 & 0\\ 0 & 0 & 1 & 0\\ 0 & 0 & 0 & -1\end{pmatrix}+cc$$

我们可以估计地球的引力辐射功率:

$$\omega^2=\frac{GM_{日}}{R^3}$$

$$P=\frac{32G^4M_{地}^2M_{日}^3}{5R^5}=\frac{32G^4M_{地}^2M_{日}^3}{5R^5c^5}\sim 200\mathrm{J/s}$$

考虑一对双中子星由引力辐射导致的周期改变。一般来说,两个中子星的质量是不一样的,有

$$I=M_1R_1^2+M_2R_2^2=\frac{M_1M_2}{M_1+M_2}(R_1+R_2)^2=\mu(R_1+R_2)^2=\mu R^2$$

所以问题简化成单个质量为 μ 的星球在半径 R 绕质量为 $M=M_1+M_2$ 的“太阳”旋转。总能量及能量变换率为

$$E=-\frac{GM_1M_2}{2(R_1+R_2)}=-\frac{G\mu(M_1+M_2)}{2R}=-\frac{G\mu M}{2R}$$

$$\frac{\mathrm{d}E}{\mathrm{d}t}=\frac{G\mu M}{2R^2}\frac{\mathrm{d}R}{\mathrm{d}t}=-\frac{32GI^2\omega^6}{5}=-\frac{32G\mu^2R^4\omega^6}{5}$$

$$\Rightarrow \quad \frac{\mathrm{d}R}{\mathrm{d}t}=-\frac{64\mu R^6\omega^6}{5M} \tag{5.89}$$

利用

$$\omega^2=\frac{GM}{R^3} \quad 或 \quad T^2=\frac{4\pi^2R^3}{GM} \tag{5.90}$$

得到

$$\begin{aligned}\frac{\mathrm{d}T}{\mathrm{d}t}&=\frac{3}{2}\left(\frac{4\pi^2R}{GM}\right)^{\frac{1}{2}}\frac{\mathrm{d}R}{\mathrm{d}t}=-\frac{96\mu R^6\omega^6}{5M}\left(\frac{4\pi^2R}{GM}\right)^{\frac{1}{2}}\\&=-\frac{96G^3\mu M^2}{5R^3}\left(\frac{4\pi^2R}{GM}\right)^{\frac{1}{2}}=-\frac{192\pi\mu}{5M}\left(\frac{2\pi GM}{Tc^3}\right)^{\frac{5}{3}}\end{aligned} \tag{5.91}$$

我们按惯例用光速补上了国际单位制的量纲。

脉冲双星 PSR 1913＋16 是两个质量大概都是 1.4 倍太阳质量的双星系统，旋转周期为 7 小时 45 分钟，所以一个周期里周期的减少幅度大约是

$$\frac{\Delta T}{T}\sim-2\times10^{-13}$$

实际上 PSR 1913＋16 轨道是椭圆，角速度不是恒定的，辐射不是单频的。算上轨道的偏心率，还要再乘以一个因子①

$$f(e)=\frac{1+\frac{73}{24}e^2+\frac{37}{96}e^4}{(1-e^2)^{\frac{7}{2}}}$$

其中 e 是轨道偏心率，对于 PSR 1913＋16，$e=0.617$，$f(e)\approx12$，所以与实验值 -2.4×10^{-12} 符合得很好②。

---

① 参见 Peters P C. Gravitational radiation and the motion of two point masses[J]. *Physical Review*, 1964, 136: B1224.

② 参见 Weisberg J M, Huang Y. Relativistic measurements from timing the binary pulsar PSR B1913＋16[J]. *The Astrophysical Journal*, 2016, 829: 55.

例 5.2　考虑一个旋转椭球体的引力辐射功率。

解:

在椭球的静止坐标系(随动坐标系),密度分布为 $\rho(x')$,转动惯量矩阵为

$$I^{ij}=\iiint\rho(x')x'^{i}x'^{j}\mathrm{d}V'$$

在实验坐标系中,$T^{00}(x,t)=\rho(x')$(非相对论近似),实验坐标与静止坐标的关系为

$$x^{1}=x'^{1}\cos\omega t-x'^{2}\sin\omega t$$

$$x^{2}=x'^{1}\sin\omega t+x'^{2}\cos\omega t$$

$$x^{3}=x'^{3}$$

其中 x^3 轴是椭球的一个主轴。沿主轴旋转,转动惯量是对角矩阵,所以有

$$\iiint T^{00}(x,t)x^{1}x^{1}\mathrm{d}V=I^{11}\cos^{2}\omega t+I^{22}\sin^{2}\omega t$$

$$\iiint T^{00}(x,t)x^{1}x^{2}\mathrm{d}V=(I^{11}-I^{22})\cos\omega t\sin\omega t$$

$$\iiint T^{00}(x,t)x^{2}x^{2}\mathrm{d}V=I^{11}\sin^{2}\omega t+I^{22}\cos^{2}\omega t$$

$$\frac{\mathrm{d}^{2}}{\mathrm{d}t^{2}}\iiint T^{00}(x,t)x^{i}x^{j}\mathrm{d}V=-2\omega^{2}(I^{11}-I^{22})\begin{pmatrix}\cos2\omega t & \sin2\omega t & 0\\ \sin2\omega t & -\cos2\omega t & 0\\ 0 & 0 & 0\end{pmatrix}$$

$$=-\omega^{2}(I^{11}-I^{22})\begin{pmatrix}1 & -i & 0\\ -i & -1 & 0\\ 0 & 0 & 0\end{pmatrix}\mathrm{e}^{i2\omega t}+cc$$

与前面类似,辐射功率为

$$P=\frac{32G(I^{11}-I^{22})^{2}\omega^{6}}{5}=\frac{32GI^{2}e^{2}\omega^{6}}{5}$$

$$I=I^{11}+I^{22},e=\frac{I^{11}-I^{22}}{I}\tag{5.92}$$

显然当旋转主轴是椭球的对称轴时，没有引力辐射，特别是一个旋转的球体不会辐射引力波，这是因为能量-动量张量不随时间改变。例 5.1 可以看作偏心率 e 为 1 的特例。

5.7 引力波的探测

引力波是爱因斯坦创立广义相对论后不久预言的，是相对论的必然结果：任何信号的传递速度有上限，引力也不例外。我们将会看到引力波是非常微弱的，爱因斯坦当时认为，或许永远无法探测到引力波。探测引力波的实验最早在 20 世纪 60 年代开展。实验的开拓者是德国物理学家韦伯(Weber)。早期的实验基于共振原理，期望引力波通过重物(圆柱形效果最好)产生共振。这类实验由于信号太弱，都没有取得成功。第一次比较确凿的间接证据是第 5.6 节所说的由泰勒-赫尔斯(Taylor-Hulse)发现的脉冲双星的轨道衰减现象。现代的引力波实验基于激光干涉原理，与迈克耳孙(Michelson)干涉仪的原理非常相像。激光干涉实验从 20 世纪 70 年代就开始开展，直到 2015 年 9 月才结出硕果。发现引力波的是美国的 aLIGO(LIGO 的改进版)团队和欧洲的 Virgo 小团队。图 5.2 是 aLIGO 干涉仪的示意图。激光到达分光镜后，分成两束互相垂直的激光，在各自的光路上行走 4km，到达反光镜。两路光返回后再汇聚，发生干涉。如果不存在引力波，光路调整为干涉相消，这样就没有信号输出。如果有引力波入射，如图 5.3 所示：假设最简单的情况，引力波垂直入射，根据公式(5.41)和(5.42)，引力波将造成两条光路发生扭曲，其中一条光路伸长，另一条缩短。这样的变化其实是非常微小的。我们可以做一个估计，波源在 10 亿光年外，波源的大小在千米量级(中子星、黑洞大小)，如果波源的振幅是 1，那么到达地球后振幅大约为

$$A \sim \frac{10^3}{10^9 \times 10^{16}} = 10^{-22}$$

图 5.2　LIGO 实验室[①]

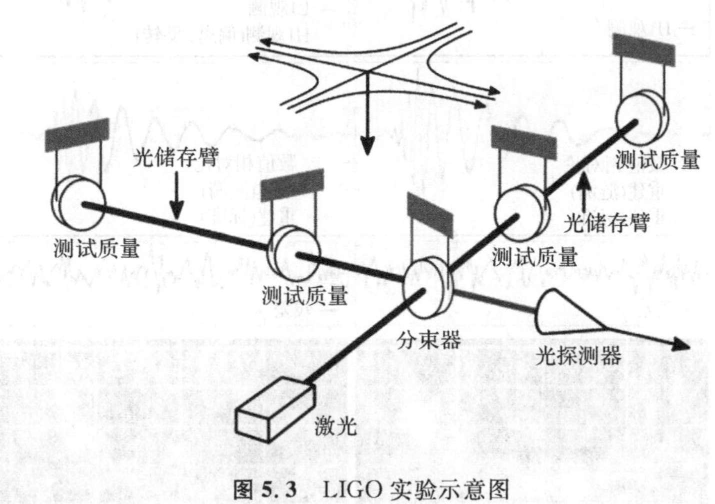

图 5.3　LIGO 实验示意图

根据公式(5.41)，在 4km 光路上，大约只产生 10^{-19}m 的差距。虽然差距很小，由于引力波的波长比较长[见公式(5.78)]，频率很小，激光多走几个来回，引力波的相位也改变不大，累积起来足以导致明

① 图片来源于 LIGO 官网。

显的干涉不相消，被光电探测器接收到。另外，提高光电探测器的灵敏度也是很关键的，探测器灵敏度提高一倍，相当于可以探测到的事件距离增加一倍（同等功率），可以探测的空间体积增加至八倍，从而大大提高搜寻到引力波事件的概率。这与电磁波源有很大不同（需要提高四倍的灵敏度，才能等效于波源距离增加一倍）。引力波导致的光路伸缩改变是周期性的，所以有周期性信号输出。aLIGO 团队 2015 年第一次发现两个黑洞（分别是 29 和 36 倍太阳质量）合并事件，如图 5.4 所示。实验分别在相距 3000km 的两地进行，这样可以排除地球本底噪声带来的错误信号。图 5.4 中显示信号时间非常短，只持

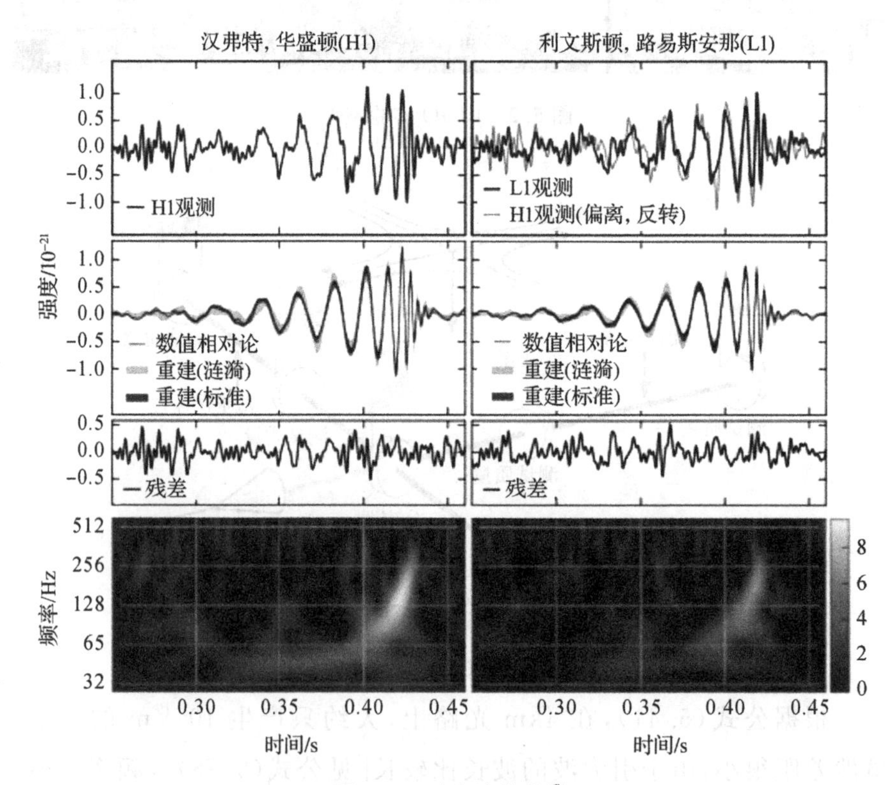

图 5.4 引力波信号①

① 图片翻译自 Abbott B P, Abbott R, Abbott T D, et al. Observation of gravitational waves from a binary black hole merger[J]. *Physical Review Letters*, 2016, 116: 061102.

续 0.2s,最大振幅 10^{-21}。最大振幅处的频率是 150Hz。由此可以估计出达到最大辐射功率时轨道半径的大小。为了简化,我们考虑等质量的两个星球,其旋转的速度满足

$$v^2=\frac{GM}{4R}<c^2$$

其中 M 为两个恒星的总质量,R 为它们之间的距离。所以在最大振幅处(引力波频率约为 150Hz,意味着轨道频率为 75Hz),

$$\omega^2=\frac{GM}{R^3}<\frac{4c^2}{R^2} \Rightarrow R<\frac{2c}{\omega}\sim 1270\text{km} \tag{5.93}$$

两颗星球挨得很近,一定是高密度星球。如果将最大振幅处看作黑洞的融合,轨道半径等于黑洞的引力半径(黑洞视界,见第 8 章):$R=2R_g=2GM/c^2$,代入公式(5.90),得到

$$R=2R_g=\frac{c}{\sqrt{2}\,\omega}\sim 450\text{km}$$

相当于两个黑洞总质量 $M\sim 150M_{日}$,比实验结果大一倍。当然在引力半径附近,牛顿近似已不适用。事件被判定发生在 13 亿光年之外,由最大振幅可知源的振幅为 10,弱场近似完全不适用。此时星球的速度也接近光速,实际需要用广义相对论具体计算,结果会与频率、频率随时间的变化率相关。另外,合并持续的时间也很关键。我们继续假定轨道半径还比较大,非相对论近似还适用。利用公式(5.89)得到

$$\frac{\mathrm{d}R}{\mathrm{d}t}=-\frac{64G^3\mu M^2}{5R^3} \tag{5.94}$$

可以看到,在半径一定时,质量越大,轨道半径改变越快,过程的持续时间越短。所以由持续时间的长短可以判断双星质量的大小。中子星合并的时间比大质量黑洞长很多。

公式(5.93)显示,辐射频率与辐射源的尺度相关。如果我们想要知道更大尺度辐射源的情况,比如星系中心,甚至是宇宙原初引力波(也就是宇宙创生时产生的引力波),其频率必然很小。小于 1Hz 的引

力波探测实验在地面不容易完成,因为地球背景噪声都是低频的。科学家就想到把干涉仪搬到太空,这就是欧洲目前酝酿的激光干涉空间天线(Laser Interferometer Space Antenna, LISA)以及我国的太极和天琴计划。利用三颗太阳轨道上的卫星作为激光干涉仪的分光镜和两个反射镜,卫星相距 2.5×10^6 km,实验可以测量大波长(小频率)的引力波。引力波也可能通过自然天文现象发现。有一种毫秒脉冲星,其脉冲频率非常稳定,可以精确到纳秒。如果在地球和脉冲星之间有引力波通过,会干扰脉冲星的准确度从而被观察到。引力波的探测是人类了解宇宙的另一个独立通道。相比于电磁相互作用,引力弱得多,所以探测难度也大得多。但是正因为引力弱,所以引力波在传输过程中衰减很小,穿透力极强。引力波可以从恒星内部射出,同时带上恒星内部的信息;也可以在宇宙创生之初就自由行走,而不需要等到38万年以后(见第9章),从而我们可以了解宇宙更早的秘密。随着技术的进步,探测引力波的手段和精度都会得到进一步提升,相信以后宇宙对于人类会更加透明。

本章练习

1. 证明和谐坐标条件是 $\frac{\partial}{\partial x^\beta}(\sqrt{-g}\,g^{\alpha\beta})=0$。

2. 两个靠近的静止粒子,在入射一束沿 x 轴方向转播的圆偏振引力波后,求其中一个粒子相对另一个粒子的运动轨迹。

3. 一根质量为 M,长为 L 的细杆,绕其一端以角速度 ω 旋转,求系统的引力辐射功率。

4. 验证公式(5.88)。

5. 一个倔强系数为 k,质量为 m 的弹簧振子沿 x 轴振动,振幅为 A,求这个系统单位时间的引力辐射能与系统总机械能的比值,以及沿 x,y,z 轴方向的偏振模式。

第6章　球对称引力场

6.1　施瓦西度规

爱因斯坦引力场方程是非线性方程，其严格的解析解一般很难获得。到目前为止，在几个特殊情况下，科学家得到了爱因斯坦方程的严格解。其中一个是施瓦西(Schwarzschild)解，是德国学者施瓦西在1916年获得的。施瓦西解考虑的是球对称情况下爱因斯坦引力场方程的真空解。所谓球对称就是三维空间绕某点旋转不变，其度规的形式已在第2.6节讨论过了。在那里三维空间的旋转的定义为三维坐标的转动变换，这时的坐标只能称为类直角坐标，其度规是未知的。根据正交转动的定义[公式(2.243)]，三维“距离”的平方 $x^i x^i$ 是不变的，因而定义“球坐标”[公式(2.247)]后，可知 $\boldsymbol{r}$ 在转动下是不变的。可以构造出的旋转不变的微分元只有

$$\mathrm{d}t, \quad \mathrm{d}\boldsymbol{r}\cdot\mathrm{d}\boldsymbol{r}=\mathrm{d}x^i\mathrm{d}x^i, \quad \boldsymbol{r}\cdot\mathrm{d}\boldsymbol{r}=x^i\mathrm{d}x^i \tag{6.1}$$

由这些旋转不变的微分元配上旋转不变的函数(必须只是 t,r 的函数)，就得到四维不变距离微分元的平方：

$$\mathrm{d}s^2=\gamma(r,t)\mathrm{d}t^2+g(r,t)\mathrm{d}t(\boldsymbol{r}\cdot\mathrm{d}\boldsymbol{r})+h(r,t)(\boldsymbol{r}\cdot\mathrm{d}\boldsymbol{r})^2+\alpha(r,t)\mathrm{d}\boldsymbol{r}\cdot\mathrm{d}\boldsymbol{r} \tag{6.2}$$

其中

$$\boldsymbol{r}\cdot\mathrm{d}\boldsymbol{r}=r\mathrm{d}r, \quad \mathrm{d}\boldsymbol{r}\cdot\mathrm{d}\boldsymbol{r}=\mathrm{d}r^2+r^2(\mathrm{d}\theta^2+\sin^2\theta\mathrm{d}\varphi^2) \tag{6.3}$$

化简公式(6.2),得到

$$ds^2=\gamma(r,t)dt^2+\beta(r,t)dt dr+\rho(r,t)dr^2 \\ +\alpha(r,t)r^2(d\theta^2+\sin^2\theta d\varphi^2) \tag{6.4}$$

我们用了函数代换

$$\beta(r,t)=g(r,t)r, \quad \rho(r,t)=h(r,t)r^2+\alpha(r,t) \tag{6.5}$$

公式(6.4) 与等度规变换获得的公式(2.256)完全一样。可以令

$$r'^2=\alpha(r,t)r^2$$

而将公式(6.4)进一步化简成

$$ds^2=\gamma'(r,t)dt^2+\beta'(r,t)dt dr+\rho'(r,t)dr^2+r^2(d\theta^2+\sin^2\theta d\varphi^2) \tag{6.6}$$

在公式(6.6)中,我们已经去掉坐标的撇,度规带撇是为了表示与公式(6.4)相应项的不同。现在需要消掉度规 t,r 的交叉项。直觉上觉得应该令

$$dt'=dt+\frac{\beta'}{2\gamma'}dr \tag{6.7}$$

但是这不是一个全微分,需要再加上一个函数

$$dt'=f(r,t)\left(dt+\frac{\beta'}{2\gamma'}dr\right) \tag{6.8}$$

为了方便,我们重新定义 f,把公式(6.8)写成

$$dt'=f(r,t)(2\gamma' dt+\beta' dr) \tag{6.9}$$

要使公式(6.9)是全微分,其必须满足

$$\frac{\partial}{\partial r}(2f\gamma')=\frac{\partial}{\partial t}(f\beta') \tag{6.10}$$

方程(6.10)是有解的。考虑在某个时刻 $t=t_0$,取

$$f(r,t_0)=\gamma'^{-1}(r,t_0) \tag{6.11}$$

将公式(6.11)代入公式(6.10),有

$$\left.\frac{\partial f(r,t)}{\partial t}\right|_{t=t_0}=-\left.\frac{\partial \ln\beta'(r,t)}{\partial t}\right|_{t=t_0}\gamma'^{-1}(r,t_0) \tag{6.12}$$

然后在方程(6.10)两边对时间求微分,并令 $t=t_0$,利用公式(6.11)和(6.12)就可以获得在 $t=t_0$ 时 f 对时间的二次微分,依次下去,可以获得在 $t=t_0$,f 对时间的任意次微分。如此,可以获得 f 对时间的完整函数。这样公式(6.6)可以化简为

$$ds^2=\gamma''(r,t')\mathrm{d}t'^2+\rho''(r,t')\mathrm{d}r^2+r^2(\mathrm{d}\theta^2+\sin^2\theta\mathrm{d}\varphi^2) \tag{6.13}$$

函数的两撇是为了表示与过去的不同。公式(6.13) 经常表示成

$$ds^2=-\mathrm{e}^{\nu(r,t)}\mathrm{d}t^2+\mathrm{e}^{\mu(r,t)}\mathrm{d}r^2+r^2(\mathrm{d}\theta^2+\sin^2\theta\mathrm{d}\varphi^2) \tag{6.14}$$

下面利用真空爱因斯坦引力场方程来确定函数 μ,ν。我们先列出度规的各个不等于零的分量:

$$\begin{aligned}&g_{00}=-\mathrm{e}^{\nu(r,t)},\quad g_{11}=\mathrm{e}^{\mu(r,t)},\quad g_{22}=r^2,\quad g_{33}=r^2\sin^2\theta\\&g^{00}=-\mathrm{e}^{-\nu(r,t)},\quad g^{11}=\mathrm{e}^{-\mu(r,t)},\quad g^{22}=r^{-2},\quad g^{33}=r^{-2}\sin^{-2}\theta\end{aligned} \tag{6.15}$$

假定引力场是静态的,也就是度规不是时间的函数。联络的计算是直接的,考虑到度规是对角的,联络必须有两个或以上的指标一样。考虑到度规与 t,φ 无关,联络的 0 和 3 指标要么没有,要么成对出现。最后只有九个非零的联络:

$$\begin{aligned}&\Gamma^0_{10}=\frac{1}{2}\frac{\partial\nu}{\partial r}=\frac{1}{2}\nu',\quad \Gamma^1_{11}=\frac{1}{2}\frac{\partial\mu}{\partial r}=\frac{1}{2}\mu',\quad \Gamma^1_{00}=\frac{1}{2}\mathrm{e}^{\nu-\mu}\nu'\\&\Gamma^1_{22}=-r\mathrm{e}^{-\mu},\quad \Gamma^1_{33}=-r\mathrm{e}^{-\mu}\sin^2\theta,\quad \Gamma^2_{12}=\frac{1}{r}\\&\Gamma^2_{33}=-\sin\theta\cos\theta,\quad \Gamma^3_{13}=\frac{1}{r},\quad \Gamma^3_{23}=\frac{\cos\theta}{\sin\theta}\end{aligned} \tag{6.16}$$

在计算里奇张量以前,我们也可以通过对称性分析一下其不为零的分量有哪些。里奇张量由度规及其导数构成。空间旋转度规函数是不变的(见第 2.6 节),所以里奇张量函数也是不变的。如果我们构成一个标量:

$$R_{\mu\nu}\mathrm{d}x^\mu\mathrm{d}x^\nu \tag{6.17}$$

其形式也应该类似公式(6.2),由一些旋转不变的微分元与旋转不变

的函数构成，即

$$R_{\mu\nu}\mathrm{d}x^{\mu}\mathrm{d}x^{\nu}=f_1(r,t)\mathrm{d}t^2+f_2(r,t)\mathrm{d}t(\boldsymbol{r}\cdot\mathrm{d}\boldsymbol{r})+f_3(r,t)(\boldsymbol{r}\cdot\mathrm{d}\boldsymbol{r})^2+f_4(r,t)\mathrm{d}\boldsymbol{r}\cdot\mathrm{d}\boldsymbol{r} \tag{6.18}$$

通过化简可以得到类似公式(6.6)的形式。比较公式两边可知，在球坐标下里奇张量不为零的分量只有

$$R_{00},\quad R_{01},\quad R_{11},\quad R_{22},\quad R_{33}=R_{22}\sin^2\theta \tag{6.19}$$

直接计算得到

$$\begin{cases}R_{00}=\mathrm{e}^{\nu-\mu}\left[-\dfrac{\nu''}{2}-\dfrac{\nu'}{r}+\dfrac{\nu'}{4}(\mu'-\nu')\right]\\ R_{11}=\dfrac{\nu''}{2}-\dfrac{\mu'}{r}-\dfrac{\nu'}{4}(\mu'-\nu')\\ R_{22}=\mathrm{e}^{-\mu}\left[1-\mathrm{e}^{\mu}-\dfrac{r}{2}(\mu'-\nu')\right]\\ R_{33}=R_{22}\sin^2\theta\end{cases} \tag{6.20}$$

代入真空爱因斯坦引力场方程，得到

$$-\frac{\nu''}{2}-\frac{\nu'}{r}+\frac{\nu'}{4}(\mu'-\nu')=0 \tag{6.21}$$

$$\frac{\nu''}{2}-\frac{\mu'}{r}-\frac{\nu'}{4}(\mu'-\nu')=0 \tag{6.22}$$

$$1-\mathrm{e}^{\mu}-\frac{r}{2}(\mu'-\nu')=0 \tag{6.23}$$

只有两个未知函数，三个方程似乎多了。其实第三个方程是多余的。这是由爱因斯坦张量守恒导致的。公式(6.21)和(6.22)相加，得到

$$\mu'+\nu'=0 \tag{6.24}$$

代入方程(6.23)，得到

$$1-\mathrm{e}^{\mu}-r\mu'=0\quad\Rightarrow\quad(r\mathrm{e}^{-\mu})'=1\quad\Rightarrow\quad\mathrm{e}^{-\mu}=1+\frac{c}{r} \tag{6.25}$$

其中 c 是积分常数。其实将公式(6.24) 代入公式(6.21)，可以得到

$$(r\mathrm{e}^{\nu})''=0 \tag{6.26}$$

与公式(6.25)是等价的。由公式(6.24)得到

$$\nu=-\mu+a \tag{6.27}$$

其中 a 是积分常数，所以

$$g_{00}=-\mathrm{e}^{\nu}=-\mathrm{e}^{a}\left(1+\frac{c}{r}\right) \tag{6.28}$$

常数 e^{a} 可以通过重新定义时间而被吸收，所以公式(6.28)可以写成

$$g_{00}=-\left(1+\frac{c}{r}\right) \tag{6.29}$$

在无穷远处 $r\to\infty$，我们给定的边界条件是趋向牛顿近似[公式(4.9)]，所以 $c=-2GM$。

这样我们获得了施瓦西度规：

$$\mathrm{d}s^2=-\left(1-\frac{2GM}{r}\right)\mathrm{d}t^2+\left(1-\frac{2GM}{r}\right)^{-1}\mathrm{d}r^2+r^2\mathrm{d}\theta^2+r^2\sin^2\theta\mathrm{d}\varphi^2 \tag{6.30}$$

公式(6.29)的边界条件还可以取在 $r=0$ 处(如果坐标原点邻域是真空)，由于度规不能是无穷大，所以 $c=0$。这表明在一个球对称物质分布的空腔里，时空是平直的。这与万有引力定律有点类似，球壳外的球对称分布的物质对球壳内没有影响(伯克霍夫定理的另一种情况见第 6.2 节)。

最后提一下，前面我们曾经说过爱因斯坦引力场方程本身不足以确定度规，这里是选取了特殊的坐标[公式(6.14)]，这等同于第 5 章的坐标条件[见公式(6.30)下面的讨论]。如同麦克斯韦方程一样，不同的边界条件解也是不一样的，施瓦西解满足边界条件(4.9)。我们可以做坐标变换($r\geqslant 2GM$)：

$$r=\rho\left(1+\frac{MG}{2\rho}\right)^2 \tag{6.31}$$

那么度规(6.30)就变成

$$ds^2=-\frac{\left(1-\frac{MG}{2\rho}\right)^2}{\left(1+\frac{MG}{2\rho}\right)^2}dt^2+\left(1+\frac{MG}{2\rho}\right)^4[d\rho^2+\rho^2(d\theta^2+\sin^2\theta d\varphi^2)] \quad (6.32)$$

这显然也是爱因斯坦引力场方程的真空解,但是与公式(6.14)的形式不同,特别是公式(6.30)中 g_{11} 在 $r=2GM$ 的奇点不见了,其含义在第 8 章会提到。度规(6.32)是一个局域的三维笛卡尔坐标系。我们还可以获得满足和谐坐标条件的度规,见本章练习 2。

6.2 伯克霍夫定理

施瓦西解描述的是质量为 M 的球对称物质源在其外部形成的引力场。我们在求得施瓦西解时,用了静态假定。伯克霍夫(Birkhoff)定理表述的是:只要物质源分布是球对称的,即使其物质分布随时间变化(也就是其变化没有改变球对称),物质源外的度规依然是公式(6.30)。由于没有了静态条件,公式(6.14)中的 μ,ν 都是时间的函数。所以除了公式(6.16)的联络外(这些联络的形式不会发生改变,因为它们不包含 μ,ν 关于时间的导数),还有带有一个 0 或三个 0 指标的联络不为零(这些联络在静态下都为零),即

$$\begin{cases}\Gamma^0_{00}=\frac{1}{2}g^{00}g_{00,0}=\frac{1}{2}\frac{d\nu}{dt}\\ \Gamma^0_{11}=-\frac{1}{2}g^{00}g_{11,0}=\frac{1}{2}\frac{d\mu}{dt}e^{\mu-\nu}\\ \Gamma^1_{10}=\frac{1}{2}g^{11}g_{11,0}=\frac{1}{2}\frac{d\mu}{dt}\end{cases} \quad (6.33)$$

根据公式(6.19),需要考察里奇张量的四个分量,受到影响的里奇张量分量是

$$
\begin{cases}
R_{01}=-\dfrac{1}{r}\dfrac{\mathrm{d}\mu}{\mathrm{d}t} \\
R_{00}=\text{原式}+\dfrac{1}{2}\dfrac{\mathrm{d}^2\mu}{\mathrm{d}t^2}-\dfrac{1}{4}\dfrac{\mathrm{d}\nu}{\mathrm{d}t}\dfrac{\mathrm{d}\mu}{\mathrm{d}t}+\dfrac{1}{4}\left(\dfrac{\mathrm{d}\mu}{\mathrm{d}t}\right)^2 \\
R_{11}=\text{原式}-\left[\dfrac{1}{2}\dfrac{\mathrm{d}^2\mu}{\mathrm{d}t^2}+\dfrac{1}{4}\dfrac{\mathrm{d}\mu}{\mathrm{d}t}\left(\dfrac{\mathrm{d}\mu}{\mathrm{d}t}-\dfrac{\mathrm{d}\nu}{\mathrm{d}t}\right)\right]\mathrm{e}^{\mu-\nu}
\end{cases}
\tag{6.34}
$$

代入爱因斯坦引力场方程，得到

$$
R_{01}=-\frac{1}{r}\frac{\mathrm{d}\mu}{\mathrm{d}t}=0 \tag{6.35}
$$

公式(6.35)表明剩余的里奇张量形式不变，因而引力场方程的形式也不变。只是公式(6.27)中的 a 可以是时间的函数。因此公式(6.28)改写成

$$
g_{00}=-\mathrm{e}^{a(t)}\left(1+\frac{c}{r}\right) \tag{6.36}
$$

我们依然可以重新定义时间：

$$
t'=\int \mathrm{e}^{\frac{a(t)}{2}}\mathrm{d}t \tag{6.37}
$$

而把这个因子吸收，度规依然是公式(6.30)。

6.3　施瓦西时空的空间和时间度量

施瓦西度规在 $r=2GM$ 有奇点，我们把这个问题留在后面。现考虑 $r>2GM$ 的区域，这对于绝大多数的星球都是满足的(见第 4.5 节末对引力半径的讨论)。由于度规不是时间的函数且没有时空交叉项，时间和空间分成独立子空间，坐标时是校准的，空间两点的距离也是固定的，空间的位置也具有绝对的意义。一个静止观测者测量的空间距离为

$$
\mathrm{d}L^2=(g_{\mu\nu}+u_\mu u_\nu)\mathrm{d}x^\mu\mathrm{d}x^\nu=g_{ij}\mathrm{d}x^i\mathrm{d}x^i \tag{6.38}
$$

绕赤道一圈的周长是

$$L=\int_0^{2\pi} r\mathrm{d}\varphi=2\pi r \tag{6.39}$$

径向的距离是

$$L=\int_{r_1}^{r_2}\frac{\mathrm{d}r}{\sqrt{1-\frac{2GM}{r}}}$$

$$=\left\{r\sqrt{1-\frac{2GM}{r}}+2GM\ln\left[r^{\frac{1}{2}}\left(1+\sqrt{1-\frac{2GM}{r}}\right)\right]\right\}\Bigg|_{r_1}^{r_2} \tag{6.40}$$

空间是弯曲的，且随着 r 的变小，弯曲得更剧烈。为了形象描述施瓦西空间，我们可以考虑施瓦西时空在赤道的一个切片（即 t 和 θ 固定的二维空间）。度规是

$$\mathrm{d}s^2=\frac{\mathrm{d}r^2}{1-\frac{2GM}{r^2}}+r^2\mathrm{d}\varphi^2 \tag{6.41}$$

我们想象公式(6.41)是三维欧氏空间中某个曲面的度规，其采用了第 2 章练习 8 所用的投影坐标。如果三维欧氏空间采用的是柱坐标，即

$$\mathrm{d}s^2=\mathrm{d}z^2+\mathrm{d}r^2+r^2\mathrm{d}\varphi^2 \tag{6.42}$$

联合公式(6.41)和(6.42)，得到

$$\mathrm{d}z^2+\mathrm{d}r^2=\frac{\mathrm{d}r^2}{1-\frac{2GM}{r}} \tag{6.43}$$

即

$$\mathrm{d}z=\frac{\sqrt{2GM}}{\sqrt{r-2GM}}\mathrm{d}r \tag{6.44}$$

完成积分，得到曲面满足的方程

$$z=\sqrt{8GM(r-2GM)}+c \tag{6.45}$$

其中 c 是积分常数。图 6.1 是赤道面空间示意图。

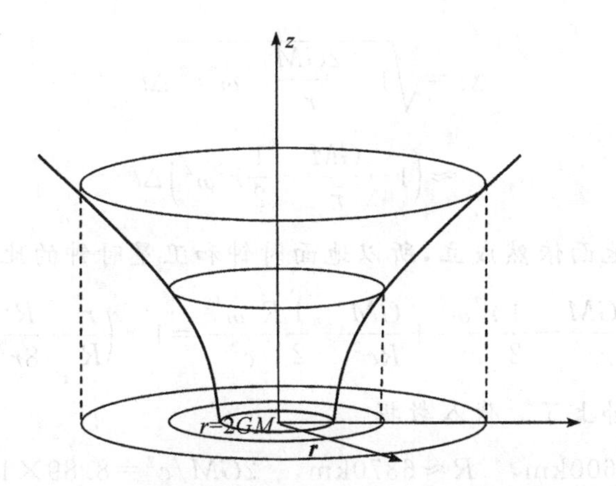

图 6.1　赤道面示意图[我们已经设公式(6.44)的积分常数为零]

在施瓦西时空,一个静止观测者的时钟与坐标时的关系是

$$\Delta T=\sqrt{-g_{00}}\,\mathrm{d}t=\sqrt{1-\frac{2GM}{r}}\,\mathrm{d}t \tag{6.46}$$

由于坐标时是校准的,可以作为标准来比较不同地点观测者的时钟。显然 r 越小,观测者的时钟走得越慢。在无穷远处,观测者的时钟与坐标时一样。这是引力场时钟变慢效应。

例 6.1　GPS 卫星通过原子钟定时发射信号,地面接收器接收到卫星信号后,根据自己的钟得知光传播的时间,再根据卫星星历数据得知卫星的位置,从而计算出自己的位置(至少需要四颗卫星)。在此过程中,一个关键点是卫星时钟与地面时钟需要同步,但这是不可能的。我们假定卫星沿赤道旋转,周期是地球自转的 1/2(这是出于 GPS 要求,轨道半径大约是 26600km),其四维速度为

$$u^{\alpha}=\left(\frac{\mathrm{d}t}{\mathrm{d}\tau},0,0,\omega\,\frac{\mathrm{d}t}{\mathrm{d}\tau}\right)$$

$$g_{\alpha\beta}u^{\alpha}u^{\beta}=-1\quad\Rightarrow\quad\frac{\mathrm{d}t}{\mathrm{d}\tau}=\frac{1}{\sqrt{1-\dfrac{2GM}{r}-r^{2}\omega^{2}}}$$

所以卫星的固有时与坐标时的关系是(保留一级近似)

$$\Delta\tau=\sqrt{1-\frac{2GM}{r}-\omega^2r^2}\,\Delta t$$
$$\approx\left(1-\frac{GM}{r}-\frac{1}{2}r^2\omega^2\right)\Delta t$$

这个关系对地面依然成立,所以地面时钟和卫星时钟的比例是

$$\frac{\Delta\tau_{\text{卫}}}{\Delta\tau_{\text{地}}}=1-\frac{GM}{rc^2}-\frac{1}{2}\frac{r^2\omega^2}{c^2}+\frac{GM}{Rc^2}+\frac{1}{2}\frac{R^2\omega'^2}{c^2}=1+\left(\frac{r}{R}+\frac{R^2}{8r^2}-\frac{3}{2}\right)\frac{GM}{rc^2}$$

我们将光速补上了。代入数据

$$r\approx26600\text{km},\quad R\approx6370\text{km},\quad 2GM/c^2=8.89\times10^{-3}\text{m}$$

得到

$$\frac{\Delta\tau_{\text{卫}}}{\Delta\tau_{\text{地}}}\approx1+4.5\times10^{-10}$$

一天累积误差是 3.9×10^{-5}s,相当于距离误差 12km。所以地面原子钟要随时校准。

对于引力场时钟变慢效应,我们在第 7 章还会较详细地讨论。

6.4 星球内部的引力场

在星球内部,物质的形态是复杂的,我们只考虑物质是理想流体的情况。能量-动量张量是

$$T^{\mu\nu}=(\rho+p)u^\mu u^\nu+pg^{\mu\nu} \tag{6.47}$$

能量-动量张量满足守恒方程

$$T^{\mu\nu}_{;\nu}=T^{\mu\nu}_{,\nu}+T^{\mu\alpha}\Gamma^{\nu}_{\alpha\nu}+T^{\nu\alpha}\Gamma^{\mu}_{\alpha\nu}=0 \tag{6.48}$$

考虑静止的理想流体,即

$$u^\mu=\left(\frac{1}{\sqrt{-g_{00}}},0,0,0\right) \tag{6.49}$$

在公式(6.48)中考虑分量 $\mu=1$,并利用公式(6.16)(只要是球对称的情况下都适用),得到

$$\frac{\mathrm{d}p}{\mathrm{d}r}+\frac{1}{2}(p+\rho)\nu'=0 \tag{6.50}$$

存在物质的爱因斯坦引力场方程

$$R_{\mu\nu}=-8\pi G\left(T_{\mu\nu}-\frac{1}{2}g_{\mu\nu}T\right)$$

利用公式(6.20)得到

$$\begin{cases} \mathrm{e}^{\nu-\mu}\left[-\frac{\nu''}{2}-\frac{\nu'}{r}+\frac{\nu'}{4}(\mu'-\nu')\right]=-4\pi G\mathrm{e}^{\nu}(3p+\rho) \\ \frac{\nu''}{2}-\frac{\mu'}{r}-\frac{\nu'}{4}(\mu'-\nu')=-4\pi G\mathrm{e}^{\mu}(\rho-p) \\ \mathrm{e}^{-\mu}\left[1-e^{\mu}-\frac{r}{2}(\mu'-\nu')\right]=-4\pi Gr^2(\rho-p) \end{cases} \tag{6.51}$$

这三个方程显然也是不独立的。第一、二个方程联合，可以得到

$$\mathrm{e}^{-\mu}\frac{\mu'+\nu'}{r}=8\pi G(p+\rho) \tag{6.52}$$

公式(6.52)和公式(6.51)第三个方程联合，可以得到

$$\mathrm{e}^{-\mu}(\mathrm{e}^{\mu}-1+r\mu')=8\pi Gr^2\rho \tag{6.53}$$

公式(6.53)进一步简化成

$$(r\mathrm{e}^{-\mu})'=1-8\pi Gr^2\rho \tag{6.54}$$

对公式(6.54)两边积分，得到

$$r\mathrm{e}^{-\mu}=r-\int_0^r 8\pi Gr^2\rho\,\mathrm{d}r \tag{6.55}$$

在公式(6.55)中，我们已经假定在 $r=0$ 处 $r\mathrm{e}^{-\mu}$ 等于零，这个前提是右边的积分在 $r\to 0$ 时也趋于零。定义质量

$$m(r)=\int_0^r 4\pi r^2\rho\,\mathrm{d}r \tag{6.56}$$

公式(6.55)化为

$$\mathrm{e}^{-\mu}=1-\frac{2Gm(r)}{r} \tag{6.57}$$

将公式(6.57)代入公式(6.52),得到

$$\nu'=\frac{8\pi Gpr^3+2Gm}{r(r-2Gm)} \tag{6.58}$$

将公式(6.58)和(6.50)联合起来解方程[公式(6.50)代替了(6.51)中的一个方程,因为爱因斯坦引力场方程本身就保证了能量-动量张量守恒],这组方程称为奥本海默(Oppenheimer)方程。由于有三个未知量,只有两个方程,还需寻找额外的约束方程。另外一个方程需要由物态方程提供,即获得密度与压强的关系。实际的物态方程非常复杂,依赖于物质的构成和温度等条件,不会有解析解。我们考虑一种简单的理想化情况:密度为常数。这种流体是不可压缩的,因为密度与压强无关。由公式(6.56)得到

$$m(r)=\frac{4\pi}{3}\rho_0 r^3,\quad r\leqslant R \tag{6.59}$$

将公式(6.59)和(6.58)一起代入公式(6.50),得到

$$\frac{\mathrm{d}p}{\mathrm{d}r}=-\frac{4\pi Gr^3(p+\rho_0/3)(p+\rho_0)}{r(r-8\pi G\rho_0 r^3/3)} \tag{6.60}$$

重新整理一下公式(6.60),两边积分,得到

$$\int_0^p \frac{\mathrm{d}p}{(p+\rho_0/3)(p+\rho_0)}=\int_R^r -\frac{4\pi Gr\mathrm{d}r}{(1-8\pi G\rho_0 r^2/3)} \tag{6.61}$$

在公式(6.61) 中,我们使用了边界条件 $p(R)=0$。最后得到

$$p=\frac{x-1}{3-x}\rho_0 \tag{6.62}$$

其中

$$x=\left(\frac{1-8\pi G\rho_0 r^2/3}{1-8\pi G\rho_0 R^2/3}\right)^{\frac{1}{2}}=\left(\frac{1-2GMr^2/R^3}{1-2GM/R}\right)^{\frac{1}{2}},\quad M=4\pi\rho_0 R^3/3 \tag{6.63}$$

将公式(6.62) 代入公式(6.58),注意到

$$\mathrm{d}x=-\frac{8\pi G\rho_0 r}{3}\frac{1}{1-2GM/R}\frac{1}{x}\mathrm{d}r \tag{6.64}$$

公式(6.58)可以化成

$$\mathrm{d}\ln(-g_{00})=-\frac{2}{3-x}\mathrm{d}x \tag{6.65}$$

完成积分,并利用边界条件

$$g_{00}\big|_{r=R}=-\left(1-\frac{2GM}{R}\right)$$

得到

$$g_{00}=-\frac{1}{4}\left(1-\frac{2GM}{R}\right)(3-x)^2,\quad r\leqslant R \tag{6.66}$$

结合公式(6.57),得到常数密度恒星内部的度规:

$$\mathrm{d}s^2=-\frac{1}{4}\left(1-\frac{2GM}{R}\right)(3-x)^2\mathrm{d}t^2+\frac{1}{\left(1-\frac{2GM}{R}\right)x^2}\mathrm{d}r^2+r^2(\mathrm{d}\theta^2+\sin^2\theta\mathrm{d}\varphi^2) \tag{6.67}$$

度规(6.67)随着半径的减小而逐渐趋于平直,这是伯克霍夫定理的直接推论。由于压强是正数,必须有 $1\leqslant x<3$。当 $x=1$ 时,$r=R$,压强为零。随着半径的减小,x 逐渐增加,压强也逐渐增大,星体中心压强最大。当 $r=0$ 时,x 的值不能达到 3,否则中心压强无穷大。所以

$$\frac{GM}{R}<\frac{4}{9} \tag{6.68}$$

这对恒星的质量和半径给了最大的限制,超过这个限制,恒星因为内部压强无法抵挡引力收缩而坍塌。这个限制是无自旋、无电荷的恒星的上限值。因为对于任何实际的模型,物质都不可能是不可压缩的,即压强大的地方物质的密度也大,因此中心的物质密度比外边的大。恒星实际的有效质量半径会比物质分布的半径更小,在没有达到公式(6.68)时,中心压强已经达到极限值。公式(6.68)也限制了恒星表面引力红移的大小。由公式(6.46)可知,在恒星表面观测者的时钟为

$$\Delta T=\sqrt{-g_{00}}\,\mathrm{d}t=\sqrt{1-\frac{2GM}{R}}\,\mathrm{d}t>\frac{1}{3}\mathrm{d}t \tag{6.69}$$

$\mathrm{d}t$ 是坐标时，也是无穷远观测者的时钟。如果两地的观测者观测同一束光，时间间隔设置为光的两个脉冲时间差（即一个周期），又光走的是零光程线，则路上所花费的时间是

$$\mathrm{d}s^2=g_{00}\mathrm{d}t^2+g_{ij}\mathrm{d}x^i\mathrm{d}x^j=0 \quad \Rightarrow \quad \Delta t=-\frac{g_{ij}\Delta x^i\Delta x^j}{g_{00}} \tag{6.70}$$

施瓦西度规不依赖时间，所以两个脉冲从出发到到达接收者的路上所耗费的坐标时间是一样的。这样两个脉冲如果出发的时刻分别是 t^1 和 t^2，到达时刻就是 $t^1+\Delta t$ 和 $t^2+\Delta t$。脉冲的坐标时差在两地是一样的。所以就有

$$\frac{1}{\nu}=\sqrt{1-\frac{2GM}{R}}\frac{1}{\nu'}>\frac{1}{3}\frac{1}{\nu'} \tag{6.71}$$

其中 ν 为光的频率，其倒数就是周期（两个脉冲的时间间隔），带撇的表示无穷远处的频率。公式(6.71)表明了无穷远处观察到的光频与恒星表面的光频的关系，即引力红移。公式(6.71)也可以用波长表示：

$$\lambda=\sqrt{1-\frac{2GM}{R}}\lambda'>\frac{1}{3}\lambda' \tag{6.72}$$

红移的大小由波长的改变与波长之比来表示：

$$z=\frac{\Delta\lambda}{\lambda}=\frac{\lambda'-\lambda}{\lambda}<2 \tag{6.73}$$

这是恒星引力红移的极限。如果出现大于这个极限的红移，就要考虑别的情况，比如受到星体退行（宇宙膨胀）的影响。最后提一点，稳定恒星的条件(6.68)保证了公式(6.58)在恒星内部没有奇点，所以没有坍塌的恒星，全时空没有奇点。公式(6.30)在 $r=2GM$ 的奇点只有在恒星完全坍塌以后才可能出现。公式(6.62)完全是相对论的结果。作为比较，我们考虑经典万有引力的情况。如图 6.2 所示，一薄层球壳两边压力差抵消引力的收缩：

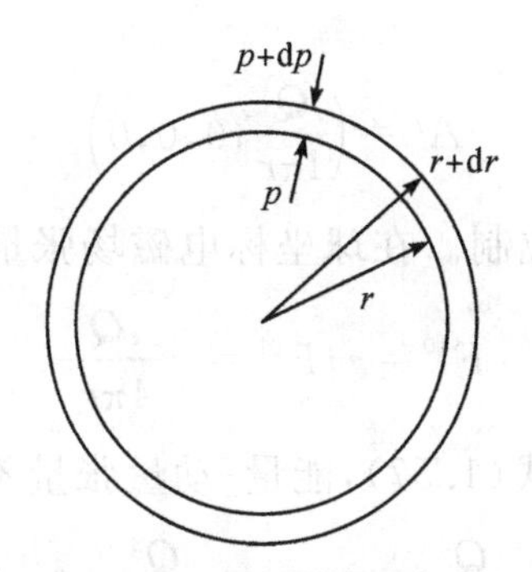

图 6.2 球壳受到内部物质的引力和内外压强,达到平衡

$$4\pi r^2 \frac{\mathrm{d}p}{\mathrm{d}r}\mathrm{d}r = -\frac{G}{r^2}\left(\frac{4\pi r^3 \rho_0}{3}\right)(4\pi r^2 \rho_0 \mathrm{d}r) \tag{6.74}$$

整理得到

$$\frac{\mathrm{d}p}{\mathrm{d}r} = -\frac{4\pi r G\rho_0^2}{3} r \tag{6.75}$$

两边积分,并利用压强的边界条件,得到

$$p = \frac{2\pi G\rho_0^2}{3}(R^2 - r^2) = \frac{1}{2}\frac{GM}{R}\left(1 - \frac{r^2}{R^2}\right)\rho_0 \tag{6.76}$$

在星球中心,压强是最大的,但是是有限的。我们对公式(6.62)做弱场近似:

$$x = \left(\frac{1 - 2GMr^2/R^3}{1 - 2GM/R}\right)^{\frac{1}{2}} \approx 1 + \frac{GM}{R}\left(1 - \frac{r^2}{R^2}\right) \tag{6.77}$$

$$p = \frac{x-1}{3-x}\rho_0 \approx \frac{1}{2}\frac{GM}{R}\left(1 - \frac{r^2}{R^2}\right)\rho_0 \tag{6.78}$$

与公式(6.76)的经典万有引力的结果一致。

6.5 赖斯纳-诺斯姆度规

如果星球还带有电荷,时空中就存在电磁场。因此,需要把电磁场的能量-动量张量加入爱因斯坦引力场方程。在平直时空,静止电

荷产生的四维矢势是

$$A^{\mu}=\left(\frac{Q}{4\pi r},0,0,0\right) \tag{6.79}$$

我们采用 $\varepsilon_0=1$ 的单位制。在球坐标电磁场张量不为零的分量是

$$F^{10}=-F^{01}=-\frac{Q}{4\pi r^2} \tag{6.80}$$

将公式(6.80)代入公式(1.57),能量-动量张量不为零的分量是

$$T_{00}=\frac{Q^2}{32\pi^2 r^4},\quad T_{11}=-\frac{Q^2}{32\pi^2 r^4},\quad T_{22}=\frac{Q^2}{32\pi^2 r^4}r^2,\quad T_{33}=\frac{Q^2}{32\pi^2 r^4}r^2\sin^2\theta \tag{6.81}$$

在球对称弯曲时空,利用球对称的度规(6.14),电磁场能量-动量张量可改写成

$$T_{00}=-\frac{Q^2}{32\pi^2 r^4}g_{00},\quad T_{11}=-\frac{Q^2}{32\pi^2 r^4}g_{11},\quad T_{22}=\frac{Q^2}{32\pi^2 r^4}g_{22},\quad T_{33}=\frac{Q^2}{32\pi^2 r^4}g_{33} \tag{6.82}$$

可以验证,电磁能量-动量张量(6.82)守恒(见本章练习 9)。利用公式(6.20),爱因斯坦引力场方程变为

$$\begin{cases}\mathrm{e}^{\nu-\mu}\left[-\dfrac{\nu''}{2}-\dfrac{\nu'}{r}+\dfrac{\nu'}{4}(\mu'-\nu')\right]=-\mathrm{e}^{\nu}\dfrac{GQ^2}{4\pi r^4}\\ \dfrac{\nu''}{2}-\dfrac{\mu'}{r}-\dfrac{\nu'}{4}(\mu'-\nu')=\mathrm{e}^{\mu}\dfrac{GQ^2}{4\pi r^4}\\ \mathrm{e}^{-\mu}\left[1-\mathrm{e}^{\mu}-\dfrac{r}{2}(\mu'-\nu')\right]=-\dfrac{GQ^2}{4\pi r^2}\end{cases} \tag{6.83}$$

公式(6.83)和真空的情况很类似,第一、二个方程相加,依然可以得到

$$\mu'+\nu'=0 \tag{6.84}$$

代入公式(6.83)的第三个方程,得到

$$(r\mathrm{e}^{-\mu})'=1-\frac{GQ^2}{4\pi r^2} \tag{6.85}$$

完成积分,得到

$$e^{-\mu}=1+\frac{c}{r}+\frac{GQ^2}{4\pi r^2} \tag{6.86}$$

其中 c 是积分常数，利用与施瓦西时空同样的边界条件，可以得到 $c=-2GM$。所以赖斯纳-诺斯姆(Reissner-Nordstrom，R-N)度规是

$$ds^2=-\left(1-\frac{2GM}{r}+\frac{GQ^2}{4\pi r^2}\right)dt^2+\frac{1}{1-\frac{2GM}{r}+\frac{GQ^2}{4\pi r^2}}dr^2+r^2(d\theta^2+\sin^2\theta d\varphi^2) \tag{6.87}$$

将度规(6.87)代回麦克斯韦方程[公式(2.208)]，可以验证公式(6.80)是麦克斯韦方程在R-N时空的解。度规(6.87)会在第8章再讨论。

本章练习

1. 验证公式(6.20)。

2. 验证公式(6.32)。

3. 在施瓦西度规中，令新坐标 $t'=t$，$x^1=(r-GM)\sin\theta\cos\varphi$，$x^2=(r-GM)\sin\theta\sin\varphi$，$x^3=(r-GM)\cos\theta$，请验证这组坐标满足和谐方程(5.8)。请在$(t,r,\theta,\varphi)$坐标下计算。

4. 验证公式(6.34)。

5. 验证公式(6.50)。

6. 求星球中心时钟与星球表面时钟走时的关系。通过公式(4.9)也可以获得一个结论。在弱场近似下，比较两种结果。

7. 在施瓦西时空，甲乙两人分别站在(r_1,θ,φ)，(r_2,θ,φ)。如果甲向乙沿径向发射一束光，并反射回来，甲的时钟走了多少时间？如果乙向甲径向发射一束光并返回，乙的时钟走了多少时间？甲和乙对光速大小的判断是一样的吗？

8. 在恒星密度为常数时，利用公式(6.67)计算星球的半径和体

积。在取度规(6.67)时，星球的实际密度是多少？

9. 验证电磁能量-动量张量(6.82)在球对称度规(6.14)中是守恒的。

10. 如果爱因斯坦引力场方程中有宇宙学项[公式(4.25)]，请证明施瓦西解将修正为

$$ds^2 = -\left(1 - \frac{2GM}{r} - \frac{\lambda}{3}r^2\right)dt^2 + \frac{1}{1 - \frac{2GM}{r} - \frac{\lambda}{3}r^2}dr^2 + r^2(d\theta^2 + \sin^2\theta d\varphi^2)$$

(我们可以看到，当 r 不断增大时，宇宙学项最终会变得非常重要。)

第7章 球对称引力场中的实验证据

爱因斯坦建立引力场方程以后,必须提出有异于牛顿引力理论的预言以证明其理论的正确。他当时提出了三大理论预言:

(1)水星轨道近日点的进动;

(2)星光掠过太阳而发生偏折;

(3)引力场中光线的红移。

这三条在随后的实验中都被证明是正确的。后来科学家又分别提出雷达回波延迟、陀螺(自旋)进动等实验,都以很高的精度验证了广义相对论。目前基于很多关于牛顿引力理论的修正理论,可以大致得出类似的结论,不断提高实验精度是为了探究这类理论中究竟哪个离真相更近。

7.1 牛顿引力理论

7.1.1 运动方程的积分常数

在广义相对论中,粒子在中心引力场中的行为与万有引力理论有所不同,这成为验证广义相对论的重要论据。为了比较,我们先介绍牛顿引力理论的结论。牛顿第二运动定律在笛卡尔坐标下表示为

$$m\,\frac{\mathrm{d}v^i}{\mathrm{d}t}=f^i \tag{7.1}$$

其中 v^i 是速度。由于 t 在经典力学中是标量,我们可以用协变导数把

公式(7.1)表述为在任何坐标下都成立的形式：

$$f^{\alpha}=\frac{\mathrm{D}v^{\alpha}}{\mathrm{d}t}=\frac{\mathrm{d}v^{\alpha}}{\mathrm{d}t}+\Gamma^{\alpha}_{\beta\gamma}v^{\beta}v^{\gamma} \tag{7.2}$$

在公式(7.2)中,我们消去了质量，所以公式(7.2)左边是作用在单位质量上的力。在笛卡尔坐标中,公式(7.2)自然回到公式(7.1)。下面我们将采取球坐标。平直空间球坐标下的联络是

$$\Gamma^{1}_{22}=-r\ ,\quad \Gamma^{1}_{33}=-r\sin^{2}\theta,\quad \Gamma^{2}_{21}=\frac{1}{r}$$

$$\Gamma^{2}_{33}=-\sin\theta\cos\theta,\quad \Gamma^{3}_{31}=\frac{1}{r},\quad \Gamma^{3}_{32}=\frac{\cos\theta}{\sin\theta} \tag{7.3}$$

在万有引力作用下的运动方程为

$$\frac{\mathrm{d}^{2}r}{\mathrm{d}t^{2}}-r\left(\frac{\mathrm{d}\theta}{\mathrm{d}t}\right)^{2}-r\sin^{2}\theta\left(\frac{\mathrm{d}\varphi}{\mathrm{d}t}\right)^{2}=-\frac{GM}{r^{2}} \tag{7.4}$$

$$\frac{\mathrm{d}^{2}\theta}{\mathrm{d}t^{2}}+\frac{2}{r}\frac{\mathrm{d}r}{\mathrm{d}t}\frac{\mathrm{d}\theta}{\mathrm{d}t}-\sin\theta\cos\theta\frac{\mathrm{d}\varphi}{\mathrm{d}t}\frac{\mathrm{d}\varphi}{\mathrm{d}t}=0 \tag{7.5}$$

$$\frac{\mathrm{d}^{2}\varphi}{\mathrm{d}t^{2}}+\frac{2}{r}\frac{\mathrm{d}r}{\mathrm{d}t}\frac{\mathrm{d}\varphi}{\mathrm{d}t}+\frac{2\cos\theta}{\sin\theta}\frac{\mathrm{d}\theta}{\mathrm{d}t}\frac{\mathrm{d}\varphi}{\mathrm{d}t}=0 \tag{7.6}$$

不失一般性,我们可以设置初始条件(可以通过调整坐标得到)为

$$\left.\frac{\mathrm{d}\theta}{\mathrm{d}t}\right|_{t=0}=0,\quad \left.\theta\right|_{t=0}=\frac{\pi}{2} \tag{7.7}$$

由方程(7.5)可知,当 $t=0$ 时，θ 对时间的二次导数也是零。方程(7.5)两边对时间求导数,可以得到在初始时刻 θ 对时间的三次导数也是零,继续下去,在初始时刻 θ 对时间的任意次导数也是零。所以公式(7.7)在任意时刻都成立,也就是粒子一直在赤道平面里运动。这样方程(7.4)和(7.6)简化成

$$\frac{\mathrm{d}^{2}r}{\mathrm{d}t^{2}}-r\left(\frac{\mathrm{d}\varphi}{\mathrm{d}t}\right)^{2}=-\frac{GM}{r^{2}} \tag{7.8}$$

$$\frac{\mathrm{d}^{2}\varphi}{\mathrm{d}t^{2}}+\frac{2}{r}\frac{\mathrm{d}r}{\mathrm{d}t}\frac{\mathrm{d}\varphi}{\mathrm{d}t}=0 \tag{7.9}$$

方程(7.9)化简成

$$\frac{\mathrm{d}}{\mathrm{d}t}\left(r^2\frac{\mathrm{d}\varphi}{\mathrm{d}t}\right)=0 \tag{7.10}$$

即

$$r^2\frac{\mathrm{d}\varphi}{\mathrm{d}t}=L \tag{7.11}$$

这是角动量守恒。将公式(7.11)代入公式(7.8)，得到

$$\frac{\mathrm{d}^2r}{\mathrm{d}t^2}=\frac{L^2}{r^3}-\frac{GM}{r^2} \tag{7.12}$$

可以引进有效势

$$V(r)=\frac{L^2}{2r^2}-\frac{GM}{r} \tag{7.13}$$

公式(7.12)就改写成

$$\frac{\mathrm{d}}{\mathrm{d}t}\left[\frac{1}{2}\left(\frac{\mathrm{d}r}{\mathrm{d}t}\right)^2+\frac{L^2}{2r^2}-\frac{GM}{r}\right]=\frac{\mathrm{d}}{\mathrm{d}t}\left[\frac{1}{2}\left(\frac{\mathrm{d}r}{\mathrm{d}t}\right)^2+V(r)\right]=0 \tag{7.14}$$

即

$$\frac{1}{2}\left(\frac{\mathrm{d}r}{\mathrm{d}t}\right)^2+V(r)=E \tag{7.15}$$

这是能量守恒。

7.1.2　束缚态

粒子在引力场中可以处于三种状态：散射态、束缚态和吸收态。

散射态是指粒子从无穷远处射入引力场，受到引力场作用后又散射到无穷远处。这类粒子的总能量必须大于零，且角动量不等于零。束缚态是指粒子被引力场束缚着，围绕引力中心旋转。这类粒子能量小于零，且角动量不等于零。还有一类粒子被吸引到引力中心去了，即吸收态。这类粒子角动量必须为零，否则它在接近引力中心时，势能(7.13)会趋于正无穷大，能量守恒禁止这样的行为，如图7.1所示。

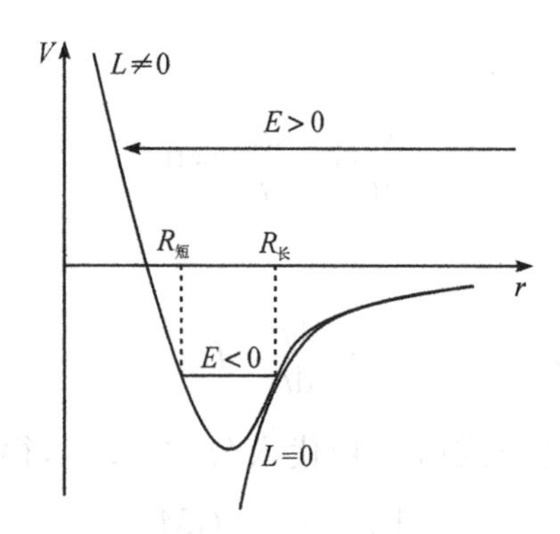

图 7.1 非相对论有效势能(当 $L=0$ 时,势能没有极值,只有吸收态;当 $L\neq 0$ 时,势能有极值。当 $E<0$ 时,粒子限制在 $R_{短}$ 和 $R_{长}$ 之间,即粒子的"近日点"和"远日点"之间。如果能量正好使粒子在极小值处,就是圆轨道;当 $E>0$ 时,粒子最终会撞上势垒掉头,是散射态)

我们先考虑束缚态。我们不直接解方程(7.12),而是把它化成轨迹方程,即 r 关于变量 φ 的微分方程。为了简化方程,我们设置变量:

$$\begin{cases}\chi=\dfrac{GM}{r}\\[2ex] \dfrac{\mathrm{d}r}{\mathrm{d}t}=\dfrac{\mathrm{d}r}{\mathrm{d}\varphi}\dfrac{\mathrm{d}\varphi}{\mathrm{d}t}=\dfrac{L}{r^2}\dfrac{\mathrm{d}r}{\mathrm{d}\varphi}=-\dfrac{L}{GM}\dfrac{\mathrm{d}\chi}{\mathrm{d}\varphi}\end{cases} \tag{7.16}$$

将公式(7.16)代入公式(7.15),得到

$$\frac{1}{2}\left(\frac{L}{GM}\frac{\mathrm{d}\chi}{\mathrm{d}\varphi}\right)^2+\frac{L^2}{2(GM)^2}\chi^2-\chi=E \tag{7.17}$$

公式(7.17)两边对 φ 求导,整理后有

$$\frac{\mathrm{d}^2\chi}{\mathrm{d}\varphi^2}+\chi-\frac{(GM)^2}{L^2}=0 \tag{7.18}$$

方程(7.18)的特解和通解分别为

$$\chi=\left(\frac{GM}{L}\right)^2,\quad \chi=A\sin(\varphi+\varphi_0)=e\left(\frac{GM}{L}\right)^2\sin(\varphi+\varphi_0) \tag{7.19}$$

其中 e 为偏心率,用来代替振幅 A。公式(7.19)两个方程加起来就是

$$\chi=\left(\frac{GM}{L}\right)^2[1+e\sin(\varphi+\varphi_0)] \tag{7.20}$$

$e=0$ 是圆轨道，$e<1$ 是椭圆轨道，$e=1$ 是抛物线，$e>1$ 是双曲线。e 的大小由总能量和角动量决定。将公式(7.20)代入公式(7.17)，得到

$$\frac{1}{2}\left(\frac{GM}{L}\right)^2(e^2-1)=E \tag{7.21}$$

7.1.3 散射态

在公式(7.21)中，$e\geqslant 1$ 就是散射态了。我们考虑大偏心率的散射态，也就是 $e\gg 1$。为了方便，我们设公式(7.20)的初相角是零。质点从无穷远处来，$\chi=0$，所以

$$\sin\varphi=-\frac{1}{e} \quad \Rightarrow \quad \varphi\approx-\frac{1}{e} \tag{7.22}$$

质点最接近引力中心的地方是 $\varphi=\pi/2$，即

$$\chi=\left(\frac{GM}{L}\right)^2(1+e) \quad \Rightarrow \quad R\approx\frac{L^2}{eGM} \tag{7.23}$$

R 是最靠近引力中心的距离。质点受到引力作用后，又飞到无穷远处，如图 7.2 所示。所以

$$\sin\varphi=-\frac{1}{e} \quad \Rightarrow \quad \varphi\approx\pi+\frac{1}{e} \tag{7.24}$$

质点如果没有受引力作用，其轨迹是直线，φ 从 0 到 π，现在发生偏转，偏转角度是

$$2\delta\varphi=\frac{2}{e}=\frac{2GMR}{L^2} \tag{7.25}$$

在公式(7.25)中，我们利用了公式(7.23)。后面将提到的光子散射没有非相对论的情况。如果我们认为光子与普通质点没有区别，单位质量光子的动量 $p=1$，角动量为

$$L\approx pR=R$$

公式(7.25)变为

$$2\delta\varphi=\frac{2}{e}=\frac{2GM}{R} \tag{7.26}$$

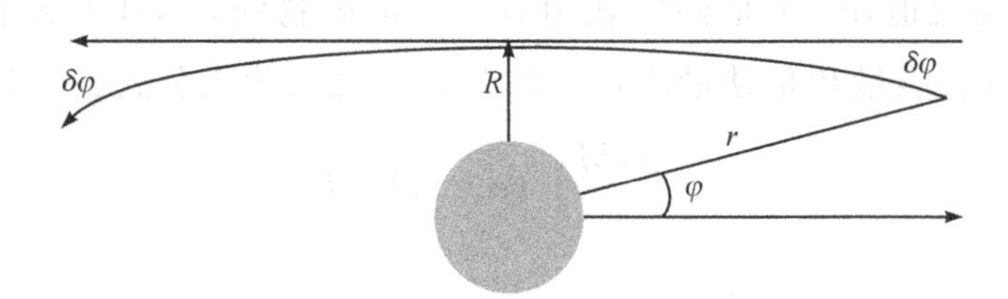

图 7.2 粒子在太阳引力场中散射(最上的水平箭头是无引力场时粒子的轨迹;弯曲线是粒子受引力场作用发生偏转;水平直线在无穷远处的极角 $\varphi=0,\pi$;发生散射后,极角 $\varphi=-\delta\varphi,\pi+\delta\varphi$)

7.2 广义相对论修正

7.2.1 运动方程的积分常数

在广义相对论中,粒子满足四维时空的自由运动方程

$$0=\frac{\mathrm{D}u^{\alpha}}{\mathrm{d}\tau}=\frac{\mathrm{d}u^{\alpha}}{\mathrm{d}\tau}+\Gamma^{\alpha}_{\beta\gamma}u^{\beta}u^{\gamma} \tag{7.27}$$

按分量写出公式(7.27),并利用度规(6.30)和联络(6.16),分析如下。

当 $\alpha=0$ 时,

$$\frac{\mathrm{d}^2x^0}{\mathrm{d}\tau^2}+2\Gamma^0_{10}\frac{\mathrm{d}x^1}{\mathrm{d}\tau}\frac{\mathrm{d}x^0}{\mathrm{d}\tau}=0$$

$$\Rightarrow\quad \frac{\mathrm{d}^2x^0}{\mathrm{d}\tau^2}+\left(1-\frac{2GM}{r}\right)^{-1}\left(1-\frac{2GM}{r}\right)_{,1}\frac{\mathrm{d}x^1}{\mathrm{d}\tau}\frac{\mathrm{d}x^0}{\mathrm{d}\tau}=0$$

$$\Rightarrow\quad \frac{\mathrm{d}}{\mathrm{d}\tau}\left[\left(1-\frac{2GM}{r}\right)\frac{\mathrm{d}x^0}{\mathrm{d}\tau}\right]=0$$

$$\Rightarrow\quad \left(1-\frac{2GM}{r}\right)\frac{\mathrm{d}x^0}{\mathrm{d}\tau}=E \tag{7.28}$$

公式(7.28)是弯曲时空的能量守恒。守恒的能量是四维协变动量(单位质量)的零分量 $-p_0$,其含义可以利用四维速度归一化

$\left(g_{\alpha\beta}\frac{\mathrm{d}x^\alpha}{\mathrm{d}\tau}\frac{\mathrm{d}x^\beta}{\mathrm{d}\tau}=-1\right)$理解：

$$E=\left(1-\frac{2GM}{r}\right)\frac{\mathrm{d}x^0}{\mathrm{d}\tau}=\sqrt{1-\frac{2GM}{r}}\sqrt{1+g_{ij}\frac{\mathrm{d}x^i}{\mathrm{d}\tau}\frac{\mathrm{d}x^i}{\mathrm{d}\tau}} \tag{7.29}$$

做非相对论近似，得到

$$E=\left(1-\frac{2GM}{r}\right)\frac{\mathrm{d}x^0}{\mathrm{d}\tau}\approx 1+\frac{1}{2}g_{ij}\frac{\mathrm{d}x^i}{\mathrm{d}\tau}\frac{\mathrm{d}x^i}{\mathrm{d}\tau}-\frac{GM}{r} \tag{7.30}$$

公式右边第一项是单位质量的静止质量，第二、三项分别对应单位质量的动能和引力势能。守恒能量并不是当地静止观测者观察到的能量。静止观测者看到的能量(单位质量)是

$$\widetilde{E}=-g_{\mu\nu}u^\mu\frac{\mathrm{d}x^\nu}{\mathrm{d}\tau}=\sqrt{-g_{00}}\frac{\mathrm{d}x^0}{\mathrm{d}\tau}=\sqrt{1+g_{ij}\frac{\mathrm{d}x^i}{\mathrm{d}\tau}\frac{\mathrm{d}x^j}{\mathrm{d}\tau}} \tag{7.31}$$

其中 u^μ 是静止观测者的四维速度。静止观测者观察到的是粒子的静止质量加上动能，因为势能是需要比较两个不同点才能得到的物理量。等效原理告诉我们：只对于一点而言，引力是可以通过坐标变换消除的。我们继续讨论其它分量的测地线方程。

当 $\alpha=2$ 时，

$$\frac{\mathrm{d}^2x^2}{\mathrm{d}\tau^2}+2\Gamma^2_{12}\frac{\mathrm{d}x^1}{\mathrm{d}\tau}\frac{\mathrm{d}x^2}{\mathrm{d}\tau}+\Gamma^2_{33}\frac{\mathrm{d}x^3}{\mathrm{d}\tau}\frac{\mathrm{d}x^3}{\mathrm{d}\tau}=0$$

$$\Rightarrow\quad \frac{\mathrm{d}^2\theta}{\mathrm{d}\tau^2}+\frac{2}{r}\frac{\mathrm{d}r}{\mathrm{d}\tau}\frac{\mathrm{d}\theta}{\mathrm{d}\tau}-\sin\theta\cos\theta\frac{\mathrm{d}\varphi}{\mathrm{d}\tau}\frac{\mathrm{d}\varphi}{\mathrm{d}\tau}=0 \tag{7.32}$$

方程(7.32)与方程(7.5)完全一样。同样取初始条件

$$\left.\frac{\mathrm{d}\theta}{\mathrm{d}\tau}\right|_{\tau=0}=0,\quad \theta|_{\tau=0}=\frac{\pi}{2} \tag{7.33}$$

粒子将一直在赤道平面里运动。

当 $\alpha=3$ 时，

$$\frac{\mathrm{d}^2x^3}{\mathrm{d}\tau^2}+2\Gamma^3_{13}\frac{\mathrm{d}x^1}{\mathrm{d}\tau}\frac{\mathrm{d}x^3}{\mathrm{d}\tau}+2\Gamma^3_{23}\frac{\mathrm{d}x^2}{\mathrm{d}\tau}\frac{\mathrm{d}x^3}{\mathrm{d}\tau}=0$$

$$\Rightarrow \quad \frac{\mathrm{d}^2\varphi}{\mathrm{d}\tau^2}+\frac{2}{r}\frac{\mathrm{d}r}{\mathrm{d}\tau}\frac{\mathrm{d}\varphi}{\mathrm{d}\tau}+\frac{2\cos\theta}{\sin\theta}\frac{\mathrm{d}\theta}{\mathrm{d}\tau}\frac{\mathrm{d}\varphi}{\mathrm{d}\tau}=0 \tag{7.34}$$

公式(7.34)也与公式(7.6)完全一样。利用条件(7.33)可以得到

$$\frac{\mathrm{d}}{\mathrm{d}\tau}\left(r^2\frac{\mathrm{d}\varphi}{\mathrm{d}\tau}\right)=0 \quad \Rightarrow \quad r^2\frac{\mathrm{d}\varphi}{\mathrm{d}\tau}=L \tag{7.35}$$

这是角动量守恒。

$\alpha=1$ 的分量方程得不到新的信息：

$$\frac{\mathrm{d}^2x^1}{\mathrm{d}\tau^2}+\Gamma^1_{00}\frac{\mathrm{d}x^0}{\mathrm{d}\tau}\frac{\mathrm{d}x^0}{\mathrm{d}\tau}+\Gamma^1_{11}\frac{\mathrm{d}x^1}{\mathrm{d}\tau}\frac{\mathrm{d}x^1}{\mathrm{d}\tau}+\Gamma^1_{22}\frac{\mathrm{d}x^2}{\mathrm{d}\tau}\frac{\mathrm{d}x^2}{\mathrm{d}\tau}+\Gamma^1_{33}\frac{\mathrm{d}x^3}{\mathrm{d}\tau}\frac{\mathrm{d}x^3}{\mathrm{d}\tau}=0$$

$$\begin{aligned}\Rightarrow \quad & 2\frac{\mathrm{d}^2r}{\mathrm{d}\tau^2}+\left(1-\frac{2GM}{r}\right)\left(1-\frac{2GM}{r}\right)_{,1}\frac{\mathrm{d}x^0}{\mathrm{d}\tau}\frac{\mathrm{d}x^0}{\mathrm{d}\tau}\\ & -\left(1-\frac{2GM}{r}\right)^{-1}\left(1-\frac{2GM}{r}\right)_{,1}\frac{\mathrm{d}r}{\mathrm{d}\tau}\frac{\mathrm{d}r}{\mathrm{d}\tau}\\ & -\left(1-\frac{2GM}{r}\right)2r\frac{\mathrm{d}\theta}{\mathrm{d}\tau}\frac{\mathrm{d}\theta}{\mathrm{d}\tau}-\left(1-\frac{2GM}{r}\right)2r\frac{\mathrm{d}\varphi}{\mathrm{d}\tau}\frac{\mathrm{d}\varphi}{\mathrm{d}\tau}=0\end{aligned} \tag{7.36}$$

利用公式(7.29)、(7.33)和(7.35)，公式(7.36)化简为

$$\frac{\mathrm{d}}{\mathrm{d}\tau}\left[\left(1-\frac{2GM}{r}\right)^{-1}\frac{\mathrm{d}r}{\mathrm{d}\tau}\frac{\mathrm{d}r}{\mathrm{d}\tau}-\left(1-\frac{2GM}{r}\right)\frac{\mathrm{d}x^0}{\mathrm{d}\tau}\frac{\mathrm{d}x^0}{\mathrm{d}\tau}+r^2\frac{\mathrm{d}\varphi}{\mathrm{d}\tau}\frac{\mathrm{d}\varphi}{\mathrm{d}\tau}\right]=0$$

$$\Rightarrow \quad \left(1-\frac{2GM}{r}\right)^{-1}\frac{\mathrm{d}r}{\mathrm{d}\tau}\frac{\mathrm{d}r}{\mathrm{d}\tau}-\left(1-\frac{2GM}{r}\right)\frac{\mathrm{d}x^0}{\mathrm{d}\tau}\frac{\mathrm{d}x^0}{\mathrm{d}\tau}+r^2\frac{\mathrm{d}\varphi}{\mathrm{d}\tau}\frac{\mathrm{d}\varphi}{\mathrm{d}\tau}=\frac{\mathrm{d}s^2}{\mathrm{d}\tau^2}=-1 \tag{7.37}$$

公式(7.37)就是四维速度的归一化。

7.2.2 束缚态

我们现在来讨论束缚态(下一小节再讨论散射态)。利用公式(7.29)，得到

$$\begin{aligned}E^2&=\left(1-\frac{2GM}{r}\right)\left(1+g_{ij}\frac{\mathrm{d}x^i}{\mathrm{d}\tau}\frac{\mathrm{d}x^i}{\mathrm{d}\tau}\right)\\&=\left(1-\frac{2GM}{r}\right)\left[1+\frac{1}{1-2GM/r}\left(\frac{\mathrm{d}r}{\mathrm{d}\tau}\right)^2+r^2\left(\frac{\mathrm{d}\theta}{\mathrm{d}\tau}\right)^2+r^2\sin^2\theta\left(\frac{\mathrm{d}\varphi}{\mathrm{d}\tau}\right)^2\right]\end{aligned}$$

$$
\begin{aligned}
&=\left(1-\frac{2GM}{r}\right)\left[1+\frac{1}{1-2GM/r}\left(\frac{\mathrm{d}r}{\mathrm{d}\tau}\right)^2+r^2\left(\frac{\mathrm{d}\varphi}{\mathrm{d}\tau}\right)^2\right]\\
&=\left(1-\frac{2GM}{r}\right)\left[1+\frac{1}{1-2GM/r}\left(\frac{\mathrm{d}r}{\mathrm{d}\tau}\right)^2+\frac{L^2}{r^2}\right]\\
&=\left(\frac{\mathrm{d}r}{\mathrm{d}\tau}\right)^2+\left(1-\frac{2GM}{r}\right)\left(1+\frac{L^2}{r^2}\right)
\end{aligned}
\tag{7.38}
$$

公式(7.38)直接用了条件(7.29)和(7.33)。我们可以令有效势

$$
V(r)=\left(1-\frac{2GM}{r}\right)\left(1+\frac{L^2}{r^2}\right) \tag{7.39}
$$

不同于势能(7.13)只有且一定有一个极小值($L\neq 0$),公式(7.39)可以有一个极小值和极大值。令

$$
\frac{\partial V(r)}{\partial r}=\frac{2GM}{r^2}\left(1+\frac{L^2}{r^2}\right)-\left(1-\frac{2GM}{r}\right)\frac{2L^2}{r^3}=0 \tag{7.40}
$$

方程(7.40)可以有两个解:

$$
\frac{1}{r}=\frac{1\pm\sqrt{1-12\left(\frac{GM}{L}\right)^2}}{6GM} \tag{7.41}
$$

其中,正号对应极大值,靠近引力中心,负号对应极小值,比极大值远,如图 7.3 所示。公式(7.41)有实数解的条件是

$$
\frac{1}{12}\geqslant\left(\frac{GM}{L}\right)^2 \tag{7.42}
$$

条件(7.42)也是束缚态存在的条件。所以,临界束缚态的“半径”是 $r=6GM$。

要如此靠近引力中心,引力源的半径必须也很小,只有中子星和黑洞符合条件。临界束缚态的轨道是圆,其总能量等于有效势能:

$$
E^2=\left(1-\frac{2GM}{r}\right)\left(1+\frac{L^2}{r^2}\right)=\frac{8}{9} \tag{7.43}
$$

所以束缚能高达

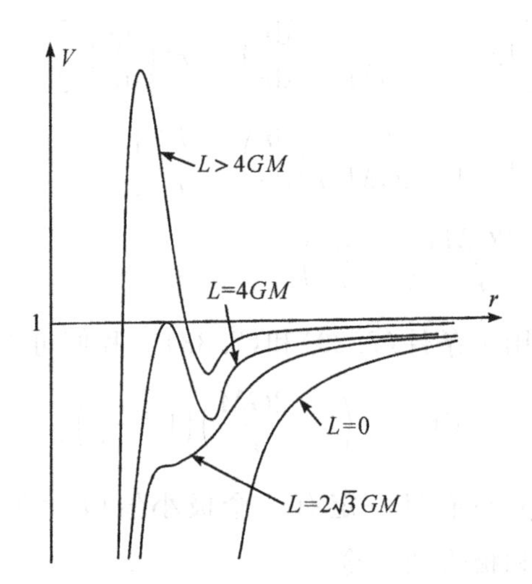

图 7.3 相对论有效势能(势能在无穷远处值为 1,是单位质量的静止能量。当 $L<2\sqrt{3}GM$ 时,势能没有极值;当 $2\sqrt{3}GM<L<4GM$ 时,势能最大值小于 1。任何时候,势能都有有限的最大值)

$$1-\frac{2\sqrt{2}}{3}\approx 5.7\%$$

物质被致密星体(星系中心的巨大黑洞等)吞噬的过程中,都会释放巨大的能量,产生很强的辐射。有效势[公式(7.39)]有极大值表明,当 r 趋于零时,势能不会趋于无穷大,所以当总能量足够大时,只有吸收态,没有散射态。特别是当

$$\left(\frac{GM}{L}\right)^2\geqslant\frac{1}{16}$$

时,势能的极大值等于或小于 1,就没有散射态了。

现在讨论束缚态的轨道。我们依然利用公式(7.16)将公式(7.38)化为

$$E^2=\left(\frac{L}{GM}\frac{\mathrm{d}\chi}{\mathrm{d}\varphi}\right)^2+(1-2\chi)\left[1+\left(\frac{L}{GM}\right)^2\chi^2\right] \tag{7.44}$$

公式(7.44)两边对 φ 求导,得到

$$\frac{\mathrm{d}^2\chi}{\mathrm{d}\varphi^2}-\left(\frac{GM}{L}\right)^2+\chi-3\chi^2=0 \tag{7.45}$$

如果没有左边第四项，那么公式(7.45)与(7.18)完全一样。这第四项就是相对论修正项。在太阳系中，这个修正项是很小的。2χ 等于太阳引力半径与轨道半径之比，而太阳引力半径只有 3km。所以我们知道行星轨道修正非常小。不考虑直接解方程(7.45)，而将公式(7.44)整理为

$$\left(\frac{GME}{L}\right)^2+(2\chi-1)\left[\left(\frac{GM}{L}\right)^2+\chi^2\right]=\left(\frac{\mathrm{d}\chi}{\mathrm{d}\varphi}\right)^2 \tag{7.46}$$

在行星的近日点和远日点，方程(7.46)右边为零。这样得到一个一元三次方程，有三个解 χ_1,χ_2,χ_3。所以方程(7.46)可以写成

$$2(\chi-\chi_1)(\chi-\chi_2)(\chi-\chi_3)=\left(\frac{\mathrm{d}\chi}{\mathrm{d}\varphi}\right)^2 \tag{7.47}$$

比较方程(7.46)和(7.47)，得到

$$\chi_1+\chi_2+\chi_3=\frac{1}{2} \tag{7.48}$$

这三个根里，有两个对应于轨道的远日点和近日点，所以非常小，第三个根近似等于 1/2(非物理的)。假定 χ_1 和 χ_2 分别对应远日点和近日点，$\chi_1<\chi_2$。将公式(7.48)代入公式(7.47)，得到

$$\begin{aligned}\frac{\mathrm{d}\varphi}{\mathrm{d}\chi}&=\frac{1}{\sqrt{2(\chi-\chi_1)(\chi-\chi_2)(\chi-\chi_3)}}\\&=\frac{1}{\sqrt{(\chi-\chi_1)(\chi_2-\chi)(1-2\chi-2\chi_1-2\chi_2)}}\approx\frac{1+\chi+\chi_1+\chi_2}{\sqrt{(\chi-\chi_1)(\chi_2-\chi)}}\end{aligned} \tag{7.49}$$

最后一步是因为所有的 χ 都很小，做一阶展开，令

$$A=\frac{\chi_1+\chi_2}{2},\quad B=\frac{\chi_2-\chi_1}{2}$$

公式(7.49)转化为

$$\frac{d\varphi}{d\chi}=\frac{1+\chi+2A}{\sqrt{B^2-(\chi-A)^2}} \tag{7.50}$$

对公式两边做积分，得到

$$\Delta\varphi=\int_{\chi_1}^{\chi_2}\frac{1+\chi+2A}{\sqrt{B^2-(\chi-A)^2}}d\chi=\int_{-B}^{B}\frac{1+\chi+3A}{\sqrt{B^2-\chi^2}}d\chi$$
$$=\int_{-B}^{B}\frac{1+3A}{\sqrt{B^2-\chi^2}}d\chi=2\int_{0}^{B}\frac{1+3A}{\sqrt{B^2-\chi^2}}d\chi=(1+3A)\pi \tag{7.51}$$

显然从远日点转到近日点，方位角转过比 π 多了点，这就是行星近日点进动。旋转一周，进动角度为

$$\delta\varphi=6A\pi=3(\chi_1+\chi_2)\pi=3GM\left(\frac{1}{R_1}+\frac{1}{R_2}\right)\pi=3\pi\frac{GM}{c^2}\left(\frac{1}{R_1}+\frac{1}{R_2}\right) \tag{7.52}$$

我们将光速补上了。将水星的数据代入，得到

$$\delta\varphi=3\pi\times\frac{6.67\times10^{-11}\times2\times10^{30}}{(3\times10^8)^2}\left(\frac{1}{6.9\times10^{10}}+\frac{1}{4.6\times10^{10}}\right)$$
$$=8\times10^{-8}\times2\pi=0.104'' \tag{7.53}$$

这是一个非常小的数值，但是解答了历史上的一宗疑案。天文学家很早就发现水星近日点不是固定的，一个世纪进动 5600.73″(角秒)。其中绝大多数是由岁差导致的，再加上其它行星的扰动，加总后理论计算的值为 5557.62″，与实验值差 43″。在很长的一段时间里，科学家提出种种理论解释，包括水星轨道内有新的行星或有较多的尘埃阻尼，或太阳有较大的扁率等，但是这些都被实验否定了。爱因斯坦的广义相对论正好弥补了这个差值。水星在一个地球年旋转 414 周，公式(7.53)的百年进动正好就是 43″。这个结论首先是由爱因斯坦在 1915 年获得的。当然 43″ 与全水星进动相比实在太小，任何一个环节多一点误差都可能导致公式(7.53)的结果失败，还需要从别的渠道更确切地证实。科学家把关注点放在中子双星的轨道进动，泰勒和赫尔斯 1974 年发现了 PSR 1913＋16 双中子星，观测到了很大的轨道进

动现象，一天的进动相当于水星一个世纪的进动。中子双星是强引力场问题，我们这里的讨论都不适用，但是有一点是明确的：在广义相对论里，星体的（椭圆）轨道不再闭合，像永无止境的螺旋线。

7.2.3　散射态

我们现在来讨论散射态。散射粒子是光子。由于光子走的是零光程线，公式(7.28) 变成

$$E=\left(1-\frac{2GM}{r}\right)\frac{\mathrm{d}x^0}{\mathrm{d}\lambda}=\sqrt{1-\frac{2GM}{r}}\sqrt{g_{ij}\frac{\mathrm{d}x^i}{\mathrm{d}\lambda}\frac{\mathrm{d}x^i}{\mathrm{d}\lambda}} \tag{7.54}$$

其中 λ 是仿射参量。按照公式(7.38) 和(7.39) 的方法得到

$$E^2=\left(\frac{\mathrm{d}r}{\mathrm{d}\lambda}\right)^2+\left(1-\frac{2GM}{r}\right)\frac{L^2}{r^2} \tag{7.55}$$

公式(7.55) 的有效势是

$$V(r)=\left(1-\frac{2GM}{r}\right)\frac{L^2}{r^2} \tag{7.56}$$

这个势只有一个极大值，其位置在 $r=3GM$ 处，极大值为

$$V_{\max}=\frac{1}{27}\left(\frac{L}{GM}\right)^2 \tag{7.57}$$

如果光子能量大于这个值，光子就会被吸收。其它情况只会被散射，没有束缚态。由于太阳半径远大于 $3GM$，散射将是非常微弱的。依然利用公式(7.16)将公式(7.55)化为

$$E^2=\left(\frac{L}{GM}\frac{\mathrm{d}\chi}{\mathrm{d}\varphi}\right)^2+\left(\frac{L}{GM}\right)^2(1-2\chi)\chi^2 \tag{7.58}$$

整理得到

$$\left(\frac{EGM}{L}\right)^2=\left(\frac{\mathrm{d}\chi}{\mathrm{d}\varphi}\right)^2+\chi^2-2\chi^3 \tag{7.59}$$

正如我们对公式(7.45)所讨论的，公式(7.59)最右边项很小，如果忽略此项，公式(7.59)显然就是一个谐振子，有解：

$$\chi=\frac{EGM}{L}\sin\varphi \tag{7.60}$$

公式(7.60)描述的是一条直线，如图 6.2 所示，与引力中心的最近距离是

$$R=\frac{L}{E} \tag{7.61}$$

公式(7.59)中的小项用公式(7.60)作为近似代替，得到

$$\left(\frac{EGM}{L}\right)^2=\left(\frac{d\chi}{d\varphi}\right)^2+\chi^2-2\left(\frac{EGM}{L}\sin\varphi\right)^3 \tag{7.62}$$

方程(7.62)的解将稍微偏离公式(7.60)，可以假定解是

$$\chi=\frac{EGM}{L}\sin\varphi+\delta\chi \tag{7.63}$$

将公式(7.63)代入方程(7.62)，并只保留一级 $\delta\chi$，得到

$$\cos\varphi\frac{d\delta\chi}{d\varphi}+\sin\varphi\delta\chi-\left(\frac{EGM}{L}\right)^2\sin^3\varphi=0 \tag{7.64}$$

解方程(7.64)可以采用试探的方式，令

$$\delta\chi=A\sin^2\varphi+B\cos^2\varphi \tag{7.65}$$

代入方程(7.64)，得到特解：

$$\delta\chi=\left(\frac{EGM}{L}\right)^2\sin^2\varphi+2\left(\frac{EGM}{L}\right)^2\cos^2\varphi=\left(\frac{EGM}{L}\right)^2(1+\cos^2\varphi)$$

方程(7.64)还有一个通解：

$$\delta\chi=A\cos\varphi$$

它与添加的微扰项无关，可以归并到无微扰的领头阶方程中去，由初始条件消去。综合公式(7.60)，得到完整的近似解：

$$\chi=\left(\frac{EGM}{L}\right)\sin\varphi+\left(\frac{EGM}{L}\right)^2(1+\cos^2\varphi) \tag{7.66}$$

公式(7.66)表明，当光从无穷远入射时，其入射角并不等于零，有

$$0=\left(\frac{EGM}{L}\right)\delta\varphi+2\left(\frac{EGM}{L}\right)^2\quad\Rightarrow\quad\delta\varphi=-2\left(\frac{EGM}{L}\right) \tag{7.67}$$

利用公式(7.61)，将公式(7.67)化成

$$\delta\varphi=-\frac{2GM}{R}$$

同样，当光子经过引力源，飞到无穷远处时，出射角也不等于 π，有

$$\delta\varphi=\pi+\frac{2GM}{R}$$

光线总偏转的角度是

$$2\delta\varphi=\frac{4GM}{R} \tag{7.68}$$

公式(7.68)是经典理论(7.26)预言的两倍。如果最近点取 R 为太阳半径，由公式(7.68)得到

$$\begin{aligned}2\delta\varphi &=4\times\frac{6.67\times10^{-11}\times2\times10^{30}}{(3\times10^{8})^{2}}\frac{1}{6.95\times10^{8}} \\ &\approx1.36\times10^{-6}\times2\pi\approx1.75''\end{aligned} \tag{7.69}$$

实际测量的近日点会比太阳半径大很多，修正后与公式(7.69)比较。1919年5月日食期间，爱丁顿(Eddington)领导的两个实验小组分别得到 $1.98''\pm0.12''$ 和 $1.61''\pm0.31''$ 的结果，支持广义相对论的预言。随后若干年的多次实验都支持广义相对论。

7.3　引力红移

除了粒子的束缚态和散射态可以用来验证广义相对论以外，还有很多其它的广义相对论效应，引力红移就是其中之一，我们在第6章末已经涉及了。根据公式(7.28)，一个粒子守恒的是其协变动量的零分量，但是观测者观测到的粒子能量是公式(7.31)，两者之间的关系是

$$E=\sqrt{1-\frac{2GM}{r}}\widetilde{E} \tag{7.70}$$

根据公式(7.31)，观测者观测的就是自由粒子的能量，对于光子来说就是 $h\nu$。所以无穷远处接收到 r 处发射出来光子的频率是

$$\nu=\sqrt{1-\frac{2GM}{r}}\nu_r \tag{7.71}$$

其中 ν_r 是 r 处光子的频率。这个结果与公式(6.71)是一样的。显然接收的频率比发出的频率小，这就是引力红移。如果无穷远作为发射源，接收人靠近引力源，接收频率会变大，称为引力蓝移。如果两个观测者都处在引力场中，则频率之比为

$$\frac{\nu_1}{\nu_2}=\frac{\sqrt{1-\frac{2GM}{r_2}}}{\sqrt{1-\frac{2GM}{r_1}}} \tag{7.72}$$

在弱场中，公式(7.72)化为

$$\frac{\nu_1}{\nu_2}\approx 1-\frac{GM}{r_2}+\frac{GM}{r_1} \quad\Rightarrow\quad \frac{\nu_1-\nu_2}{\nu_2}\approx\frac{GM}{r_1}-\frac{GM}{r_2} \tag{7.73}$$

公式(7.73)也可以理解成经典力学的能量守恒。所以引力红移其实只是对等效原理的一个验证：光子这团能量所具有的惯性质量，与其它物质的惯性质量一样，具有相同的引力效应。从地球观测太阳的引力红移，由公式(7.73)，有

$$\frac{\nu_1-\nu_2}{\nu_2}\approx\frac{GM}{R_{日}}\sim 10^{-6}$$

其中 $R_{日}$ 是太阳的半径。这个量对目前技术而言本来并不小，但是太阳内部粒子运动导致的多普勒效应很强，掩盖了引力红移效应。1960 年，庞德（Pound）和瑞博卡（Rebka）用穆斯堡尔效应（Mössbauer effect）测量了高于地球表面 22.3m（垂直距离）的引力蓝移。根据公式(7.73)，频移大概只有

$$\frac{\nu_1-\nu_2}{\nu_2}\approx\frac{\Delta hGM}{R_{地}^2}=\frac{\Delta hGM}{R_{地}^2 c^2}\sim 2\times 10^{-15}$$

一些元素核的吸收线宽已达到这个精度。庞德和瑞博卡的实验在 1% 的精度与实验符合。到目前为止，引力场时钟变慢效应已经在很高的精度上被实验反复证实。就在刚刚得到的消息[1]，美国科学家利用超高精度原子钟测量出了高于地球表面 1mm 的引力时钟变慢效应。

7.4　雷达回波延迟

在施瓦西时空中，我们考虑两个观测者 A，B 站在径向上（B 比 A 更靠近引力中心），且在引力中心一边，他们之间的距离由公式(6.40)给出。现在从 A 发射一束光，从 B 反射回到 A 处。我们来计算所花费的时间。光走的是零光程线：

$$ds^2=-\left(1-\frac{2GM}{r}\right)dt^2+\left(1-\frac{2GM}{r}\right)^{-1}dr^2=0 \tag{7.74}$$

所以光在 A 与 B 之间来回的坐标时差是

$$\Delta t=2\int_{r_1}^{r_2}\left(1-\frac{2GM}{r}\right)^{-1}dr=2\left(r_2-r_1+2GM\ln\frac{r_2-2GM}{r_1-2GM}\right) \tag{7.75}$$

A 自己的时钟读数是

$$\Delta\tau=\left(1-\frac{2GM}{r_2}\right)^{\frac{1}{2}}\Delta t=2\left(1-\frac{2GM}{r_2}\right)^{\frac{1}{2}}\left(r_2-r_1+2GM\ln\frac{r_2-2GM}{r_1-2GM}\right) \tag{7.76}$$

如果时空是平直的，时间差应该是 $\Delta\tau=2(r_2-r_1)$，多出来的那部分就是弯曲时空的效应，称为光回波的时间延迟。时间延迟不仅仅是因为空间距离发生了改变。比较公式(6.40)，就可以发现

$$\Delta\tau\neq 2\Delta L \tag{7.77}$$

所以光速也不等于 1。原因是光速不变只是局域观测的结果，每个静止的局域观测者的时钟不是一样快的，所以在有限距离里，当用一个

---

[1] 参见 Bothwell T, Kennedy C J, Aeppli A, et al. Resolving the gravitational redshift across a millimetre-scale atomic sample[J]. *Nature*, 2022, 602: 420-424.

局域观测者的时钟度量整段距离的平均光速时，不再是恒定的值。在太阳系中可以考虑弱场近似：

$$\Delta\tau \approx 2\left(r_2 - r_1 - \frac{r_2 - r_1}{r_2}GM + 2GM\ln\frac{r_2}{r_1}\right) \tag{7.78}$$

所以弯曲时空导致的时间延迟是

$$\Delta\tau - 2(r_2 - r_1) = 2GM\left(2\ln\frac{r_2}{r_1} - \frac{r_2 - r_1}{r_2}\right) \tag{7.79}$$

要使时间差足够大，要尽量减小 r_1，也就是尽量让 B 靠近太阳。实际的操作是：A，B 需处于太阳两端，让光线掠过太阳。这就需要对公式(7.79)进行修正。我们把时间分成两段，先从 A 到达近日点，然后从近日点到达 B。 近日点可以根据公式(7.55)得到(径向速度为零)：

$$\frac{r_0}{\sqrt{1-\dfrac{2GM}{r_0}}} = \frac{L}{E} \tag{7.80}$$

公式(7.80)是对公式(7.61)的修正。我们先算半段，就是从 r_0 到 r_1。考虑在太阳的黄道面，有

$$\begin{aligned}
0 = \mathrm{d}s^2 &= -\left(1-\frac{2GM}{r}\right)\mathrm{d}t^2 + \frac{1}{1-\dfrac{2GM}{r}}\mathrm{d}r^2 + r^2\mathrm{d}\varphi^2 \\
&= -\left(1-\frac{2GM}{r}\right)\mathrm{d}t^2 + \left[\frac{1}{1-2GM/r} + r^2\left(\frac{\mathrm{d}\varphi}{\mathrm{d}\lambda}\right)^2\left(\frac{\mathrm{d}r}{\mathrm{d}\lambda}\right)^{-2}\right]\mathrm{d}r^2 \\
&= -\left(1-\frac{2GM}{r}\right)\mathrm{d}t^2 \\
&\quad + \frac{1}{1-\dfrac{2GM}{r}}\left\{1+\left(1-\frac{2GM}{r}\right)\frac{L^2}{r^2}\left[E^2-\left(1-\frac{2GM}{r}\right)\frac{L^2}{r^2}\right]^{-1}\right\}\mathrm{d}r^2 \\
&= -\left(1-\frac{2GM}{r}\right)\mathrm{d}t^2 + \frac{1}{1-\dfrac{2GM}{r}}\left[1-\left(1-\frac{2GM}{r}\right)\frac{L^2}{E^2r^2}\right]^{-1}\mathrm{d}r^2
\end{aligned} \tag{7.81}$$

其中利用了公式(7.55)。所以这半程时间为

$$\Delta t_1 = \int_{r_0}^{r_1} \left(1-\frac{2GM}{r}\right)^{-1} \frac{1}{\sqrt{1-\left(1-\frac{2GM}{r}\right)\frac{L^2}{E^2r^2}}}\mathrm{d}r$$

$$= \int_{r_0}^{r_1} \left(1-\frac{2GM}{r}\right)^{-1} \frac{1}{\sqrt{1-\left(1-\frac{2GM}{r}\right)\left(1-\frac{2GM}{r_0}\right)^{-1}\frac{r_0^2}{r^2}}}\mathrm{d}r$$

(7.82)

由于 GM 是个小量,公式(7.82)中的分母可以采用一级近似化简成

$$1-\left(1-\frac{2GM}{r}\right)\left(1-\frac{2GM}{r_0}\right)^{-1}\frac{r_0^2}{r^2} \approx \left(1-\frac{r_0^2}{r^2}\right)\left[1-\frac{2GMr_0}{r(r+r_0)}\right]$$

(7.83)

然后再对公式(7.82)做一级近似,得到

$$\Delta t_1 = \int_{r_0}^{r_1}\left(1-\frac{r_0^2}{r^2}\right)^{-\frac{1}{2}}\left[1+\frac{2GM}{r}+\frac{GMr_0}{r(r+r_0)}\right]\mathrm{d}r$$

$$= \sqrt{r_1^2-r_0^2} + 2GM\ln\frac{r_1+\sqrt{r_1^2-r_0^2}}{r_0} + GM\left(\frac{r_1-r_0}{r_1+r_0}\right)^{\frac{1}{2}} \quad (7.84)$$

第一项可以看作平直空间的距离,也是在平直空间光传播所需要的时间。加上另外半程,总的时间延迟为

$$\Delta\tau - 2\sqrt{r_1^2-r_0^2} - 2\sqrt{r_2^2-r_0^2}$$

$$= \left(1-\frac{2GM}{r_2}\right)^{\frac{1}{2}}\Delta t - 2\sqrt{r_1^2-r_0^2} - 2\sqrt{r_2^2-r_0^2}$$

$$\approx 2GM\left(2\ln\frac{4r_1r_2}{r_0^2}+1-\frac{r_1}{r_2}\right) \quad (7.85)$$

其中我们已经假定 r_0 远小于 r_1 和 r_2。(我们忽略了地球引力场导致的时钟变慢以及地球运动导致的狭义相对论效应,这些与太阳引力场相比小了一个量级。)然后考虑 B 到近日点的距离,利用距离公式

$$\mathrm{d}L^2 = \left(1-\frac{2GM}{r}\right)^{-1}\mathrm{d}^2r + r^2\mathrm{d}^2\varphi = \left(1-\frac{2GM}{r}\right)\mathrm{d}t^2 \quad (7.86)$$

可以直接得到。这样 B 到近日点的距离为

$$
\begin{aligned}
\Delta L_1 &= \int_{t_0}^{t_1} \left(1 - \frac{2GM}{r}\right)^{\frac{1}{2}} \mathrm{d}t \\
&= \int_{r_0}^{r_1} \frac{r}{\sqrt{r^2 - r_0^2}} \left[1 + \frac{GM}{r} + \frac{GMr_0}{r(r+r_0)}\right] \mathrm{d}r \\
&= \sqrt{r_1^2 - r_0^2} + GM\ln \frac{r_1 + \sqrt{r_1^2 - r_0^2}}{r_0} + GM\left(\frac{r_1 - r_0}{r_1 + r_0}\right)^{\frac{1}{2}}
\end{aligned} \tag{7.87}
$$

所以由光速改变导致的总时间延迟是

$$
\begin{aligned}
\Delta\tau - \Delta L &= 2GM\left(\ln \frac{r_1 + \sqrt{r_1^2 - r_0^2}}{r_0} - \frac{\sqrt{r_1^2 - r_0^2}}{r_2}\right. \\
&\qquad \left. + \ln \frac{r_2 + \sqrt{r_2^2 - r_0^2}}{r_0} - \frac{\sqrt{r_2^2 - r_0^2}}{r_2}\right) \\
&\approx 2GM\left(\ln \frac{4r_1 r_2}{{r_0}^2} - \frac{r_1 + r_2}{r_2}\right)
\end{aligned} \tag{7.88}
$$

由距离改变和由光速改变导致的时间延迟大致相当。

公式(7.88)的数值结果比行星都在单侧的公式(7.79)提高了一个数量级。如果 A 是地球，B 是水星，近日点是太阳半径，则公式(7.88)的结果大致为 2×10^{-4}s。虽然这个数字看起来不是很小，但是实验上直接测量几乎是不可能的。即使把两个行星之间的距离测量精确到 1km 以内(精度的要求)，光在行星上的不同反射点也可以导致几十千米的误差，还会有日冕的扰动等，更不用说公式中的坐标与实际测量的坐标也不相匹配，比如我们后面公式(7.90)的坐标就与(7.88)所采用的坐标差别很大。实际上实验的操作是很复杂的：构建一个模型，将太阳质量、行星初始位置、地球初始位置等都作为模型的未定参数。通过长期的观测数据(雷达发射和接收)来拟合所有数据，包括后面公式(7.90)的参数。实验在很高的精度与理论符合，如图7.4所示。

在静态球对称的度规中，还有一种更普遍的度规，称为爱丁顿-

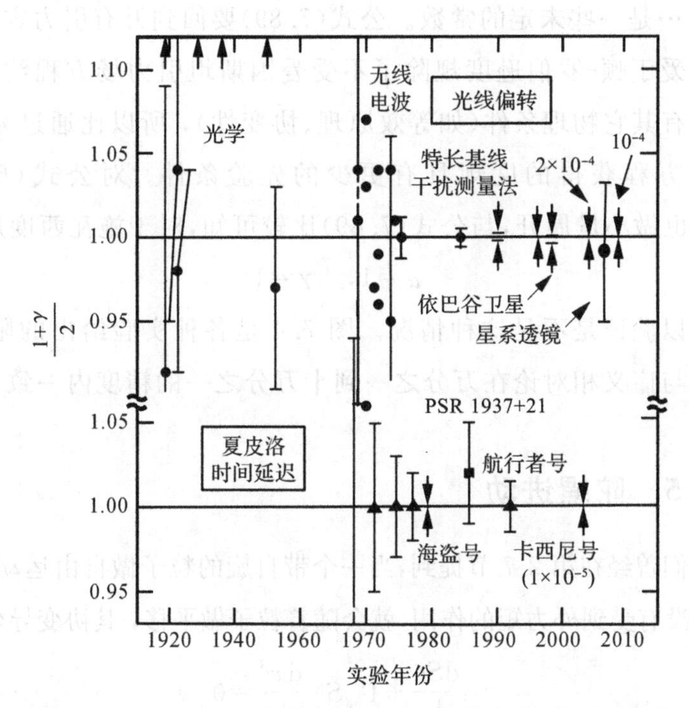

图 7.4　对系数(1+γ)/2 的验证。上半部分是光线偏转实验：左边是爱丁顿早期实验，误差较大，右边是在 20 世纪末做的实验，精度很高(0.02%)。下半部分是雷达回波延迟实验。海盗号(Viking)的实验精度达到 0.1%，卡西尼号(Cassini) 探测器精度达到 10^{-3}%①

罗伯逊(Eddington-Robertson)度规。不难验证，度规(6.13)可以通过坐标变换转化成

$$ds^2=f(\rho)dt^2+g(\rho)[d\rho^2+\rho^2(d\theta^2+\sin^2\theta d\varphi^2)]$$

在牛顿近似下，可以对 GM/ρ 做小量展开，而把度规写成

$$\begin{aligned}ds^2=&-\left(1-2\alpha\frac{MG}{\rho}+2\beta\frac{M^2G^2}{\rho^2}+\cdots\right)dt^2\\&+\left(1+2\gamma\frac{MG}{\rho}+\cdots\right)[d\rho^2+\rho^2(d\theta^2+\sin^2\theta d\varphi^2)]\end{aligned}\tag{7.89}$$

① 图片翻译自 Will C M. The confrontation between general relativity and experiment[J]. *Living Reviews in Relativity*, 2014, 17: 4.

$\alpha,\beta,\gamma,\cdots$是一些未定的常数。公式(7.89)要回到万有引力定律，所以$\alpha=1$。爱丁顿-罗伯逊度规除了不受爱因斯坦引力场方程约束以外，满足所有其它物理条件（如等效原理、协变性），所以比通过爱因斯坦引力场方程获得的度规具有更少的先验条件。对公式(6.32)的GM/ρ也做小量展开，与公式(7.89)比较可知，对于施瓦西度规来说，

$$\alpha=1,\quad \gamma=1 \tag{7.90}$$

实验可以验证是不是这种情况。图7.4是各种实验给出的限制。一些实验与广义相对论在万分之一到十万分之一的精度内一致。

7.5 陀螺进动

我们曾经在第2.7节提到，当一个带自旋的粒子做自由运动时，其自旋如果没有受到外力矩的作用，就会随着粒子做平移，其协变导数为零：

$$\frac{\mathrm{d}S^{\mu}}{\mathrm{d}\tau}+\Gamma^{\mu}_{\alpha\beta}S^{\alpha}\frac{\mathrm{d}x^{\beta}}{\mathrm{d}\tau}=0 \tag{7.91}$$

我们由第2章已经知道，在弯曲时空，一个矢量绕闭合轨道平移一周，回到出发点，矢量会旋转一个角度。现在考虑在施瓦西时空里，粒子在一个圆形轨道绕着引力中心运动一周，其自旋的进动情况。我们依然取赤道平面，这样有

$$\frac{\mathrm{d}x^{1}}{\mathrm{d}\tau}=0,\quad \frac{\mathrm{d}x^{2}}{\mathrm{d}\tau}=0 \tag{7.92}$$

考虑在粒子静止的自由落体参照系中，自旋只有空间分量，所以

$$\eta_{\mu\nu}S^{\mu}\frac{\mathrm{d}x^{\nu}}{\mathrm{d}\tau}=0 \tag{7.93}$$

通过坐标变换，公式(7.93)可以写成适用于任何坐标系的形式：

$$g_{\mu\nu}S^{\mu}\frac{\mathrm{d}x^{\nu}}{\mathrm{d}\tau}=0 \tag{7.94}$$

将公式(7.91)按分量写出，并利用条件(7.92)和施瓦西度规(6.30)，得到

$$
\begin{cases}
\dfrac{\mathrm{d}S^0}{\mathrm{d}\tau}+\Gamma^0_{01}S^1\dfrac{\mathrm{d}x^0}{\mathrm{d}\tau}=\dfrac{\mathrm{d}S^0}{\mathrm{d}\tau}+\dfrac{GM}{r(r-2GM)}S^1\dfrac{\mathrm{d}x^0}{\mathrm{d}\tau}=0 \\
\dfrac{\mathrm{d}S^1}{\mathrm{d}\tau}+\Gamma^1_{00}S^0\dfrac{\mathrm{d}x^0}{\mathrm{d}\tau}+\Gamma^1_{33}S^3\dfrac{\mathrm{d}x^3}{\mathrm{d}\tau} \\
\quad=\dfrac{\mathrm{d}S^1}{\mathrm{d}\tau}+\dfrac{GM}{r^2}\left(1-\dfrac{2GM}{r}\right)S^0\dfrac{\mathrm{d}x^0}{\mathrm{d}\tau}-(r-2GM)S^3\dfrac{\mathrm{d}x^3}{\mathrm{d}\tau}=0 \\
\dfrac{\mathrm{d}S^2}{\mathrm{d}\tau}=0 \\
\dfrac{\mathrm{d}S^3}{\mathrm{d}\tau}+\Gamma^3_{31}S^1\dfrac{\mathrm{d}x^3}{\mathrm{d}\tau}=\dfrac{\mathrm{d}S^3}{\mathrm{d}\tau}+\dfrac{1}{r}S^1\dfrac{\mathrm{d}x^3}{\mathrm{d}\tau}=0
\end{cases}
\tag{7.95}
$$

公式(7.95)里的速度可以利用圆轨道的条件得到。圆轨道的条件是有效势[公式(7.39)]，取极值：

$$
\frac{\partial V}{\partial r}=0
$$

这样得到

$$
L^2=\frac{GMr^2}{r-3GM} \tag{7.96}
$$

将公式(7.96)代入公式(7.28)和(7.35)，得到

$$
\begin{cases}
\left(\dfrac{\mathrm{d}x^3}{\mathrm{d}\tau}\right)^2=\dfrac{GM}{r^2(r-3GM)} \\
\left(\dfrac{\mathrm{d}x^0}{\mathrm{d}\tau}\right)^2=\dfrac{r}{r-3GM}
\end{cases}
\tag{7.97}
$$

利用自旋与粒子速度正交的关系(7.94)，我们可以得到自旋分量之间的关系：

$$
-\left(1-\frac{2GM}{r}\right)S^0\frac{\mathrm{d}x^0}{\mathrm{d}\tau}+r^2S^3\frac{\mathrm{d}x^3}{\mathrm{d}\tau}=0 \tag{7.98}
$$

将公式(7.97)代入公式(7.98)，得到

$$
S^0=\frac{r^3}{r-2GM}\left(\frac{GM}{r^3}\right)^{\frac{1}{2}}S^3 \tag{7.99}
$$

公式(7.99)可以用角速度写成更简洁的形式：

$$S^0=\frac{r^3}{r-2GM}\Omega S^3 \tag{7.100}$$

其中角速度定义为

$$\Omega=\frac{\mathrm{d}x^3}{\mathrm{d}x^0}=\frac{\mathrm{d}x^3}{\mathrm{d}\tau}\left(\frac{\mathrm{d}x^0}{\mathrm{d}\tau}\right)^{-1}=\left(\frac{GM}{r^3}\right)^{\frac{1}{2}} \tag{7.101}$$

将公式(7.97)和(7.99)代入公式(7.95)(S^0不是独立变量)，得到

$$\begin{cases}\dfrac{\mathrm{d}S^1}{\mathrm{d}\tau}-(r-3GM)S^3\dfrac{\mathrm{d}x^3}{\mathrm{d}\tau}=0\\[2ex]\dfrac{\mathrm{d}S^2}{\mathrm{d}\tau}=0\\[2ex]\dfrac{\mathrm{d}S^3}{\mathrm{d}\tau}+\dfrac{1}{r}S^1\dfrac{\mathrm{d}x^3}{\mathrm{d}\tau}=0\end{cases} \tag{7.102}$$

在圆轨道上，角速度、半径都是常量，对方程(7.102)两边求导，并利用公式(7.97)和(7.101)，得到

$$\begin{cases}\dfrac{\mathrm{d}^2S^1}{\mathrm{d}\tau^2}+\Omega^2S^1=0\\[2ex]\dfrac{\mathrm{d}S^2}{\mathrm{d}\tau}=0\\[2ex]\dfrac{\mathrm{d}^2S^3}{\mathrm{d}\tau^2}+\Omega^2S^3=0\end{cases} \tag{7.103}$$

方程(7.103)的解是

$$\begin{cases}S^1=A\cos\Omega\tau\\S^2=B\\S^3=C\cos(\Omega\tau+\varphi_0)\end{cases} \tag{7.104}$$

将方程(7.104)代入方程(7.102)，得到

$$C=\sqrt{\frac{1}{r(r-3GM)}}A,\quad \varphi_0=\frac{\pi}{2} \tag{7.105}$$

由公式(7.101)可知，转一周的坐标时是

$$\Delta t=\frac{2\pi}{\Omega} \tag{7.106}$$

由公式(7.97)可知,公式(7.106)等于固有时:

$$\Delta\tau=\sqrt{\frac{r-3GM}{r}}\frac{2\pi}{\Omega} \tag{7.107}$$

所以公式(7.104)中实际转过的相角是

$$\Omega\Delta\tau=2\pi\sqrt{\frac{r-3GM}{r}} \tag{7.108}$$

回到出发点,自旋进动的角度是(图 7.5)

$$\delta\varphi=\delta x^3=2\pi\left(1-\sqrt{\frac{r-3GM}{r}}\right) \tag{7.109}$$

如果一个陀螺绕地球旋转,一年进动的角度大约是

$$\delta\varphi=\delta x^3\approx\frac{3GM}{2r}\left(\frac{GM}{r^3}\right)^{\frac{1}{2}}\times 1\text{ 年}\sim 8.3'' \tag{7.110}$$

公式(7.110)是将卫星轨道半径近似为地球半径的结果。实际结果与卫星的具体半径相关(因而数字会更小一点),还需要考虑轨道不是圆形。实验在 0.3%的精度与广义相对论符合。还可以把地球和月亮的系统当作一个陀螺,绕太阳旋转,地月面会发生进动。进动大概为每 100 年 2″。实验在 0.6%的精度与广义相对论符合[①]。

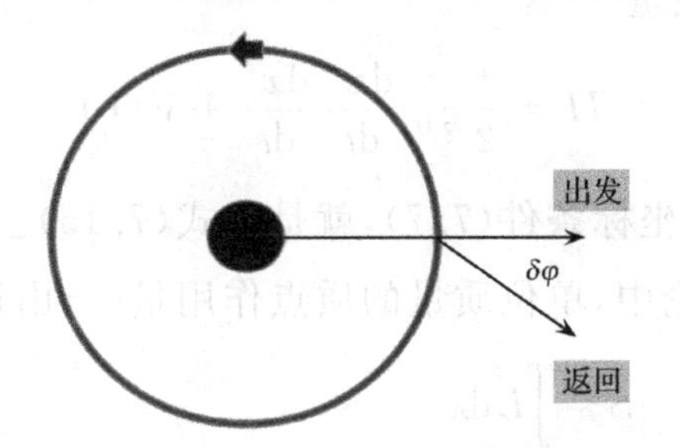

图 7.5 在轨道平面内的自旋分量发生进动

① 参见 Williams J G, Turyshev S G, Boggs D H. Progress in lunar laser ranging tests of relativistic gravity[J]. *Physical Review Letters*, 2004, 93: 261101.

7.6 质点的作用量原理*

在球对称引力场中,用最小作用量原理可以比较容易地获得守恒量和运动方程。在牛顿经典理论框架里,质点(单位质量)的作用量可以写作

$$\begin{cases} S=\int L\,\mathrm{d}t \\ L=\frac{1}{2}g_{ij}\frac{\mathrm{d}x^i}{\mathrm{d}t}\frac{\mathrm{d}x^j}{\mathrm{d}t}-V(r) \end{cases} \tag{7.111}$$

其中 $V(r)$ 是万有引力势能。球坐标的度规是

$$\mathrm{d}s^2=\mathrm{d}r^2+r^2(\mathrm{d}\theta^2+\sin^2\theta\mathrm{d}\varphi^2) \tag{7.112}$$

由于 L 不是 φ 的函数,由欧拉-拉格朗日方程可以得到

$$\frac{\mathrm{d}}{\mathrm{d}t}\frac{\partial L}{\partial\dot{\varphi}}-\frac{\partial L}{\partial\varphi}=\frac{\mathrm{d}}{\mathrm{d}t}\frac{\partial L}{\partial\dot{\varphi}}=0 \tag{7.113}$$

所以角动量守恒:

$$\frac{\partial L}{\partial\dot{\varphi}}=r^2\sin^2\theta\dot{\varphi}=C \tag{7.114}$$

选取特殊坐标条件(7.7),公式(7.114)就化为公式(7.11)。另外系统(7.111)的哈密顿量

$$H=\frac{1}{2}g_{ij}\frac{\mathrm{d}x^i}{\mathrm{d}t}\frac{\mathrm{d}x^j}{\mathrm{d}t}+V(r) \tag{7.115}$$

也是守恒量,选取坐标条件(7.7),就是公式(7.15)。

在广义相对论中,单位质量的质点作用量(自由运动)可以写作

$$\begin{cases} S=\int L\,\mathrm{d}\lambda \\ L=-\frac{1}{2}g_{\alpha\beta}\frac{\mathrm{d}x^\alpha}{\mathrm{d}\lambda}\frac{\mathrm{d}x^\beta}{\mathrm{d}\lambda}=-\frac{1}{2}g_{\alpha\beta}\dot{x}^\alpha\dot{x}^\beta \end{cases} \tag{7.116}$$

其中 λ 是仿射参量。作用量(7.116)对光子也适用。选取施瓦西度规

(6.30),注意到作用量不是 x^0 和 x^3 的函数,容易得到

$$\begin{cases}\dfrac{\mathrm{d}}{\mathrm{d}\lambda}\dfrac{\partial L}{\partial \dot{x}^0}-\dfrac{\partial L}{\partial x^0}=\dfrac{\mathrm{d}}{\mathrm{d}\lambda}\dfrac{\partial L}{\partial \dot{x}^0}=0\\ \dfrac{\mathrm{d}}{\mathrm{d}\lambda}\dfrac{\partial L}{\partial \dot{x}^3}-\dfrac{\partial L}{\partial x^3}=\dfrac{\mathrm{d}}{\mathrm{d}\lambda}\dfrac{\partial L}{\partial \dot{x}^3}=0\end{cases}\tag{7.117}$$

这样可以得到守恒量:

$$\begin{cases}\dfrac{\partial L}{\partial \dot{x}^0}=\left(1-\dfrac{2GM}{r}\right)\dot{x}^0=E\\ \dfrac{\partial L}{\partial \dot{x}^3}=r^2\sin^2\theta\dot{x}^3=C\end{cases}\tag{7.118}$$

与公式(7.28)和公式(7.35)完全一样。

本章练习

1. 公式(7.45)最后一项很小,忽略掉后就得到解

$$\chi_0=\left(\frac{GM}{L}\right)^2\left[1+e\sin\left(\varphi+\frac{\pi}{2}\right)\right]$$

我们选取了特殊的初相位,使行星在零度角时处于近日点。采用公式(7.62)和(7.63)的方法,得到方程

$$\frac{\mathrm{d}^2\delta\chi}{\mathrm{d}\varphi^2}+\delta\chi-3{\chi_0}^2=0$$

请采用试探解

$$\delta\chi=A+B\varphi\cos\left(\varphi+\frac{\pi}{2}\right)$$

确定 A 和 B(考虑偏心率 e 很小)。行星下一个近日点将出现在 $2\pi+\delta\varphi$ 处。求 $\delta\varphi$。注意到

$$\chi_{近日}+\chi_{远日}=2\left(\frac{GM}{L}\right)^2$$

将结果与公式(7.52)比较。

2. 爱因斯坦最初计算光线在太阳附近偏折时，简单地使用了度规

$$ds^2 = -\left(1 - \frac{2GM}{r}\right)dt^2 + dr^2 + r^2(d\theta^2 + \sin^2\theta d\varphi^2)$$

计算结果只有公式(7.68)的一半。幸好随后对日食的实验观测由于多云而没有成功，使得爱因斯坦有时间发现错误。请采用上面的度规，验证计算结果是公式(7.68)的一半。

3. 验证公式(6.13)可以转化成 $ds^2 = f(\rho)dt^2 + g(\rho)[d\rho^2 + \rho^2(d\theta^2 + \sin^2\theta d\varphi^2)]$。

4. 估计公式(7.79)的量级，取水星和地球在太阳的同一边。

5. 验证公式(7.83)和(7.84)。

6. 公式(7.109)最大的进动角度是多少？

第8章 黑 洞

8.1 施瓦西度规奇点

施瓦西度规(6.30)在 $r=2GM$(半径 r 称为施瓦西半径)时有个奇点。这对于半径大于施瓦西半径的恒星是没有问题的,因为这点在恒星内部,奇点不会出现。但是我们在第 6.4 节也看到,如果由于某种原因,当恒星半径 $r<9GM/4$ 时[见公式(6.68)],恒星会无限坍塌,其半径最终越过施瓦西半径直到零。当然这个"如果"本身也值得探究。最初物理学家认为,恒星发展到白矮星就停止了,因为内部的简并电子的压强足够抵挡任何强引力。但是钱德拉塞卡(Chandrasekhar)发现,当物质高度压缩后,简并电子气体会高度相对论化,其产生的压强就会有一个上限。所以白矮星质量超过 1.4 倍太阳质量时会继续坍塌,形成逆 β 衰变。这个衰变是吸热过程,导致内部压强变小,坍塌加剧,直到核心形成简并中子气体,其产生的压强与引力达到平衡。这个过程异常剧烈,星体外壳会由于剧烈的激波和中微子出逃而被抛出,形成超新星爆发。最后留下高密度的核心——中子星。中子星(脉冲星)已在 1967 年被英国科学家乔斯琳·贝尔(Jocelyn Bell)发现。但是基于钱德拉塞卡机制,只要星体质量增加,最终中子星也会崩溃。理论计算表明,当中子星质量大于 2~3 倍太阳质量时,会继续坍塌。合理推理,只要引力源质量足够大,最终会达到公式(6.68)的条件。

恒星坍塌的结果是变成一个黑洞,顾名思义,就是不会发光的物体。黑洞的主要特征不仅仅是光无法逃离它,而且它在施瓦西半径内外会形成截然不同的时空,其中心时空也是奇异的。由于最后这个特征,科学家们很讨厌它,希望经典广义相对论在那里不再是正确的(由于量子效应等原因)。如果抛开这些目前无法通过实验判断真伪的理论细节,而只关注于恒星的外部世界,那么黑洞在当代,已不再是纸面上的理论计算结果。天文学家很早就注意到一些双星系统中一个伙伴是不可见的。(双星是两个挨得很近的恒星绕着质心旋转的系统,在太空中很常见。)目前普遍认为星系中心都存在巨大黑洞,如图 8.1 所示。2015 年美国 LIGO 实验组利用引力波探测到了两个黑洞的合并事件(没有电磁波对应的天体事件)。2019 年科学家给 $M87$ 星系中心的巨

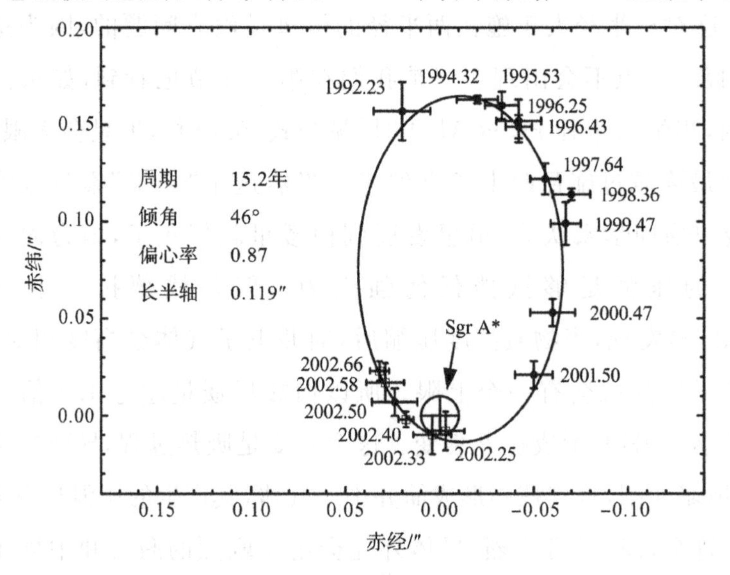

图 8.1 Sgr A* 被认为是银河系中心超大质量的黑洞,其质量为 $4\times10^6 M_{日}$。S2 是目前发现距离黑洞最近的恒星,绕黑洞旋转,"近银点"只有 2100 倍施瓦西半径,周期为 15.2 年[①]

① 图片翻译自 Schödel R, Ott T, Genzel R, et al. A star in a 15.2-year orbit around the supermassive black hole at the centre of the Milky Way[J]. *Nature*, 2002, 419: 694-696.

大黑洞拍了第一张照片，成功分辨出星系中心的暗区。大量的实验结果显示，宇宙存在类似黑洞的高密度天体。所有这些证据表明，施瓦西度规的奇点是值得认真对待的。

我们首先注意到以施瓦西半径形成的球面是一个无限红移面。根据公式(7.71)，从这个面上发出的光子到达无穷远处时，频率为零，或者波长为无穷大。因此，无穷远处的观测者接收不到无限红移面发出的任何信号。一个飞船靠近无限红移面，远处的观测者会发现飞船的时钟越来越慢[见公式(6.69)]，直至停止。所以外面的观测者是无法看到飞船到达无限红移面的。但是对飞船宇航员来说，这个过程并不是无限长的。考虑飞船沿着径向飞行，宇航员的固有时为

$$
\begin{aligned}
d\tau^2 &= -ds^2 = \left(1-\frac{2GM}{r}\right)dt^2 - \frac{1}{1-\frac{2GM}{r}}dr^2 \\
&= \left(1-\frac{2GM}{r}\right)\left(\frac{dt}{d\tau}\right)^2 d\tau^2 - \frac{1}{1-\frac{2GM}{r}}dr^2
\end{aligned}
\tag{8.1}
$$

利用公式(7.28)，就得到

$$
\left(E^2-1+\frac{2GM}{r}\right)d\tau^2 = dr^2 \tag{8.2}
$$

选取初始条件

$$
\left.\frac{dr}{d\tau}\right|_{r=r_0} = 0 \quad \Rightarrow \quad E^2 = 1-\frac{GM}{r_0} \tag{8.3}
$$

将公式(8.2)转化为

$$
\left(\frac{2GM}{r}-\frac{2GM}{r_0}\right)d\tau^2 = dr^2
$$

所以在宇航员看来，他到达施瓦西半径耗时

$$
\Delta\tau = \int_{2GM}^{r_0} \frac{\sqrt{rr_0}}{\sqrt{2GM(r_0-r)}}dr \tag{8.4}
$$

这个积分显然是有限的，做代换 $r=r_0\sin^2\alpha$，完成积分(8.4)，得到

$$\Delta\tau = \frac{r_0^{\frac{3}{2}}}{\sqrt{2GM}}(\alpha - \sin\alpha\cos\alpha)\Big|_{\arcsin\sqrt{\frac{2GM}{r_0}}}^{\frac{\pi}{2}} \tag{8.5}$$

使公式(8.4)的积分下限越过施瓦西半径直到零，积分也是有限的，到引力中心所花费的时间就是

$$\Delta\tau = \frac{r_0^{\frac{3}{2}}}{\sqrt{2GM}}\frac{\pi}{2} \tag{8.6}$$

所以在宇航员看来，在 $r = 2GM$ 时并没有时空奇点。其实我们在公式(6.32)已经看到，经过一个坐标变换，g_{11} 的奇点已经消失，但是 g_{00} 的零点还在(这个坐标只适合 $r \geqslant 2GM$)，无限红移面没有消除。这还是坐标选择问题。我们很熟悉的例子就是极坐标。平直空间的极坐标度规是

$$ds^2 = dr^2 + r^2 d\theta^2$$

这个度规在 $r=0$ 处有零点。我们说极坐标在这点不是正则坐标，不是说这点有什么特殊，换作笛卡尔坐标，完全没有这回事。我们现在尝试采用坐标变换将度规(6.30)在 $r=2GM$ 的零点和奇点去掉(对所有 r 有效)。选取坐标变换：

$$\kappa = t + f(r), \quad \rho = t + g(r) \tag{8.7}$$

并要求

$$-d\kappa^2 + \frac{2GM}{r}d\rho^2 = -\left(1 - \frac{2GM}{r}\right)dt^2 + \frac{1}{1 - \frac{2GM}{r}}dr^2 \tag{8.8}$$

将公式(8.7)代入条件(8.8)，得到

$$\begin{cases} f' = \dfrac{2GM}{r}g' \\ -f'^2 + \dfrac{2GM}{r}g'^2 = \dfrac{1}{1 - \dfrac{2GM}{r}} \end{cases} \tag{8.9}$$

将公式(8.9)第一式代入第二式，可以解得

$$g(r)=\begin{cases}\dfrac{2}{3\sqrt{2GM}}r^{\frac{3}{2}}+2\sqrt{2GM}r^{\frac{1}{2}}-2GM\ln\dfrac{\sqrt{r}+\sqrt{2GM}}{\sqrt{r}-\sqrt{2GM}}, & r>2GM\\ \dfrac{2}{3\sqrt{2GM}}r^{\frac{3}{2}}+2\sqrt{2GM}r^{\frac{1}{2}}-2GM\ln\dfrac{\sqrt{2GM}+\sqrt{r}}{\sqrt{2GM}-\sqrt{r}}, & r<2GM\end{cases}\tag{8.10}$$

和

$$f(r)=\begin{cases}2\sqrt{2GM}r^{\frac{1}{2}}-2GM\ln\dfrac{\sqrt{r}+\sqrt{2GM}}{\sqrt{r}-\sqrt{2GM}}, & r>2GM\\ 2\sqrt{2GM}r^{\frac{1}{2}}-2GM\ln\dfrac{\sqrt{2GM}+\sqrt{r}}{\sqrt{2GM}-\sqrt{r}}, & r<2GM\end{cases}\tag{8.11}$$

由公式(8.10)和(8.11)可知

$$\rho-\kappa=g(r)-f(r)=\frac{2}{3\sqrt{2GM}}r^{\frac{3}{2}},\quad r\neq 2GM\tag{8.12}$$

将公式(8.12)代入公式(8.8)或(6.30)，得到

$$\begin{aligned}ds^2&=-d\kappa^2+\frac{2GM}{r}d\rho^2+r^2(d\theta^2+\sin^2\theta d\varphi^2)\\&=-d\kappa^2+\left[\frac{4GM}{3(\rho-\kappa)}\right]^{\frac{2}{3}}d\rho^2+\left(\frac{9GM}{2}\right)^{\frac{2}{3}}(\rho-\kappa)^{\frac{4}{3}}(d\theta^2+\sin^2\theta d\varphi^2)\end{aligned}\tag{8.13}$$

在公式(8.13)中，$r=2GM$ 的奇点和零点消除了。虽然公式(8.10)、(8.11)和(8.12)在 $r=2GM$ 奇异，但是除此点以外都是连续可微的，所以公式(8.13)在除 $r=2GM$ 以外是爱因斯坦引力场方程的解。又因为公式(8.13)在 $r=2GM$ 连续可微，因而在 $r=2GM$ 也必定是爱因斯坦引力场方程的解。度规(8.13)采用共动坐标，任何静止的观测者都在做自由运动，宇航员在这个坐标系里可以是静止的，也就是 ρ 取固定值，而 κ 是宇航员的固有时。如果宇航员从有限远处来，到达 $r=2GM$ 时，从公式(8.12)看，κ 的改变必定有限，然而 $g(2GM)=-\infty$，$t=+\infty$，

所以无限红移面还是存在的。度规(8.13)保留了公式(6.30)在 $r=0$ 的奇点,因为那里的确存在奇点。我们可以计算施瓦西时空的曲率张量,不为零的分量是

$$R_{0202}=\frac{(r-2GM)GM}{r^2},\quad R_{0303}=R_{0202}\sin^2\theta$$
$$R_{1212}=-\frac{GM}{r-2GM},\quad R_{1313}=R_{1212}\sin^2\theta,\quad R_{2323}=2GMr\sin^2\theta \tag{8.14}$$

虽然曲率张量的分量在 $r=2GM$ 也有奇点,那是坐标导致的,也就是单位矢量没有归一化。我们可以考虑第 2.5.4 小节所说的由曲率张量构成的独立标量函数(与坐标的选取无关),比如曲率张量的模方(即曲率张量的"长度"),得到

$$R_{\mu\nu\rho\sigma}R^{\mu\nu\rho\sigma}=R_{\mu\nu\rho\sigma}R_{\alpha\beta\lambda\gamma}g^{\mu\alpha}g^{\nu\beta}g^{\rho\lambda}g^{\sigma\gamma}=\frac{48(GM)^2}{r^6} \tag{8.15}$$

所以真正的奇点出现在原点。

虽然在施瓦西半径处没有时空奇异,但是时空的确在此分成截然不同的内外两个部分。我们来计算光程线满足的方程:

$$\mathrm{d}s^2=-\left(1-\frac{2GM}{r}\right)\mathrm{d}t^2+\frac{1}{1-\frac{2GM}{r}}\mathrm{d}r^2=0$$

$$\Rightarrow\ \left(\frac{\mathrm{d}t}{\mathrm{d}r}\right)^2=\left(1-\frac{2GM}{r}\right)^{-2}$$

$$\Rightarrow\ t=\begin{cases}\pm\displaystyle\int\frac{r}{r-2GM}\mathrm{d}r=\ \pm[r+2GM\ln(r-2GM)]+c,\ r>2GM\\ \pm\displaystyle\int\frac{r}{2GM-r}\mathrm{d}r=\ \mp[r+2GM\ln(2GM-r)]+c,\ r<2GM\end{cases} \tag{8.16}$$

其图形如图 8.2 所示,光程线内外不能相连。这表明施瓦西半径内外信息的传递需要无穷大的坐标时,而施瓦兹西尔德度规的坐标时是无穷远静止观测者的固有时,所以视界外观测者无法获得视界内的信息。

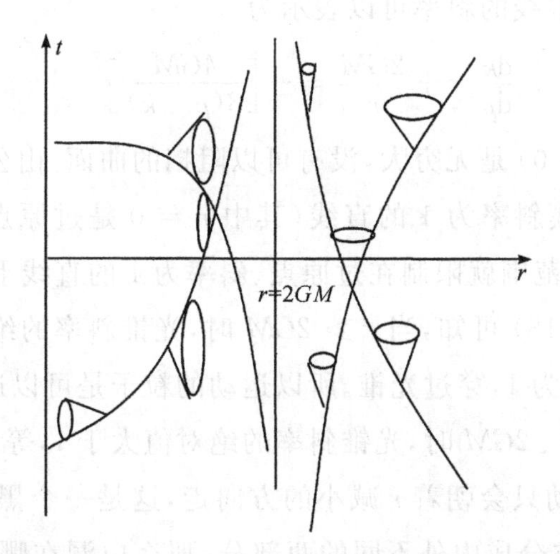

图 8.2　曲线是零光程线，视界内外光程线不能相连，视界内光锥方向旋转 90°，意味着时空倒错。视界内的光锥可以有两个方向，分别对应黑洞和白洞

当 $r < 2GM$ 时，施瓦西坐标不再是物理坐标：$g_{00} > 0$，不会有静止的观测者（粒子）。粒子只会单向运动，不是朝里就是朝外：

$$
\begin{aligned}
& \mathrm{d}s^2 = -\left(1-\frac{2GM}{r}\right)\mathrm{d}t^2 + \frac{1}{\left(1-\frac{2GM}{r}\right)}\mathrm{d}r^2 \leqslant 0 \\
\Rightarrow\quad & \left(\frac{\mathrm{d}r}{\mathrm{d}t}\right)^2 \geqslant \left(1-\frac{2GM}{r}\right)^2 \\
\Rightarrow\quad & \frac{\mathrm{d}r}{\mathrm{d}t} \geqslant \frac{2GM}{r} - 1 \quad \text{或} \quad \frac{\mathrm{d}r}{\mathrm{d}t} \leqslant 1 - \frac{2GM}{r}, \quad r < 2GM
\end{aligned}
\tag{8.17}
$$

这就是所谓的黑洞和白洞：物质会不断被吸食到引力中心或者不断从引力中心喷射到外部。r 的单向变化，表明 r 更适合扮演时间的角色（$g_{rr} < 0$）。可以把粒子流向原点看作时间终结，而把粒子喷出看作时间开始。在施瓦西半径内，时空倒错了。光锥可以形象地表示施瓦西度规在施瓦西半径内外的时空倒错，如图 8.2 所示。图 8.2 中光程线视界内外不能相连是由坐标选取不当造成的。在度规(8.13)中，就不

这样的问题。光锥线的斜率可以表示为

$$\frac{\mathrm{d}\kappa}{\mathrm{d}\rho}=\pm\frac{2GM}{r}=\pm\left[\frac{4GM}{3(\rho-\kappa)}\right]^{\frac{1}{3}} \tag{8.18}$$

除了在原点($r=0$)是无穷大,没有可以阻挡的曲面。由公式(8.12)可知,等r面是一簇斜率为1的直线(其中$r=0$是过原点的直线),且$\rho\geqslant\kappa$。所以时空范围就限制在过原点、斜率为1的直线下面,如图8.3所示。由公式(8.18)可知,当$r>2GM$时,光锥斜率的绝对值小于1,而等r面的斜率为1,穿过光锥。所以运动的粒子是可以逃出或接近引力中心的。当$r<2GM$时,光锥斜率的绝对值大于1,等r线在光锥的下部,粒子的运动只会朝着r减小的方向走,这是一个黑洞。所以$r=2GM$还是把时空分成内外不同的两部分。那么白洞在哪里呢?其实方程组(8.9)还有一组解,与公式(8.10)和(8.11)都差个负号,这样公式(8.7)就改成

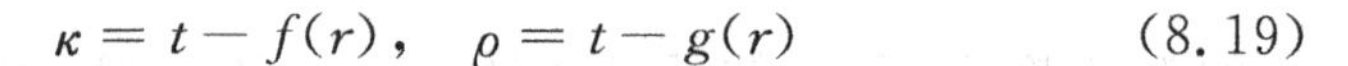

$$\kappa=t-f(r),\quad \rho=t-g(r) \tag{8.19}$$

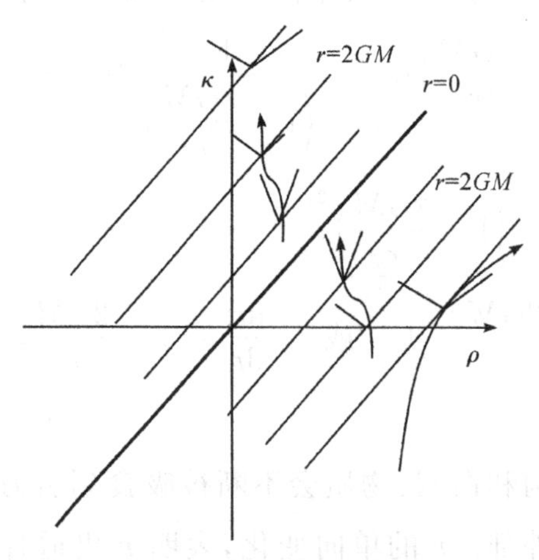

图8.3 在$r=0$下方,当$r>2GM$时,等r线穿过光锥,粒子可以靠近黑洞也可以离开黑洞;当$r<2GM$时,光锥在等r线上方,粒子只能靠近黑洞。在$r=0$上方,当$r>2GM$时,等r线穿过光锥,粒子可以靠近白洞也可以离开白洞;当$r<2GM$时,光锥在等r线上方,粒子只能离开白洞。带箭头的曲线表示走类时世界线的粒子轨迹

相应地，公式(8.12) 化成

$$\rho-\kappa=-g(r)+f(r)=-\frac{2}{3\sqrt{2GM}}r^{\frac{3}{2}}, \quad r\neq 2GM \quad (8.20)$$

度规(8.13) 和光锥斜率(8.18) 也要把ρ和κ互换位置。这样等r面依然是斜率为1的斜线，$r=0$依然是过原点的直线。但是$\rho\leqslant\kappa$，时空区域就在过原点、斜率为1的直线(即$r=0$) 上面。同样的分析表明，当$r>2GM$时，粒子可以逃离或接近引力中心，当$r<2GM$时，粒子只能朝r增加的方向运动，这就是白洞。黑洞与白洞的区分也很容易从公式(8.7) 和(8.19) 看出来。对于自由下落的粒子($r>2GM$)，ρ可以是常数。所以公式(8.7) 表明，随着时间t增加，r减小，运动方向接近引力中心。而公式(8.19) 相反，随着时间t增加，r增大。把公式(8.7) 和(8.19) 两种情况拼起来，就得到了完整的κ-ρ时空图，度规(8.13) 在整个κ-ρ面上都是爱因斯坦引力场方程的解(图8.3)。引力中心不仅是时间的终点，还可以同时是时间的起点①。

8.2 克鲁斯卡尔坐标

为了反映施瓦西半径内外时空的全貌，20世纪60年代克鲁斯卡尔(Kruskal)引进了克鲁斯卡尔坐标。与公式(8.10)和(8.11) 类似，在施瓦西半径内外，克鲁斯卡尔坐标与施瓦西坐标的变换的方式是不同的：

当$r>2GM$时，

$$\begin{cases} u=\left(\dfrac{r}{2GM}-1\right)^{\frac{1}{2}}e^{\frac{r}{4GM}}\cosh\dfrac{t}{4GM} \\ v=\left(\dfrac{r}{2GM}-1\right)^{\frac{1}{2}}e^{\frac{r}{4GM}}\sinh\dfrac{t}{4GM} \end{cases} \quad (8.21a)$$

① 学术界对是否存在白洞有争论，因为白洞违反热力学第二定律。彭罗斯(Penrose) 认为，时间起点时空的奇点性质与时间终点时空的奇点性质不同。前者外尔(Weyl) 张量(曲率张量中刨去里奇张量自由度的部分) 等于零，后者是无穷大。量子引力学派认为，考虑量子效应后，时空不存在奇点。黑洞本身也是一个热力学系统，会辐射，也会消亡，所以不是万物的终结。

当 $r<2GM$ 时，

$$\begin{cases} u=\left(1-\dfrac{r}{2GM}\right)^{\frac{1}{2}}\mathrm{e}^{\frac{r}{4GM}}\sinh\dfrac{t}{4GM} \\ v=\left(1-\dfrac{r}{2GM}\right)^{\frac{1}{2}}\mathrm{e}^{\frac{r}{4GM}}\cosh\dfrac{t}{4GM} \end{cases} \tag{8.21b}$$

这种坐标变换方式反映了在施瓦西半径内外的时空确实有所不同。代入公式(6.30)，可以得到

$$\mathrm{d}s^2=\frac{32G^3M^3}{r}\mathrm{e}^{-r/(2GM)}(-\mathrm{d}v^2+\mathrm{d}u^2)+r^2(\mathrm{d}\theta^2+\sin^2\theta\mathrm{d}\varphi^2) \tag{8.22}$$

与公式(8.13)一样，公式(8.22)除了在 $r=0$ 有奇点，在施瓦西半径没有奇点和零点。公式(8.22)的光锥线非常简单：

$$\frac{\mathrm{d}v}{\mathrm{d}u}=\pm1 \tag{8.23}$$

与平直空间一样，光锥线是一簇斜率为 ±1 的直线。由公式(8.21)可知，等 r 面是一簇双曲线：

$$\begin{cases} u^2-v^2=\left(\dfrac{r}{2GM}-1\right)\mathrm{e}^{r/(2GM)}, & r>2GM \\ v^2-u^2=\left(1-\dfrac{r}{2GM}\right)\mathrm{e}^{r/(2GM)}, & r<2GM \end{cases} \tag{8.24}$$

$r=2GM$ 对应于与 $u=\pm v$ 的直线，$r=0$ 对应于最上端的双曲线，无穷远对应最右端的双曲线，如图 8.4 所示。由公式(8.21)也可以得到等时线：

$$\begin{cases} \dfrac{v}{u}=\tanh\dfrac{t}{4GM}, & r>2GM \\ \dfrac{u}{v}=\tanh\dfrac{t}{4GM}, & r<2GM \end{cases} \tag{8.25}$$

所以等时线是一簇通过原点直线，其中 $t=\pm\infty$ 对应于斜率为 ±1 的直线，与视界重合。

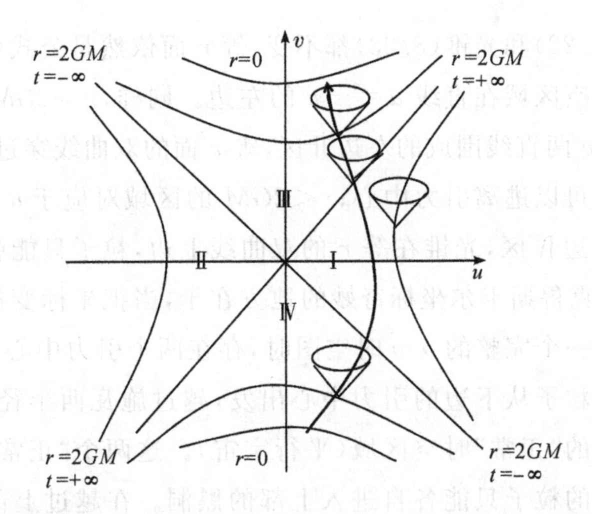

图 8.4 Ⅰ,Ⅱ区是视界外部;Ⅲ,Ⅳ区是视界内部。带箭头的曲线表示一个粒子的类时世界线从白洞出发,到达黑洞

时空区域被限制在 $u=-v$ 直线的右边。如图 8.4 所示,当 $r>2GM$ 时,处于 $u=\pm v$ 两直线围成的右边Ⅰ区,等 r 面的双曲线穿过光锥,这时粒子可以靠近也可以逃离引力中心;当 $r<2GM$ 时,处于 $u=\pm v$ 两直线围成的上边Ⅲ区,双曲线在光锥的下面,粒子只能不断接近引力中心。这是黑洞,那么白洞在哪里呢?类似公式(8.7)与(8.19)的关系,克鲁斯卡尔坐标与施瓦西坐标的变换还有另外一种方式:

当 $r>2GM$ 时,

$$\begin{cases} u=-\left(\dfrac{r}{2GM}-1\right)^{\frac{1}{2}} e^{\frac{r}{4GM}}\cosh\dfrac{t}{4GM} \\ v=-\left(\dfrac{r}{2GM}-1\right)^{\frac{1}{2}} e^{\frac{r}{4GM}}\sinh\dfrac{t}{4GM} \end{cases} \tag{8.26a}$$

当 $r<2GM$ 时,

$$\begin{cases} u=-\left(1-\dfrac{r}{2GM}\right)^{\frac{1}{2}} e^{\frac{r}{4GM}}\sinh\dfrac{t}{4GM} \\ v=-\left(1-\dfrac{r}{2GM}\right)^{\frac{1}{2}} e^{\frac{r}{4GM}}\cosh\dfrac{t}{4GM} \end{cases} \tag{8.26b}$$

度规(8.22)和光锥(8.23)都不变,等 r 面依然是公式(8.24)。唯一改变的时空区域在直线 $u=-v$ 的左边。同样,$r>2GM$ 的区域对应于 $u=\pm v$ 两直线围成的左边Ⅱ区,等 r 面的双曲线穿过光锥,粒子可以靠近也可以逃离引力中心;$r<2GM$ 的区域对应于 $u=\pm v$ 两直线围成的下边Ⅳ区,光锥在等 r 的双曲线上边,粒子只能朝 r 增大的方向运动。克鲁斯卡尔坐标奇妙的地方在于,当把坐标变换(8.21)和(8.26)拼成一个完整的 u-v 时空图时,存在两个引力中心,分别在上边和下边。粒子从下边的引力中心出发,越过施瓦西半径,可以进入左边或右边的"正常"时空区域(平行宇宙)。这两个"正常"区域互不相通。两边的粒子只能各自进入上部的黑洞。在越过上部的施瓦西半径后,这些粒子还是可能相会的。

8.3 其它黑洞简介

我们在第6.5节曾讨论过,如果引力中心物质还带电荷,对应的爱因斯坦引力场方程解称为R-N度规:

$$ds^2=-\left(1-\frac{2GM}{r}+\frac{GQ^2}{4\pi r^2}\right)dt^2+\frac{1}{1-\frac{2GM}{r}+\frac{GQ^2}{4\pi r^2}}dr^2+r^2(d\theta^2+\sin^2\theta d\varphi^2) \tag{8.27}$$

R-N度规与施瓦西度规不同,其可能有两个奇点:

$$r_\pm=GM\pm\sqrt{G^2M^2-GQ^2/(4\pi)},\quad G^2M^2>GQ^2/(4\pi) \tag{8.28}$$

这两个奇点将时空分成三个区域:

$$\begin{cases}\text{Ⅰ}: & r>r_+, & g_{00}<0\\ \text{Ⅱ}: & r_-<r<r_+, & g_{00}>0\\ \text{Ⅲ}: & r_-<r<r_+, & g_{00}<0\end{cases} \tag{8.29}$$

在Ⅰ区,时空"正常",粒子可以靠近引力中心,也可以逃离。粒子进入Ⅱ区后,只能单向进入Ⅲ区。在Ⅲ区,时空恢复正常。粒子可以掉头回到Ⅱ区，再单向运动到Ⅰ区(白洞)。这样粒子有机会“看到”裸露的奇点。不清楚粒子经过这一旅程，回到自由世界后，是否还能记得自己的经历。但是有一种情况的确让物理学家们很担心：当$G^2M^2=GQ^2/(4\pi)$时，Ⅱ区就无限薄了，稍微有点涨落，无限红移面就透明了，奇点完全裸露在外界；如果$G^2M^2<GQ^2/(4\pi)$，就干脆没有视界了。时空奇异会导致物理定律在奇点失效，失去保护的外部世界进而也会受到影响。彭罗斯提出“宇宙监督原理”来禁止这样的事情发生，也就是说，这种条件是不能形成黑洞的(黑洞热力学可以禁止这种情况发生)①。其实 R-N 黑洞只是爱因斯坦引力场方程的一个解，至于物质是否真能演化成 R-N 黑洞，还需要具体探究。对于施瓦西度规，当条件(6.68)满足时，物质无限坍塌，在物质外形成一个单向区域，与外界时空很不同，这个情况是很稳定的。但是对于 R-N 黑洞，由于引力源带电，物质在收缩时电磁能增加，会阻碍物质继续收缩。对于一个有限质量的 R-N 黑洞，其电磁能为正无穷大，意味着有一个负无穷大的其它形式的能量。这个能量的形式到底是什么我们不清楚，但是一个中性粒子在靠近奇点时感受到的是斥力而不是引力。这可以从粒子的有效势看出。类似公式(7.39)，R-N 度规的有效势为

$$V(r)=\left(1-\frac{2GM}{r}+\frac{GQ^2}{4\pi r^2}\right)\left(1+\frac{L^2}{r^2}\right) \tag{8.30}$$

当$r<r_-$时，即使角动量等于零，$r\to0$，势能以$1/r^2$的行为趋近正无穷大，所以有静止质量的中性粒子不可能达到奇点。光子如果角动量不等于零，也不会达到奇点。只有角动量为零的光子(沿着径向走)，才会达到奇点。我们在第 6.4 节得出的结论在这里不适用了。因此度规(8.27)是一种既成事实的数学解，其是否存在及其形成机制值得

① 彭罗斯在一个很宽泛的条件下证明广义相对论奇点不可避免。要使广义相对论有效，奇点必须被视界包裹起来。霍金(Hawking)等其它一些学者认为，在量子理论中奇点不存在，这种成熟的量子理论目前还没有出现，虽然霍金等人利用半经典的量子理论解决了黑洞的一些热力学问题。

探索。

除了球对称的度规，20 世纪 60 年代克尔(Kerr)获得了一个轴对称的度规

$$ds^2=-\frac{\Delta}{\rho^2}(dt-a\sin^2\theta d\varphi)^2+\frac{\sin^2\theta}{\rho^2}[(r^2+a^2)d\varphi-a\,dt]^2+\frac{\rho^2}{\Delta}dr^2+\rho^2 d^2\theta \tag{8.31}$$

其中

$$\Delta=r^2-2GMr+a^2,\quad \rho^2=r^2+a^2\cos^2\theta \tag{8.32}$$

a 可以解释成单位质量的角动量，描述的是一个旋转的黑洞。若 $a=0$，则还原到施瓦西度规。

度规(8.31)有奇点

$$\Delta=r^2-2GMr+a^2=0,\quad \rho^2=r^2+a^2\cos^2\theta=0 \tag{8.33}$$

对应的解分别是

$$r_\pm=GM\pm\sqrt{G^2M^2-a^2},\quad GM>a \tag{8.34}$$

$$r=0,\quad \theta=\frac{\pi}{2} \tag{8.35}$$

度规的 g_{00} 分量还有一个单独的零点：

$$-\rho^2 g_{00}=r^2-2GMr+a^2\cos^2\theta=0 \tag{8.36}$$

虽然度规(8.31)的坐标时没有校准，但是度规与时间无关，所以在 A 点从 t_1，t_2 分别发出的脉冲，经过相同的路径，到达 B 点的时间分别为 $t_1+\Delta t$，$t_2+\Delta t$。A 点和 B 点的静止观测者对同一束光的频率的观测结果具有与公式(6.69)类似的结论，即公式(8.36)描述的是无限红移面，其解为

$$r'_\pm=GM\pm\sqrt{G^2M^2-a^2\cos^2\theta} \tag{8.37}$$

公式(8.34)、(8.35)和(8.37) 把空间分成若干区域

$$\begin{cases} \text{I}: r > r'_+ \\ \text{II}: r_+ < r < r'_+ \\ \text{III}: r_- < r < r_+ \\ \text{IV}: r'_- < r < r_- \\ \text{V}: 0 < r < r'_- \end{cases} \tag{8.38}$$

Ⅰ区是正常时空。Ⅱ区虽然 g_{00} 变为正，但是有 g_{03} 的交叉项，g_{11} 还是正的。一个粒子的世界线保持类时的条件对 dr 没有太强的约束，却要求 $d\varphi$ 不能等于零。进入这个区域的粒子会不停地绕黑洞旋转。其实如果粒子从无穷远以零角动量入射，粒子的角速度在Ⅰ区也不为零(见本章练习 3)。参照公式(3.22)，我们可以把这个现象看作坐标系相对无穷远观测者在旋转(坐标被黑洞拖曳)，而不是粒子(相对无穷远观测者)在旋转。越靠近引力中心，坐标旋转越快。进入Ⅱ区后，任何粒子相对坐标都在旋转。同时，dr 大于零、等于零和小于零在Ⅱ区都是允许的，即粒子仍然可以逃离引力中心。进入Ⅲ区，$\Delta<0$，g_{11} 变为负。这时无论 $d\varphi$ 多大，公式(8.31)的前两项都大于零。所以要保证四维距离类时，dr 不能等于零。时空倒错，粒子只能单向接近或远离引力中心。Ⅳ区的情况与Ⅱ区类似。进入Ⅴ区，又是正常时空了。只是系统的真正奇点(8.35)有点特别：$r=0$ 的条件不足以确定奇点。这表明度规(8.31)与平直空间的球坐标不同。在 $r=0$ 时，其角度方向的度规(距离度量)不等于零。比如

$$g_{33}|_{r=0} = a^2 \sin^2\theta \tag{8.39}$$

所以条件(8.35)不是一个点，而是一个半径为 a 的圆环。与 R-N 类似，奇点附近的时空是正常的。同样，如果 $GM<a$，视界就消失了，这依然被彭罗斯的“宇宙监督原理”禁止。物质有角动量，具有离心力，随着半径减小而增加，第 6.4 节的结论在这里也是不适用的(当然此时已经不是球对称了)。

8.4 彭罗斯图*

8.4.1 闵氏时空

彭罗斯图(Penrose diagram)是彭罗斯提出的展示时空全貌的二维简图,对于具有渐进平直的时空特别有用。具体方法是利用复变函数的共形变换,将无限的二维时空压缩在有限的区域里,从而获得时空的全貌。共形变换保证了局部的时空结构不变,也就是任意两条曲线的交角不变,虽然总体上是形变的。二维是指时间和径向坐标,所以时空图上的任意一点代表实际的一个超曲面。下面我们介绍彭罗斯图的构造过程。先从平直空间的闵氏度规开始:

$$ds^2=-dt^2+dr^2+r^2(d\theta^2+\sin^2\theta d\varphi^2) \tag{8.40}$$

做坐标变换 $u=t+r, v=t-r$,公式(8.40)变成

$$ds^2=-du dv+\left(\frac{u-v}{2}\right)^2(d\theta^2+\sin^2\theta d\varphi^2) \tag{8.41}$$

再做变换

$$u=\tan U,\quad v=\tan V \tag{8.42}$$

得到

$$ds^2=-\frac{1}{\cos^2U\cos^2V}dUdV+\left[\frac{\sin(U-V)}{2\cos U\cos V}\right]^2(d\theta^2+\sin^2\theta d\varphi^2) \tag{8.43}$$

继续做变换

$$U=\frac{T+R}{2},\quad V=\frac{T-R}{2} \tag{8.44}$$

得到

$$ds^2=\frac{1}{4\cos^2\frac{T+R}{2}\cos^2\frac{T-R}{2}}[-dT^2+dR^2+\sin^2R(d\theta^2+\sin^2\theta d\varphi^2)] \tag{8.45}$$

这就是彭罗斯变换。从公式(8.42)到(8.44)似乎都是多余的,可以直接写作

$$\begin{cases} t=\tan\dfrac{T+R}{2}+\tan\dfrac{T-R}{2} \\ r=\tan\dfrac{T+R}{2}-\tan\dfrac{T-R}{2} \end{cases} \tag{8.46}$$

这个变换是共形变换。不过从公式(8.42)到(8.44)的过程对我们后面的讨论是有启发的。变换(8.42)把时空压缩在

$$U\in\left[-\frac{\pi}{2},\frac{\pi}{2}\right],\quad V\in\left[-\frac{\pi}{2},\frac{\pi}{2}\right]$$

或者

$$T+R\in[-\pi,\pi],\quad T-R\in[-\pi,\pi]$$

的区间里,如图 8.5 所示。其中:

$i_{时}^{+}$是类时将来无穷远:r 有限,t 正无穷,都压缩在$(0,\pi)$这点。

$i_{光}^{+}$是类光将来无穷远:t 和 r 都正无穷,$t-r$ 有限,压缩在$(0,\pi)$和$(\pi,0)$之间的线段上。

$i_{空}$ 是类空无穷远:t 有限,r 无穷,都压缩在$(\pi,0)$这点。

$i_{光}^{-}$是类光过去无穷远:t 负无穷,r 无穷, $t+r$ 有限,压缩在$(0,-\pi)$和$(\pi,0)$之间的线段上。

$i_{时}^{-}$是类时过去无穷远:r 有限,t 负无穷,都压缩在$(0,-\pi)$这点。

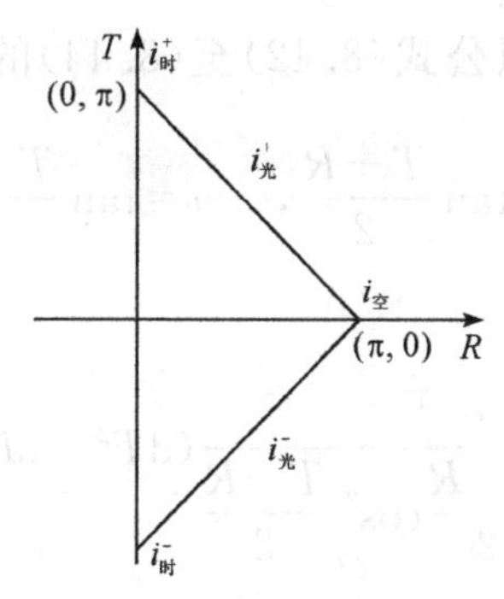

图 8.5　闵氏时空的彭罗斯图

8.4.2 施瓦西时空

将施瓦西度规写作

$$ds^2=-\frac{\Delta}{r}dt^2+\frac{r}{\Delta}dr^2+r^2(d\theta^2+\sin^2\theta d\varphi^2) \tag{8.47}$$

其中 $\Delta=r-2GM$。定义变量

$$\tilde{r}=\int\frac{r}{\Delta}dr=r+2GM\ln|r-2GM| \tag{8.48}$$

做坐标变换 $u=t+\tilde{r}$,$v=t-\tilde{r}$,公式(8.47)变成

$$ds^2=-\frac{\Delta}{r}dudv+r^2(d\theta^2+\sin^2\theta d\varphi^2) \tag{8.49}$$

度规(8.49)在 $r=2GM$ 的零点还在,做坐标变换

$$\begin{cases}\tilde{u}=\dfrac{1}{\sqrt{2GM}}e^{\frac{u}{4GM}}, & \tilde{v}=-\dfrac{1}{\sqrt{2GM}}e^{\frac{-v}{4GM}}, \quad r>2GM\\ \tilde{u}=\dfrac{1}{\sqrt{2GM}}e^{\frac{u}{4GM}}, & \tilde{v}=\dfrac{1}{\sqrt{2GM}}e^{\frac{-v}{4GM}}, \quad r<2GM\end{cases} \tag{8.50}$$

得到

$$ds^2=-\frac{32G^3M^3}{r}e^{-\frac{r}{2GM}}d\tilde{u}d\tilde{v}+r^2(d\theta^2+\sin^2\theta d\varphi^2) \tag{8.51}$$

现在公式(8.51)的度规在施瓦西半径处没有零点和奇点了。这与克鲁斯卡尔坐标[公式(8.22)]存在坐标变换关系:$u=\frac{\tilde{u}-\tilde{v}}{2}$,$v=\frac{\tilde{u}+\tilde{v}}{2}$。接下来就做类似公式(8.42)至(8.44)的坐标变换:

$$\tilde{u}=\tan\frac{T+R}{2}, \quad \tilde{v}=\tan\frac{T-R}{2} \tag{8.52}$$

最后得到

$$ds^2=-\frac{32G^3M^3}{r}\frac{e^{-\frac{r}{2GM}}}{4\cos^2\frac{T+R}{2}\cos^2\frac{T-R}{2}}(dT^2-dR^2)+r^2(d\theta^2+\sin^2\theta d\varphi^2) \tag{8.53}$$

坐标变换(8.52)对于克鲁斯卡尔坐标是共形变换，将克鲁斯卡尔时空图(图8.6)压缩在 $T+R\in[-\pi,\pi]$，$T-R\in[-\pi,\pi]$，施瓦西半径在 $T-R=0$ 或 $T+R=0$ 上，奇点 $r=0$ 在 $T=\pm\pi/2$ 上。

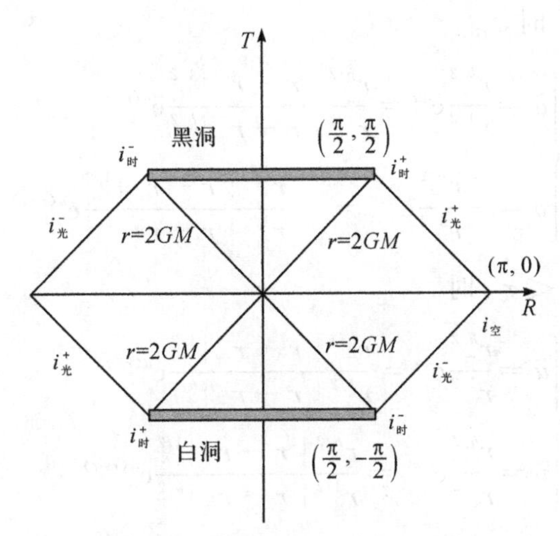

图8.6 施瓦西时空的彭罗斯图

8.4.3 赖斯纳-诺斯姆度规

我们也可以将R-N度规写成

$$ds^2=-\frac{\Delta}{r^2}dt^2+\frac{r^2}{\Delta}dr^2+r^2(d\theta^2+\sin^2\theta d\varphi^2) \tag{8.54}$$

其中

$$\Delta=r^2-2GMr+GQ^2/(4\pi)=(r-r_+)(r-r_-) \tag{8.55}$$

$r_\pm$ 由公式(8.28)给出。仿照施瓦西度规的情况，定义变量

$$\tilde{r}=\int\frac{r^2}{\Delta}dr=r+\frac{r_+^2}{r_+-r_-}\ln|r-r_+|-\frac{r_-^2}{r_+-r_-}\ln|r-r_-| \tag{8.56}$$

做坐标变换

$$u=t+\tilde{r},\quad v=t-\tilde{r} \tag{8.57}$$

公式(8.54)化为

$$ds^2 = -\frac{\Delta}{r^2}\mathrm{d}u\mathrm{d}v + r^2(\mathrm{d}\theta^2 + \sin^2\theta\mathrm{d}\varphi^2) \tag{8.58}$$

继续做变换：

当 $r > r_+$ 时，

$$\begin{cases} \tilde{u} = \dfrac{r_-^{b/2}}{r_+^{1/2}}\mathrm{e}^{au} = \dfrac{r_-^{b/2}\,|\,r - r_+\,|^{1/2}}{r_+^{1/2}\,|\,r - r_-\,|^{b/2}}\mathrm{e}^{a(r+t)} \\ \tilde{v} = -\dfrac{r_-^{b/2}}{r_+^{1/2}}\mathrm{e}^{-av} = -\dfrac{r_-^{b/2}\,|\,r - r_+\,|^{1/2}}{r_+^{1/2}\,|\,r - r_-\,|^{b/2}}\mathrm{e}^{a(r-t)} \end{cases} \tag{8.59a}$$

当 $r_- < r < r_+$ 时，

$$\begin{cases} \tilde{u} = \dfrac{r_-^{b/2}}{r_+^{1/2}}\mathrm{e}^{au} = \dfrac{r_-^{b/2}\,|\,r - r_+\,|^{1/2}}{r_+^{1/2}\,|\,r - r_-\,|^{b/2}}\mathrm{e}^{a(r+t)} \\ \tilde{v} = \dfrac{r_-^{b/2}}{r_+^{1/2}}\mathrm{e}^{-av} = \dfrac{r_-^{b/2}\,|\,r - r_+\,|^{1/2}}{r_+^{1/2}\,|\,r - r_-\,|^{b/2}}\mathrm{e}^{a(r-t)} \end{cases} \tag{8.59b}$$

当 $r < r_-$ 时，

$$\begin{cases} \tilde{u} = \dfrac{r_-^{b/2}}{r_+^{1/2}}\mathrm{e}^{au} = \dfrac{r_-^{b/2}\,|\,r - r_+\,|^{1/2}}{r_+^{1/2}\,|\,r - r_-\,|^{b/2}}\mathrm{e}^{a(r+t)} \\ \tilde{v} = -\dfrac{r_-^{b/2}}{r_+^{1/2}}\mathrm{e}^{-av} = -\dfrac{r_-^{b/2}\,|\,r - r_+\,|^{1/2}}{r_+^{1/2}\,|\,r - r_-\,|^{b/2}}\mathrm{e}^{a(r-t)} \end{cases} \tag{8.59c}$$

其中

$$a = \frac{r_+ - r_-}{2r_+^2}, \quad b = \frac{r_-^2}{r_+^2}$$

得到

$$ds^2 = -\frac{|\,r - r_-\,|^{1+b} r_+ \,\mathrm{e}^{-2ar}}{a^2 r^2 r_-^b}\mathrm{d}\tilde{u}\mathrm{d}\tilde{v} + r^2(\mathrm{d}\theta^2 + \sin^2\theta\mathrm{d}\varphi^2) \tag{8.60}$$

继续做坐标变换

$$\tilde{u} = \tan\frac{T+R}{2}, \quad \tilde{v} = \tan\frac{T-R}{2}$$

得到

$$ds^2 = -\frac{r_+}{a^2r^2r_-^b}\frac{|r-r_-|^{1+b}e^{-2ar}}{4\cos^2\dfrac{T+R}{2}\cos^2\dfrac{T-R}{2}}(dT^2-dR^2)+r^2(d\theta^2+\sin^2\theta d\varphi^2) \tag{8.61}$$

公式(8.61)的度规在内视界 $r=r_-$ 处有零点，但是光锥依然是 45° 斜线，所以不影响我们讨论粒子(包括光子)的世界线。R-N 的彭罗斯时空图如图 8.7 所示。Ⅰ，Ⅱ 区是视界外部，$r_+<r<\infty$。在外视界，$r=r_+$，对应于 $T\pm R=0$。粒子过了外视界，进入 Ⅲ 区，则为单向通道。这个区域没有奇点，可以进入 Ⅳ 或 Ⅴ 区。在内视界，$r=r_-$，坐标变换(8.59)有奇点，对应于 $T\pm R=\pm\pi$。过了内视界，进入 Ⅳ 或 Ⅴ 区，时空正常。区内有奇点 $r=0$，对应于 $R=\pm\pi/2$(图 8.7)，并不像施瓦西时空的彭罗斯图那样，阻挡了粒子的出路。粒子可以撞向奇点(中性粒子不会)，也可以避开奇点，通过内视界进入 Ⅵ 区，这里又是单向通道。粒子通过外视界来到外部 Ⅶ 或 Ⅷ 区。时空可以不断重复，形成轮回，时间周期是 2π，奇点轮换地成为黑洞和白洞。

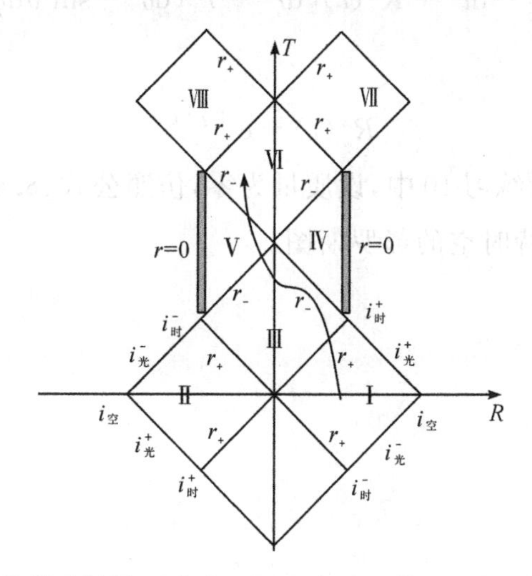

图 8.7 R-N 时空的彭罗斯图。图可以向下、向上延伸至无穷。带箭头的曲线是一个粒子的世界线

本章练习

1. 以黑洞的视界半径做黑洞半径，两个施瓦西黑洞合并成一个黑洞，请比较合并前两个黑洞总面积与合并后黑洞总面积的大小。

2. 对于 R-N 黑洞，如果 $GQ^2/(4\pi) > G^2M^2$，黑洞的视界就消失了。从黑洞附近发射的一束光到达无穷远处，无穷远处接收到的光是红移还是蓝移？

3. 对于克尔黑洞，如果入射粒子的角动量为零，求粒子的角速度 $\mathrm{d}\varphi/\mathrm{d}t$。一个粒子如果通过了黑洞的无穷红移面，在没有到达外视界之前，粒子的最小角速度需要多大？

4. 在第 6 章练习 10 中，我们得到了有宇宙学项的施瓦西度规。如果度规中的质量为零，这个时空称为德西特(de Sitter) 时空。仿照公式(8.7) 和(8.8) 的坐标变换，将第 6 章练习 10 的德西特度规变换成共动坐标度规，并证明度规可以写成

$$\mathrm{d}s^2 = -\mathrm{d}t^2 + R^2(t)[\mathrm{d}r^2 + r^2(\mathrm{d}\theta^2 + \sin^2\theta\mathrm{d}\varphi^2)]$$

其中

$$R^2(t) = \mathrm{e}^{\pm 2\sqrt{\frac{\lambda}{3}}t}$$

5. 在第 6 章练习 10 中，设质量为零，仿照公式(8.47) 至(8.53) 的做法，画出德西特时空的彭罗斯图。

第9章　宇宙学简介

9.1　宇宙学原理

爱因斯坦建立广义相对论不久，就把目光投向宇宙，那里是相对论最大的用武之地。爱因斯坦认为牛顿的万有引力理论在解释宏观的宇宙时遇到了巨大的障碍：物质分布是均匀的还是不均匀的？如果均匀，对于任何一个观测者来说，随着距离的增加，场强会不断增加直至无穷大。如果物质只聚集在有限的区域，由于恒星的辐射，宇宙最终会消亡。当然这些推论的前提是：①宇宙是静态的，宇宙在过去、现在和将来都是不变的；②宇宙在时间和空间上都是无限的。爱因斯坦把广义相对论应用于宇宙时，也遇到了类似的问题：宇宙无法保持静态。为此，爱因斯坦曾在引力场方程中增加了一项具有排斥作用的宇宙学项[见公式(4.25)。当然后来也发现这种方式达到的宇宙平衡是不稳定的，见本章练习4]。1922年，俄罗斯数学家弗里德曼(Friedmann)得到了关于宇宙演化的弗里德曼方程。此方程预言了宇宙的膨胀[比利时神父勒梅特(Lemaitre)首先独立地预言宇宙膨胀，并提出了宇宙膨胀的原始模型]。20世纪20年代末哈勃(Hubble)发现普遍的星光红移，证明宇宙在膨胀，爱因斯坦随之也放弃了他的宇宙静态模型。20世纪40年代，伽莫夫(Gamow)等人提出宇宙大爆炸模型，宇宙学的雏形就产生了。发展到今天，宇宙学已经与基本粒子物理的微观理论相结合,形成了宇宙学标准模型。这是微观和宇观的大统一。宇宙学标准模型需要一定的假说,我们称之为宇宙学原理。这些假说到目前为止与高度精细化的宇宙观测是一致的,具体如下。

(1)宇宙在大尺度上高度均匀。一般认为这个尺度是几亿光年。但是最近也有科学家发现几十亿甚至上百亿光年的结构。

(2)宇宙各向同性,也就是任何方向单位立体角内的物质分布都一样。特别是实验证实宇宙微波背景辐射高度各向同性。扣除星系运动的效应,只有十万分之几的各向异性, 这些差异被归结为宇宙早期物质涨落。

9.2 罗伯逊-沃克度规

宇宙学原理要求度规在空间平移和转动变换下是不变的。度规的三维空间部分可以看作嵌入高维平直空间的平面、球面或伪球面。比如一个四维欧氏空间的度规是

$$ds^2 = dx^2 + dy^2 + dz^2 + dw^2 \tag{9.1}$$

其中的一个球面表示为

$$x^2 + y^2 + z^2 + w^2 = k^{-1} \tag{9.2}$$

做坐标变换

$$x = r\sin\theta\cos\varphi, \quad y = r\sin\theta\sin\varphi, \quad z = r\cos\theta, \quad w = w \tag{9.3}$$

公式(9.2) 就化成

$$r^2 + w^2 = k^{-1}$$

对公式(9.2)两边微分,得到

$$dw^2 = \frac{r^2 dr^2}{k^{-1} - r^2} \tag{9.4}$$

代入公式(9.1) ,得到

$$ds^2 = \frac{dr^2}{1 - kr^2} + r^2(d\theta^2 + \sin^2\theta d\varphi^2) \tag{9.5}$$

也可以在一个闵氏空间

$$ds^2 = dx^2 + dy^2 + dz^2 - dw^2$$

中嵌入一个伪球面

$$x^2 + y^2 + z^2 - w^2 = -k^{-1} \tag{9.6}$$

同样操作，得到

$$ds^2 = \frac{dr^2}{1+kr^2} + r^2(d\theta^2 + \sin^2\theta d\varphi^2) \tag{9.7}$$

三维球面、伪球面和平直空间可以共同表示为

$$ds^2 = \frac{dr^2}{1-kr^2} + r^2(d\theta^2 + \sin^2\theta d\varphi^2) \tag{9.8}$$

这里 k 可以取为正数、负数和零，分别对应球面、伪球面和平直空间。我们再来加上时间维度：因为平移不变性，各个静止观测者的时钟都是一样快的，g_{00} 只能是时间的函数，与位置无关。如同公式(6.37)那样重新定义时间，把函数 g_{00} 吸收了。g_{0r} 必须为零，因为 $dtdr$ 不是空间平移不变的。空间部分还可以再乘上一个时间函数 $R^2(t)$，最终度规就写成

$$ds^2 = -dt^2 + R^2(t)\left[\frac{dr^2}{1-kr^2} + r^2(d\theta^2 + \sin^2\theta d\varphi^2)\right] \tag{9.9}$$

可以重新标度 $|K|r^2 \to r^2$，把因子吸收到 R 中，这样 k 只取 $1, 0, -1$。这就是罗伯逊-沃克(Robertson-Walker，R-W)度规。虽然满足各向同性和平移不变性的度规形式多样，但是其与 R-W 度规的关系只是一个坐标变换关系。$R(t)$称为宇宙的尺度因子，k 称为曲率因子。当 $k \leqslant 0$ 时，r 的范围至无穷大，宇宙的体积是无穷大的。当 $k > 0$ 时，空间的体积是有限的，即

$$V = 2\iiint \sqrt{g}\, dr d\theta d\varphi = 2\iiint \frac{R^3 r^2 \sin\theta}{\sqrt{1-kr^2}} dr d\theta d\varphi$$

$$= \frac{8\pi R^3}{k^{\frac{3}{2}}}\int_0^1 \frac{x^2 dx}{\sqrt{1-x^2}} = \frac{2\pi^2 R^3}{k^{\frac{3}{2}}} \tag{9.10}$$

需要说明的是，k 只代表三维空间弯曲的程度。即使 k 不等于零，四维时空也可以是平直的(见本章练习 2)。同样，即使 k 等于零，也不代表四维时空是平直的(见第 8 章练习 4)。k 与我们如何选择坐标相关，就像在三维欧氏空间，我们可以选择球面作为二维子空间(球坐标)，也可以选择平面作为二维子空间(直角坐标)，这两种二维子空间都具有各向同性和平移不变性。R-W 度规所采用的坐标是随动坐标，在这个坐标系里静止的观测者(星系)都做自由运动。R-W 度规的坐标时就是各个静止观测者的固有时，所以宇宙具有统一的时间。这个坐标的各向同性是显然的，平移不变性比较隐蔽。既然三维空间是球面或伪球面，也一定是处处等价的。宇宙学原理的各向同性和平移不变性在 R-W 度规中得到保证，平移不变性特指在 R-W 坐标下所有静止的观测者观测的结果一致。(在同一点有相对运动的两个观测者观测的结果显然是不一样的。)

9.3 红移和哈勃定律

R-W 度规是时间相关的，所以两个静止观测者之间的距离随着时间的改变而改变。比如设地球在坐标原点，一个星系的空间坐标是 (r,θ,φ)，它离地球的距离是

$$L = R(t)\int_0^r \frac{\mathrm{d}r}{\sqrt{1-kr^2}} \tag{9.11}$$

星系远离地球的速度就是

$$\dot{L} = \dot{R}(t)\int_0^r \frac{\mathrm{d}r}{\sqrt{1-kr^2}} = \frac{\dot{R}(t)}{R(t)}L = H(t)L \tag{9.12}$$

公式(9.12) 就是哈勃定律，$H(t)$ 就是哈勃常数。虽然 R-W 度规的各地静止观测者的固有时都是校准的，但是由于度规与时间相关，如公式(6.71) 所言的两个脉冲，行走的距离是不一样的，时间差会导致频

率的改变。从星系发出脉冲被地球接收,光走的是零光程线：

$$ds^2=-dt^2+R^2(t)\frac{dr^2}{1-kr^2}=0 \tag{9.13}$$

所以

$$\int_{t_1}^{t_2}\frac{dt}{R(t)}=\int_0^r\frac{dr}{\sqrt{1-kr^2}} \tag{9.14}$$

第二个脉冲落后 Δt 时间发出，到达时落后了 $\Delta t'$,即

$$\int_{t_1+\Delta t}^{t_2+\Delta t'}\frac{dt}{R(t)}=\int_0^r\frac{dr}{\sqrt{1-kr^2}}$$

将地球和星系都看作静止，则有

$$\int_{t_1+\Delta t}^{t_2+\Delta t'}\frac{dt}{R(t)}=\int_{t_1}^{t_2}\frac{dt}{R(t)}$$

Δt 很短,就有

$$\frac{\Delta t}{R(t_1)}=\frac{\Delta t'}{R(t_2)}$$

将 Δt 设置成光的一个周期，就得到波长改变的关系：

$$z=\frac{\lambda'-\lambda}{\lambda}=\frac{R(t_2)-R(t_1)}{R(t_1)}\approx\frac{\dot{R}(t_1)}{R(t_1)}(t_2-t_1)\approx H(t_1)\Delta L \tag{9.15}$$

两个约等号只有在星系离地球很近时才成立。公式(9.15) 是哈勃定律的另一种形式。如果 R 是时间的增函数(宇宙膨胀),波长是增加的,这个红移有时称为多普勒红移,但是与狭义相对论的多普勒红移还是有点差别,虽然两者都是由于波源远离(靠近) 观测者。在狭义相对论中,波源的运动导致波源的时钟和观测者的时钟之间还有时间膨胀的效应(v^2/c^2 的二级效应),而 R-W 度规中波源的时钟和观测者的时钟是校准的。另外,狭义相对论中的波源运动导致两个脉冲行走的距离差只等于光源在一个周期行走的距离,所以红移大小只与光源的速度相关,与光源和观测者之间的距离无关。而对宇宙学红移而言,

两个脉冲行走的距离差是由宇宙空间膨胀导致的，膨胀的大小随光程的时间增加而增加。

当距离稍远点时，公式(9.15)的精度就不够好，可以继续展开：

$$\begin{aligned} z &= \frac{\lambda' - \lambda}{\lambda} = \frac{R(t_2) - R(t_1)}{R(t_1)} \\ &= \frac{R(t_2)}{R(t_2) - \dot{R}(t_2)\Delta t + \ddot{R}(t_2)\Delta t^2/2 + \cdots} - 1 \\ &\approx \frac{\dot{R}(t_2)}{R(t_2)}\Delta t + \left[\frac{\dot{R}^2(t_2)}{R^2(t_2)} - \frac{1}{2}\frac{\ddot{R}(t_2)}{R(t_2)}\right]\Delta t^2 + \cdots \\ &\approx H(t_2)\Delta t + \frac{1}{2}H^2(t_2)(2 + q_0)\Delta t^2 + \cdots \end{aligned} \tag{9.16}$$

其中

$$q_0 = -\frac{\ddot{R}(t_2)}{H^2(t_2)R(t_2)} \tag{9.17}$$

是现时刻的减速因子。公式(9.16)中的 $\Delta t = t_2 - t_1$ 不再近似为距离。利用公式(9.14)，有

$$\begin{aligned} \int_{t_1}^{t_2} \frac{\mathrm{d}t}{R(t)} &= \int_{t_1}^{t_2} \frac{\mathrm{d}t}{R(t_2) + \dot{R}(t_2)(t - t_2) + \ddot{R}(t_2)(t - t_2)^2/2 + \cdots} \\ &\approx \frac{\Delta t}{R(t_2)} + \frac{1}{2}\frac{\dot{R}(t_2)}{R^2(t_2)}\Delta t^2 + \cdots = \int_0^r \frac{\mathrm{d}r}{\sqrt{1 - kr^2}} = r + \cdots \end{aligned} \tag{9.18}$$

省略号代表三阶及以上的高阶项。Δt 与坐标 r 的关系就是

$$\Delta t + \frac{1}{2}H(t_2)\Delta t^2 + \cdots = R(t_2)r + \cdots \tag{9.19}$$

将公式(9.19)代入公式(9.16)，得到

$$z = H(t_2)R(t_2)r + \frac{1}{2}H^2(t_2)(1 + q_0)[R(t_2)r]^2 + \cdots \tag{9.20}$$

只要测量不同距离的红移值，就可以确定哈勃常数、减速因子等

参数。当然遥远星系距离的测量是一项极具挑战性的工作。后面将会提到的Ia超新星测量法,是目前测量超远距离星系最可靠的方法。它是一种标准烛光法,用这种方法获得的距离称为光度距离。一个恒星的视亮度 l(单位时间单位面积接收的光子能量)等于其光度 L(单位时间辐射的总能量)除以观测者所在的球面面积。如果知道星球(星系)的光度 L,通过视亮度就可以知道球面的"半径"$R(t_2)r$。然而由于红移,单个光子能量会有一个红移因子 $1+z$,而且由于星系退行,单位时间接收的光子数也会下降一个因子 $1+z$,所以星系会比由纯粹距离原因导致的亮度减弱看起来更暗一点,或者说,看起来会更远一点。光度距离和实际半径的关系是

$$L_{光}=(1+z)R(t_2)r \tag{9.21}$$

代入公式(9.20),得到

$$H(t_2)L_{光}=z+\frac{1}{2}H(t_2)(1-q_0)z^2+\cdots \tag{9.22}$$

在天文学里还有一种距离叫作角直径距离。如果一个光源横向展宽为 s,观察者观测到光源的张角为 θ,则角直径距离定义为

$$d=\frac{s}{\theta}=R(t_1)r \tag{9.23}$$

其中 t_1 是光源发光的时刻(而不是观测者接收到的时刻),r 是光源的坐标(以观测者为坐标原点)。光源发光时对观测者的张角等于观测者接收时观测到的张角,原因是发光点的空间坐标是不改变的。

9.4　弗里德曼方程

我们把整个宇宙的物质看作理想流体,而星系作为其"分子",这些分子基本处于静止状态,所以能量-动量张量是

$$\begin{cases}T^{\alpha\beta}=(\rho+p)u^{\alpha}u^{\beta}+pg^{\alpha\beta}\\ u^{\alpha}=(1,0,0,0)\end{cases} \tag{9.24}$$

我们现在来计算 R-W 度规下的联络和里奇张量。R-W 度规是对

角的，且时间分量的对角元是 -1，所以不难得到

$$\Gamma_{11}^{0}=\frac{\dot{R}(t)R(t)}{1-kr^{2}},\quad \Gamma_{22}^{0}=\dot{R}(t)R(t)r^{2},\quad \Gamma_{33}^{0}=\dot{R}(t)R(t)r^{2}\sin^{2}\theta$$

$$\Gamma_{11}^{1}=\frac{kr}{1-kr^{2}},\quad \Gamma_{22}^{1}=-r(1-kr^{2}),\quad \Gamma_{33}^{1}=-r\sin^{2}\theta(1-kr^{2})$$

$$\Gamma_{10}^{1}=\Gamma_{20}^{2}=\Gamma_{30}^{3}=\frac{\dot{R}(t)}{R(t)},\quad \Gamma_{12}^{2}=\Gamma_{13}^{3}=\frac{1}{r}$$

$$\Gamma_{33}^{2}=-\sin\theta\cos\theta,\quad \Gamma_{23}^{3}=\frac{\cos\theta}{\sin\theta} \tag{9.25}$$

按照类似公式(6.19)的考虑方式，里奇张量只要考虑相应分量就可以了。不等于零的分量是

$$\begin{cases} R_{00}=\dfrac{3\ddot{R}}{R} \\ R_{11}=\dfrac{-R\ddot{R}-2\dot{R}^{2}-2k}{1-kr^{2}} \\ R_{22}=-(R\ddot{R}+2\dot{R}^{2}+2k)r^{2} \\ R_{33}=R_{22}\sin^{2}\theta \end{cases} \tag{9.26}$$

里奇张量的空间分量与度规张量空间分量相比，只差一个公共函数因子，这是由于 R-W 度规具有空间的最大对称性（平移、旋转不变）。代入爱因斯坦引力场方程，有

$$R_{\mu\nu}=-8\pi G\left(T_{\mu\nu}-\frac{1}{2}g_{\mu\nu}T\right)$$

得到

$$\begin{cases} \dfrac{3\ddot{R}}{R}=-4\pi G(3p+\rho) \\ \dfrac{-R\ddot{R}-2\dot{R}^{2}-2k}{1-kr^{2}}=4\pi G\,\dfrac{R^{2}}{1-kr^{2}}(p-\rho) \\ -(R\ddot{R}+2\dot{R}^{2}+2k)r^{2}=4\pi GR^{2}r^{2}(p-\rho) \end{cases} \tag{9.27}$$

第二、三个方程完全一样。利用第一、二个方程，消去 $\ddot{R}$，得到

$$\dot{R}^2+k=\frac{8\pi G\rho}{3}R^2 \tag{9.28}$$

这就是弗里德曼方程。基于能量-动量守恒方程，还可以得到一个关于压强和密度关系的方程。我们考察方程的零分量：

$$\begin{aligned}T^{0\beta}_{;\beta}&=T^{0\beta}_{,\beta}+T^{0\gamma}\Gamma^{\beta}_{\gamma\beta}+T^{\beta\gamma}\Gamma^{0}_{\gamma\beta}\\&=\frac{\mathrm{d}\rho}{\mathrm{d}t}+\frac{3\dot{R}}{R}(\rho+p)=0\end{aligned} \tag{9.29}$$

其它分量的能量-动量张量守恒方程是恒等式。由于比安基恒等式保证了能量-动量张量守恒，方程(9.29)与两个爱因斯坦引力场方程并不独立[只要在弗里德曼方程两边对时间求导，再代入公式(9.27)第一个方程，就可以得到公式(9.29)]。独立的只有方程(9.29)和弗里德曼方程。然而有三个未知函数，所以还需要一个物态方程一起联合求解。

9.5　物态方程

压强和密度的关系一般来说都很复杂，我们考虑几种特殊情况。

一种是极端相对论。根据方程(1.55)，压强是密度的 1/3，所以公式(9.29)化简为

$$\frac{\mathrm{d}\rho}{\mathrm{d}t}+\frac{4\dot{R}}{R}\rho=0 \quad\Rightarrow\quad \frac{\mathrm{d}}{\mathrm{d}t}(\rho R^4)=0 \quad\Rightarrow\quad \rho R^4=C \tag{9.30}$$

极端相对论就是粒子以接近光速运动，自己的固有质量可以忽略，运动性质与光子类似(当然光子本身也属于极端相对论物质)。平均粒子能量达到如此高时，温度也异常高，这只有在宇宙早期才有可能。我们后面把这类物质都称为辐射物质。随着 R 的增加(宇宙膨胀)，辐射物质密度以 R^{-4} 的行为衰减。

另一种是极端非相对论。$p\ll\rho$，忽略压强，公式(9.29)就变成

$$\frac{\mathrm{d}\rho}{\mathrm{d}t}+\frac{3\dot{R}}{R}\rho=0 \quad \Rightarrow \quad \frac{\mathrm{d}}{\mathrm{d}t}(\rho R^3)=0 \quad \Rightarrow \quad \rho R^3=C \tag{9.31}$$

方程(9.31)其实就是非相对论极限下的物质守恒方程：

$$(\rho u^\alpha)_{;\alpha}=\frac{1}{\sqrt{-g}}(\sqrt{-g}\,\rho u^\alpha)_{,\alpha}=0 \quad \Rightarrow \quad \frac{\mathrm{d}}{\mathrm{d}t}(\rho R^3)=0 \tag{9.32}$$

在最后一个等式中，我们对粒子的速度做了非相对论极限近似，即忽略了其三维速度。忽略压强后，物质之间没有相互作用，粒子满足测地线方程。这时的能量-动量张量守恒就等效于物质流守恒[能量-动量张量形式取公式(4.19)]。

关于公式(9.30)和(9.31)更简单的解释是：对于辐射物质，粒子数密度与 R^{-3} 成正比(与体积成反比)，单个粒子由于红移[公式(9.15)]，其能量与 R^{-1} 成正比，所以能量密度与 R^{-4} 成正比。对于非相对论物质，单个粒子的能量等于静止质量，是不变的，所以能量密度正比于 R^{-3}。

还有一种情况是：物质由真空能构成，能量密度是常数，不随时间改变。由公式(9.29)得到 $p=-\rho$。如果能量密度是正的，压强就是负的。关于真空能和暗能量，我们在第 9.8.4 小节和第 9.8.5 小节还会讨论。目前的宇宙是由非相对论物质和真空能主导的。各种物质在宇宙演化中扮演的角色我们将在后面几节详细讨论。

9.6 曲率因子

弗里德曼方程中的曲率因子 k 决定了宇宙空间几何性质，也会影响宇宙的将来趋势。由于宇宙在膨胀，如果宇宙中只有辐射和非相对论物质，弗里德曼方程右边会逐渐趋于零。显然尺度因子的时间导数 $\mathrm{d}R/\mathrm{d}t$ 总是在下降的[由公式(9.27)第一式可知，只要 $3p+\rho>0$ 就成立]，即宇宙的膨胀速度在下降。如果 $k>0$(正曲率)，则在弗里德曼方程右边还没有达到零时，dR/dt 就先达到零了，宇宙就停止膨胀。如果 $k<0$(负曲率)，则即使弗里德曼方程右边等于零，dR/dt 依然不等于零，宇宙将永远膨胀下去。如果 $k=0$(平直空间)，则 dR/dt 会随着密度的减小越来越小，但是不会停止。所以当 $k\leqslant 0$ 时，是开放宇宙，而当 $k>0$ 时，是封闭宇宙(图 9.1)。把公式(9.28) 换个位置，写成

$$\dot{R}^2-\frac{8\pi G\rho}{3}R^2=-k \tag{9.33}$$

可以看得更清楚。方程左边第一项是动能，第二项是势能，右边类比于总机械能。如果物质是由公式(9.30) 和(9.31) 描述的正常物质，势能就是类似于万有引力势能或者负二次方型的势能。所以，当总机械能为负数时(正曲率)，质点是不可能到达无穷远处的；当总机械能大于或等于零时(非正曲率)，质点是可以到达无穷远的(见本章练习 6)。而且方程是一维的(没有横向运动自由度，即没有类似星体运动的角动量)，质点的运动就像在地面垂直向上抛射物体，是不会有稳定解的。如果初速度足够大，质点会到达无穷远处。如果初速度不够，质点会返回地球。这也就是爱因斯坦无法找到稳定解的原因。

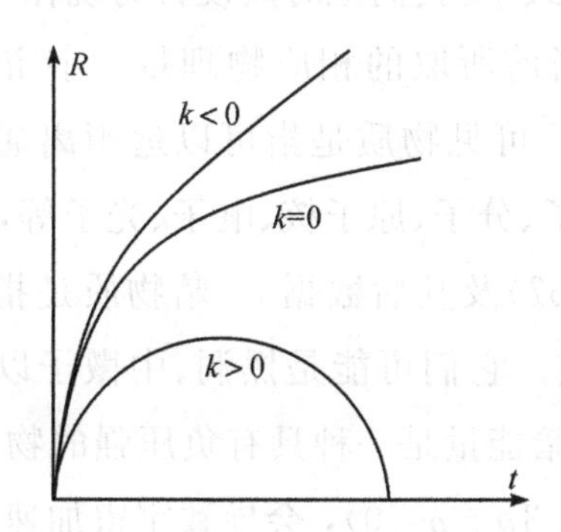

图 9.1　没有暗能量的宇宙膨胀模式

如果物质中含有真空能，那么弗里德曼方程右边随着宇宙膨胀会越来越大，dR/dt 也会越来越大，宇宙就加速膨胀了，除非 k 足够大，在真空能起主导作用之前，就中断宇宙膨胀。

那么如何依靠现在的观测来判断宇宙的曲率因子呢？我们将弗里德曼方程做一个变形：

$$k=\frac{8\pi G\rho}{3}R^2-\dot{R}^2=\frac{8\pi G}{3}R^2\left(\rho-\frac{3}{8\pi G}\frac{\dot{R}^2}{R^2}\right)=\frac{8\pi G}{3}R^2\left[\rho-\frac{3}{8\pi G}H^2(t)\right]$$

$$=\frac{8\pi G}{3}R^2(\rho-\rho_c)=\frac{8\pi G}{3}R^2\rho_c\left(\frac{\rho}{\rho_c}-1\right)=\frac{8\pi G}{3}R^2\rho_c(\Omega-1)$$

$$=\frac{8\pi G}{3}R_0{}^2\rho_{c0}(\Omega_0-1) \tag{9.34}$$

其中 $H(t)$ 就是公式(9.12) 定义的哈勃常数。$\rho_c=3H^2/(8\pi G)$ 称为临界密度，是时间的函数。根据公式(9.46)，目前宇宙的临界密度大约是

$$\rho_c=\frac{3\times[67.9/(3.086\times10^{19})]^2}{8\times3.14\times6.67\times10^{-11}}\text{kg/m}^3\approx8.7\times10^{-27}\text{kg/m}^3 \tag{9.35}$$

当宇宙总物质密度大于临界密度时，宇宙就是正曲率空间。$\Omega=\rho/\rho_c$ 就是宇宙的总物质密度和临界密度之比，是判定宇宙空间弯曲程度的指标。当 $\Omega=1$ 时，宇宙是平直空间。显然实验上要绝对确定这一点是困难的。确定 Ω 是大于 1 还是小于 1 更现实一些。在公式(9.34)的最后一个等式中，我们把时间设置为现在(k 与时间无关)，有 0 下标的表示时间为当前所取的相应物理量。宇宙的物质分为可见物质、暗物质和暗能量。可见物质是指可以远距离通过电磁相互作用观测到的物质，比如原子、分子、原子核、电子、光子等，这部分物质占总物质的 5%[见公式(9.67)及其后数据]。暗物质是指只能通过引力和弱相互作用感知的物质。它们可能是黑洞、中微子以及目前没有发现的新物质，约占 27%。暗能量是一种具有负压强的物质(比如前面提到的真空能，$p=-\rho$，所以 $3p+\rho<0$)，会导致宇宙加速膨胀，起到反引力的作用，约占 68%。这种物质到底是什么目前尚不清楚。要测量这些比率，需要构建宇宙学模型，通过测量宇宙背景辐射、遥远星系红移及其它实验数据确定。这里可以通过简单的分析，略知其中一二。我们先对弗里德曼方程(9.28)中的物质密度做细分。重子物质和暗物质都是非

相对论物质，其随宇宙膨胀，满足公式(9.31)的变化方式。我们可以用现在的密度值表示任意时刻的密度值：

$$\rho_M = \rho_{0M} \frac{R_0^3}{R^3(t)}$$

暗能量如果是真空能，其密度是常数[见公式(9.72)]。辐射物质比率目前非常小，可以忽略。所以

$$\begin{aligned}\frac{8\pi G}{3}R^2\rho &= \frac{8\pi G}{3}R^2(\rho_\lambda + \rho_M) = \frac{8\pi G}{3}R^2\left(\rho_{0\lambda} + \rho_{0M}\frac{R_0^3}{R^3}\right) \\ &= \frac{8\pi G}{3}\rho_{0c}R^2\left(\Omega_{0\lambda} + \Omega_{0M}\frac{R_0^3}{R^3}\right) = H_0^2R^2\left(\Omega_{0\lambda} + \Omega_{0M}\frac{R_0^3}{R^3}\right)\end{aligned}$$

其中下标 0 表示时间为现在的物理量，下标 λ 表示真空能或者暗能量。在弗里德曼方程两边对时间求微分，得到

$$\ddot{R}(t) = H_0^2 R\left(\Omega_{0\lambda} - \Omega_{0M}\frac{R_0^3}{2R^3}\right) \tag{9.36}$$

把公式(9.36)的时间设置为现在，就得到现时刻的减速因子[公式(9.17)]

$$q_0 = -\left(\Omega_{0\lambda} - \frac{1}{2}\Omega_{0M}\right) \tag{9.37}$$

在实验中，通过公式(9.22)得到的减速因子是负的，表明现在的宇宙是加速膨胀的。显然只有普通重子物质和暗物质等非相对论物质时，宇宙是减速膨胀的。必须有暗能量而且密度至少要大于非相对论物质密度的 1/2，才能导致减速因子是负的，实际的测量(见图 9.2 和第 9.8.5 小节)表明减速因子 $q_0 = -0.55$。这相当于

$$\Omega_{0M} = 0.3,\quad \Omega_{0\lambda} = 0.7 \tag{9.38}$$

与第 9.6.3 小节微波背景辐射的测量结果是一致的。按照目前的物质组成，宇宙会永远膨胀下去，除非中间有某种物理机制改变物质的组成而中断这一进程。后面介绍的暴胀模型就是用相变的机制中断宇宙的暴胀。当然还有各种暗能量模型可以导致类似的结果。

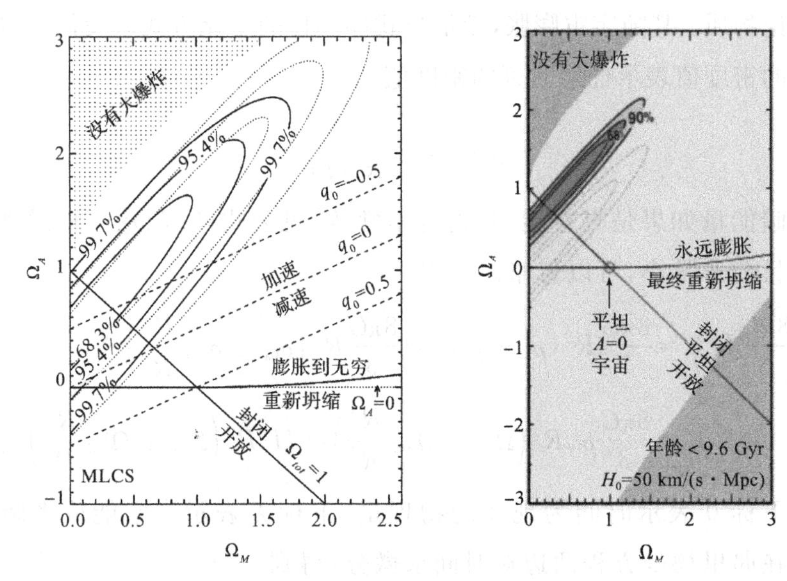

图 9.2 左图是 16 个 Ia 超新星的拟合结果，右图是 40 个 Ia 超新星的拟合结果，椭圆范围是与实验相符的参数空间，排除了减速膨胀／零真空能的结果，与平直空间符合得很好①

最后，按照目前的实验，所有物质加起来给出 $\Omega \approx 1$（见第 9.8.3 小节），这也是前面所指的各物质成分总量大致为 1 的原因。这个结果只表明现在的宇宙接近平直，对曲率因子是多少没有给出答案，对宇宙未来如何演化也没有给出答案。

9.7 宇宙年龄

虽然关于未来我们没有足够的信息，关于过去，我们可以根据目前的观测获得一定的了解。对宇宙年龄的估计是我们了解过去的一个重要窗口。目前宇宙中是暗能量占主导，回溯过去，可以知道相当

① 图片翻译自 Riess A G, Filippenko A V, Challis P, et al. Observational evidence from supernovae for an accelerating universe and a cosmological constant[J]. *The Astronomical Journal*, 1998, 116(3): 1009-1038. 以及 Perlmutter S, Aldering G, Deustua S, et al. Cosmology from type Ia supernova[J]. *Bulletin of the American Astronomical Society*, 1997, 29: 1351.

长时期内是非相对论物质占主导的。根据宇宙标准模型，在宇宙的创生时期，是辐射（极端相对论）物质占主导的，但是这样的时间很短，因为辐射物质密度随宇宙膨胀下降得更快。绝大多数时期极可能是非相对论物质占主导。我们首先只考虑非相对论物质。可以利用公式（9.31）把宇宙过去的密度和现在的密度联系起来：

$$\rho R^3(t)=\rho_0 R_0^3 \tag{9.39}$$

其中有 0 下标的物理量表示现在的物理量。将公式（9.39）代入弗里德曼方程，得到

$$\mathrm{d}t=\frac{\mathrm{d}R}{\sqrt{\frac{8\pi G}{3}\frac{\rho_0 R_0^3}{R}-k}} \tag{9.40}$$

由公式（9.34）知

$$k=\frac{8\pi G}{3}R_0^2\rho_{0c}(\Omega_0-1)\ll\frac{8\pi G}{3}R_0^2\rho_0 \tag{9.41}$$

在公式（9.41）中，我们把时间设置为现在，因为 k 与时间无关。在最后的不等式中，我们利用了现在的数据：

$$\Omega_0\approx 1,\quad \rho_0\approx\rho_{0c}$$

忽略掉公式（9.40）中的 k，直接积分，得到

$$t=\int_0^{R_0}\frac{\mathrm{d}R}{\sqrt{\frac{8\pi G}{3}\frac{\rho_0 R_0^3}{R}}}=\frac{2}{3}\frac{1}{\sqrt{\frac{8\pi G\rho_0}{3}}}\approx\frac{2}{3}\frac{1}{\sqrt{\frac{8\pi G\rho_c}{3}}}=\frac{2}{3}H_0^{-1} \tag{9.42}$$

如果 k 在某个阶段不可忽略，我们看看是否有更大的宇宙年龄。先考虑 $k>0$，注意到

$$\begin{cases}\frac{8\pi G}{3}\rho_0 R_0^2=\frac{8\pi G}{3}R_0^2\rho_{0c}\frac{\rho_0}{\rho_{0c}}=R_0^2H_0^2\Omega_0\\ k=R_0^2H_0^2\Omega_0-\dot{R}_0^2=R_0^2H_0^2(\Omega_0-1)\end{cases} \tag{9.43}$$

代入公式（9.40），对两边积分，得到

$$t=\int_0^{R_0}\frac{\mathrm{d}R}{\sqrt{\frac{8\pi G}{3}\frac{\rho_0 R_0^3}{R}-k}}=H_0^{-1}\int_0^{R_0}\frac{\mathrm{d}R/R_0}{\sqrt{\frac{\Omega_0 R_0}{R}-(\Omega_0-1)}}$$

$$=H_0^{-1}\int_0^1\frac{\mathrm{d}x}{\sqrt{\frac{\Omega_0}{x}-(\Omega_0-1)}}$$

$$=H_0^{-1}\frac{\Omega_0}{(\Omega_0-1)^{\frac{3}{2}}}\int_0^{\arcsin\sqrt{\frac{\Omega_0-1}{\Omega_0}}}(1-\cos2\theta)\mathrm{d}\theta$$

$$=H_0^{-1}\frac{\Omega_0}{(\Omega_0-1)^{\frac{3}{2}}}\left[\arcsin\left(\sqrt{\frac{\Omega_0-1}{\Omega_0}}\right)-\sqrt{\frac{\Omega_0-1}{\Omega_0}}\sqrt{\frac{1}{\Omega_0}}\right] \tag{9.44}$$

公式(9.44)最大值也就是$2H_0{}^{-1}/3$(在$k=0$处),回到了公式(9.42)。

如果$k<0$,

$$t=\int_0^{R_0}\frac{\mathrm{d}R}{\sqrt{\frac{8\pi G}{3}\frac{\rho_0 R_0^3}{R}-k}}=H_0^{-1}\int_0^{R_0}\frac{\mathrm{d}R/R_0}{\sqrt{\frac{\Omega_0 R^0}{R}-(\Omega_0-1)}}$$

$$=H_0^{-1}\int_0^1\frac{\mathrm{d}x}{\sqrt{\frac{\Omega_0}{x}+(1-\Omega_0)}}$$

$$=\frac{H_0^{-1}}{(1-\Omega_0)^{\frac{1}{2}}}\int_0^1\frac{\sqrt{x}\,\mathrm{d}x}{\sqrt{\frac{\Omega_0}{1-\Omega_0}+x}}$$

$$=\frac{H_0^{-1}}{(1-\Omega_0)^{\frac{1}{2}}}\left(\sqrt{\frac{1}{1-\Omega_0}}-\frac{\Omega_0}{1-\Omega_0}\ln\frac{1+\sqrt{1-\Omega_0}}{\sqrt{\Omega_0}}\right) \tag{9.45}$$

在$\Omega_0=0$处有最大值$H_0{}^{-1}$。这个结果并不令人意外。公式(9.27)第一式告诉我们,在正常情况下($3p+\rho>0$),宇宙膨胀是减速的。所以宇宙年龄最长的情况是:膨胀是匀速的[我们以现在的速度(哈勃常数)回推过去],这要求密度和压强都等于零,即$\Omega_0=0$。在这种情况下,根据弗里德曼方程,曲率因子必须为非正的,膨胀速度等于$(-k)^{1/2}=H_0R_0$，最大宇宙年龄为$R_0/(-k)^{1/2}=H_0^{-1}$。

根据最新的实验数据(见第 9.6.3 小节)

$$H_0=(67.80\pm 0.77)\text{km}/(\text{s}\cdot\text{Mpc}) \tag{9.46}$$

宇宙年龄的上限大约是 144 亿年。如果完全是非相对论物质[公式(9.42)],宇宙年龄大约是 96 亿年。宇宙年龄的下界可以通过估计观测到的古老星系年龄获得。这些天体的光谱特点是金属丰度很小,称为星族 Ⅱ。我们后面会提到重元素(重于^{4}He) 基本上是恒星演化的结果,所以低金属丰度表明形成的年代早。高金属丰度已经是第二代或更晚的天体了。通过对这些古老天体中某些放射性元素比例的观察,可以知道它们形成的时间。比如^{235}U 和^{238}U,产生于超新星爆发(一些巨大的恒星寿命短到几百万年,利用它们产生的金属元素估计年代误差不大),所以当初产生的丰度比例是确定的。通过现在观察到的丰度比例(两种铀的半衰期差别很大),就可以估计产生年代了。表 9.1 是对某个贫金属恒星的年龄估计。这类恒星的年龄都在 130～150 亿年,所以数据更接近上面计算的宇宙年龄上界,而完全非相对论物质主导的宇宙模型是不适合的。当然上面的计算只考虑了非相对论物质和曲率因子,如果还有别的物质,情况会大不相同。比如上一节我们提到的真空能，其压强是负。这会导致 $3p+\rho<0$,宇宙是加速膨胀的,宇宙的年龄就会随之增加。真空能量密度是常数,不会随着膨胀而减小。从弗里德曼方程可以看到,随着宇宙膨胀,方程右边越来越大,所以左边的速度也越来越大。如果考虑只有真空能,公式(9.40) 就变成

$$t=\int_0^{R_0}\frac{\mathrm{d}R}{\sqrt{\frac{8\pi G}{3}\rho_0R^2-k}} \tag{9.47}$$

表 9.1　不同放射性元素给出的贫金属恒星 HE 1523-0901 年龄①

X/Y	log(PR)	$\log\epsilon(X/Y)_{obs}$	年龄/Gyr	不确定性/Gyr
Th/Eu	−0.377	−0.58	9.5	3.3/3.4/0.6/0.6/5.6
Th/Eu	−0.33	−0.58	11.7	3.3/3.3/0.5/0.5/5.6
Th/Eu	−0.295	−0.58	13.3	3.3/3.0/0.2/0.2/5.6
Th/Os	−1.15	−1.38	10.7	3.3/2.8/5.6/0.0/5.6
Th/Ir	−1.18	−1.44	12.1	3.3/1.9/2.8/1.4/5.6
Th/Ir	−1.058	−1.44	17.8	3.3/2.0/2.9/1.5/5.6
U/Eu	−0.55	−1.44	13.2	1.9/0.6/0.4/0.2/1.6
U/Os	−1.37	−2.24	12.9	1.9/0.6/1.2/0.3/1.6
U/Ir	−1.40	−2.30	13.3	1.9/0.3/0.3/0.7/1.6
U/Ir	−1.298	−2.30	14.8	1.9/0.3/0.3/0.8/1.6
U/Th	−0.301	−0.86	12.2	2.8/0.4/0.9/0.4/2.2
U/Th	−0.29	−0.86	12.4	2.8/0.4/0.9/0.4/2.2
U/Th	−0.256	−0.86	13.1	2.8/0.5/1.0/0.5/2.2
U/Th	−0.243	−0.86	13.4	2.8/0.4/0.8/0.4/2.2
U/Th	−0.22	−0.86	13.9	2.8/0.4/0.9/0.4/2.2

当 $k>0$ 时,在时间等于零时,尺度因子不能等于零。如果尺度因子要从零开始,要么曲率因子非正，要么开始的时候还有别的物质。当 $k=0$ 时,宇宙年龄无穷大。当 $k<0(\Omega_0<1)$ 时，

$$t=\frac{1}{H_0\Omega_0^{\frac{1}{2}}}\int_0^1\frac{\mathrm{d}x}{\sqrt{x^2+(1-\Omega_0)/\Omega_0}}=\frac{1}{H_0\Omega_0^{\frac{1}{2}}}\ln\frac{1+\sqrt{\Omega_0}-\sqrt{1-\Omega_0}}{\sqrt{\Omega_0}+\sqrt{1-\Omega_0}-1} \tag{9.48}$$

公式(9.48)的最小值是 H_0^{-1}(当 $\Omega_0=0$ 时),这回到了公式(9.45)的结果。当 $\Omega_0=1$ 时,宇宙年龄无穷大,这其实回到了 $k=0$ 的情况。

真实的宇宙模型会包括各种物质,如真空能 ρ_λ、非相对论物质(包括冷重子、冷暗物质)ρ_M，辐射物质(光子、中微子、相对论电子等)ρ_R。这些物质随宇宙膨胀变化形式是不一样的：

① 表格翻译自 Frebel A, Christlieb N, Norris J E, et al. Discovery of HE 1523-0901, a strongly *r*-process-enhanced metal-poor star with detected uranium[J]. *The Astrophysical Journal*, 2007, 660: L117-L120.

$$\begin{aligned}\frac{8\pi G}{3}R^2\rho &= \frac{8\pi G}{3}R^2(\rho_\lambda+\rho_M+\rho_R)\\&=\frac{8\pi G}{3}R^2\left(\rho_{0\lambda}+\rho_{0M}\frac{R_0^3}{R^3}+\rho_{0R}\frac{R_0^4}{R^4}\right)\\&=\frac{8\pi G}{3}\rho_{0c}R^2\left(\Omega_{0\lambda}+\Omega_{0M}\frac{R_0^3}{R^3}+\Omega_{0R}\frac{R_0^4}{R^4}\right)\\&=H_0^2R^2\left(\Omega_{0\lambda}+\Omega_{0M}\frac{R_0^3}{R^3}+\Omega_{0R}\frac{R_0^4}{R^4}\right)\end{aligned}\tag{9.49}$$

其中有 0 下标的物理量表示时间设置在现在。将公式(9.49) 代入公式(9.40)，得到

$$t=\frac{1}{H_0}\int_0^1\frac{\mathrm{d}x}{x\sqrt{\Omega_{0\lambda}+\Omega_{0M}\frac{1}{x^3}+\Omega_{0R}\frac{1}{x^4}-\Omega_{0k}\frac{1}{x^2}}}\tag{9.50}$$

其中

$$\Omega_{0k}=k/(H_0^2R_0^2)$$

9.8　宇宙标准模型

在哈勃发现宇宙膨胀以后，动态宇宙模型就成为主流。我们通过简单的推理就会发现宇宙起源于一个点。伽莫夫等人提出了宇宙大爆炸模型“火球”模型。该模型的主体思想是：在极早的宇宙中，宇宙尺度近于零，能量密度和温度都极高，任何有结构的粒子都不存在(有结构就意味着有束缚能，在温度太高的情况下，任何束缚都不成立)。宇宙的空间开始膨胀，空间里任意两点的距离变大，能量密度变低，单个粒子的动能也由于膨胀的多普勒效应而降低，宇宙不断地降温，由此形成各种微观结构，然后是宏观结构，直到目前的宇宙。按照目前的标准说法，可以将宇宙演化分成如表 9.2 所示的几个阶段。

表 9.2　宇宙时间表

时间	能量 /eV	温度 /K	年代名称	物理事件
10^{-43}s	10^{28}	10^{32}	普朗克时代	超弦？引力开始分离
10^{-35}s	10^{24}	10^{28}	大统一时代	强力分离，重子数不守恒
10^{-32}s	?	?	暴胀结束?	
			大沙漠	
10^{-11}s	10^{12}	10^{16}		弱电分离
10^{-5}s	10^{9}	10^{13}	强子时代	夸克禁闭
10^{-2}s	10^{7}	10^{11}	轻子时代	轻子大量产生
1s	10^{6}	10^{10}		中微子退耦
3min	10^{5}	10^{9}	核合成	^{4}H 等轻核生成
60kyr	1	10^{4}	辐射-物质相等	物质开始主导宇宙演化
380kyr	0.3	3000	复合时代	中性原子生成，光子退耦
0.1 ～ 1Gyr	0.003	30	再电离	类星体产生
1 ～ 10Gyr	$0.3 \sim 1 \times 10^{-3}$	3 ～ 10	结构形成	恒星、星系、星系团形成

9.8.1　早期宇宙

宇宙最早可以追溯到普朗克时间，大约在宇宙创生的 10^{-43}s，由于测不准原理，再早的宇宙超出了目前人类理论理解的范围。即使在这个时刻，宇宙到底发生了什么也完全是猜测，人类目前尚无被实验验证的理论可用。按照推测，所有相互作用都完全统一，只剩下称为超弦的基本结构，时空是 11 维的。随后其中的四维开始膨胀，引力和强-弱-电相互作用分离，温度继续下降。到 10^{-35}s，强与弱-电相互作用开始分离，重子数不守恒出现。接下来，很可能是宇宙暴胀，尺度膨胀了 10^{50} 倍，在 10^{-32}s 停止，宇宙再加热，恢复辐射主导膨胀。再下来一片空白，我们称之为大沙漠，因为按照现有理论，这段时间不会出现新物理，其实我们也不知道会发生什么。直到 10^{-11}s，电-弱相互作用开始分离，才达到了我们目前粒子物理标准模型能够理解的范围。后面的演化见表 9.2。我们在讨论这个时间表时，自然的问题是：这个时间表是如何做出来的？要制作这个表，需要知道温度和时间的关系。知道温度与时间关系后，我们就可以知道粒子的平均能量与时间的关系，根据目前的粒子物理理论，可以推知发生的物理过程。最后这一步可能超过了目前的教学范围。但是我们还是可以大致获得温度和时间的关系的。在宇宙早期，温度很高，粒子都处在极端相对论状态。比如电子的静止质量是 0.5MeV，大约相当于温度

$$T \sim \frac{mc^2}{k_B} = \frac{9 \times 10^{-31} \times 9 \times 10^{16}}{1.38 \times 10^{-23}} \approx 5.9 \times 10^9 \mathrm{K}$$

如果我们采用玻尔兹曼常数(Boltzmann constant) 等于 1 的单位制，1MeV 相当于温度 10^{10} K。所以当温度远高于 10^{10} K 时，电子就处于极端相对论状态。 当粒子处于极端相对论状态时，它们自身的质量可以忽略，达到热平衡时，能量密度与光子类似，正比于 T^4。 而此时物质密度和尺度因子的关系是公式(9.30)。所以有

$$T^4 R^4 = C \quad \Rightarrow \quad \left(\frac{\dot{R}}{R}\right)^2 = \left[\frac{\dot{T}(t)}{T(t)}\right]^2 \tag{9.51}$$

将公式(9.51) 代入弗里德曼方程，并忽略曲率因子，得到

$$\dot{T}^2 = \frac{8\pi G\rho}{3} T^2 \tag{9.52}$$

物质的密度由各种粒子组成。光子的能量密度和温度的关系是

$$\rho_E = \frac{\pi^2 k_B^4}{15 c^3 \hbar^3} T^4 = \left(\frac{\pi^2 k_B^4}{15 c^5 \hbar^3} T^4\right) c^2 \tag{9.53}$$

电子是费米子，由于费米统计，相对论电子能量密度和光子有个 7/8 因子的差别：

$$\int_0^\infty \frac{x^3 \mathrm{d}x}{\mathrm{e}^x \pm 1} = \mp 6 \mathrm{Li}_4(\mp 1) = \begin{cases} \dfrac{7}{8} \times 6 \times \dfrac{\pi^4}{90}, & \text{费米子} \\ 6 \times \dfrac{\pi^4}{90}, & \text{玻色子} \end{cases}$$

除了电子，还有反电子、μ 轻子、τ 轻子及其反粒子、三代中微子、夸克等，都是费米子。是否把这些粒子都包括到物质密度里，要有几点考虑。首先考虑它们是否存在。比如在 10^{12}K 以下，夸克已经强子化了，都转变成质子、中子等强子。但是在这个温度区域，质子、中子不算极端相对论粒子，数目相对光子来说也极少（因为正反夸克已经湮灭成光子，剩余的质子和中子都是重子数破坏后的产物）。另外，这些粒子之间要达到热平衡，必须不断地“碰撞”，这种“碰撞”是通过粒子之间的相互作用产生的，比如光子与电子等轻子发生散射：$e(\mu)+\gamma\rightarrow e(\mu)+\gamma$。电子、$\mu$ 轻子等与中微子之间也有类似的散射：$e^-+\bar{\nu}_e\rightarrow e^-+\bar{\nu}_e$，$e^-+\nu_\mu\leftrightarrow\mu+\nu_e$。后一个过程在 10^{12}K 以下基本上不可逆，所以对热平衡没有贡献。随着宇宙膨胀，温度和粒子的密度下降，中微子不再容易碰上带电轻子（散射截面小），以上反应不能持续，中微子退耦。温度降到 10^9K，光子不再产生正负电子（还会有小部分高能光子），正负电子都湮灭成光子，所剩的就是由于轻子数破坏留下的电子了，数目远小于光子。这时光子的能量还是主导。但是随着宇宙膨胀，光子的能量密度按公式(9.30)下降，速度快于非相对论物质(9.31)，最终非相对论物质占主导地位。我们说辐射主导的时代就结束了。在绝大多数情况下，辐射物质和非相对论物质是共存的。相对论物质和非相对论物质随着宇宙膨胀，其温度的变化是不一样的。根据量子理论，一个粒子的动量反比于其波长，即

$$p=\frac{h}{\lambda}$$

宇宙膨胀导致物质波红移，波长与尺度因子 $R(t)$ 成正比。所以动量与尺度因子成反比（有质量的情况，见本章练习 5）。对于相对论粒子，粒子的能量等于动量，所以温度与 $R(t)$ 成反比，这也是公式(9.51)的结果。对于非相对论粒子，其动能正比于动量的平方，温度与尺度因子的平方成反比，所以非相对论物质的温度下降得更快。非

相对论物质为了与辐射物质达到热平衡，必须不断交换能量。总体上，宇宙温度随膨胀如何变化，要看哪种物质主导。现在估算一下辐射主导时代温度与时间的关系。所有极端相对论的粒子加起来的能量密度是光子密度的 x 倍，x 由所处的阶段决定。我们将辐射物质密度公式(9.53)代入公式(9.52)，得到

$$\dot{T}^2=\frac{8x\pi^3 Gk_B^4}{45c^5\hbar^3}T^6 \tag{9.54}$$

方程的解是

$$T^2=\frac{1}{\sqrt{\frac{32x\pi^3 Gk_B^4}{45c^5\hbar^3}t+C}} \tag{9.55}$$

其中 C 是积分常数，初始条件为：当 $t=0$ 时，温度为无穷大，则 $C=0$。如果我们考虑轻子时代，温度在 $10^{10}\sim10^{12}$ K，只有光子和轻子（正反 τ，μ 轻子也太重了，都湮灭成光子和其它轻子，所剩不多），那么共有光子、正反电子这三种中微子：

$$x=1+(2+3)\frac{7}{8}=\frac{43}{8} \tag{9.56}$$

公式(9.55)就化成

$$T=\left(\frac{172\pi^3 Gk_B^4}{45c^5\hbar^3}\right)^{-\frac{1}{4}}t^{-\frac{1}{2}} \tag{9.57}$$

如果采用单位制 $c=\hbar=1$，有

$$G=6.67\times10^{-11}\text{J}\cdot\text{m/kg}^2=1.53\times10^{-2}(\text{MeV})^{-4}\cdot\text{s}^{-2}=2.9\times10^{-87}\text{s}^2 \tag{9.58}$$

$$T\approx1.16k_B^{-1}t^{-\frac{1}{2}}\times\text{MeV}\cdot\text{s}^{\frac{1}{2}}\approx1.3t^{-\frac{1}{2}}\times10^{10}\text{K}\cdot\text{s}^{\frac{1}{2}} \tag{9.59}$$

所以温度在 $10^{10}\sim10^{12}$ K，时间就处在 $0.0001\sim1$s。如果把时间再往上推，则公式(9.56)要做相应的改变。把粒子物理标准模型的所有粒子都包括进来（表 9.3）：

$$x = (6 \times 3 \times 2 + 3 \times 2 + 3)\frac{7}{8} + 8 + 3 \times \frac{3}{2} + 1 + \frac{1}{2} = \frac{427}{8} \tag{9.60}$$

其中有 18 种夸克和反夸克，三种带电轻子和反轻子，三种中微子和反中微子（自旋态比其它费米子少一半），八种胶子，三种 W 及 Z 规范玻色子（静止质量不为零，自旋态数目是光子的 3/2），再加上光子和希格斯（Higgs）粒子（自旋为零，自旋态数目只有光子的一半）。虽然公式（9.60）是公式（9.56）的近 10 倍，但是开四次方后就只有一倍多。当然随温度升高，可能有目前未知的新粒子出现，我们假定数目不会太多。只要不外推到普朗克时刻，公式（9.59）依然可以作为辐射主导阶段温度和时间关系的估计。

表 9.3　基本粒子表

粒子	质量 /MeV	分类	属性	电荷	颜色
u 夸克	2.2	重子(1/3)	费米子	2/3	3
d 夸克	4.6	重子(1/3)	费米子	−1/3	3
s 夸克	95	重子(1/3)	费米子	−1/3	3
c 夸克	1270	重子(1/3)	费米子	2/3	3
b 夸克	4180	重子(1/3)	费米子	−1/3	3
t 夸克	172000	重子(1/3)	费米子	2/3	3
电子	0.5	轻子	费米子	−1	0
μ 子	105	轻子	费米子	−1	0
τ 子	1776	轻子	费米子	−1	0
三代中微子	$< 10^{-6}$	轻子	费米子	0	0
光子	0	规范玻色子	玻色子	0	0
胶子	0	规范玻色子	玻色子	0	8
$W_{\pm}$	80000	规范玻色子	玻色子	±1	0
Z	91000	规范玻色子	玻色子	0	0
希格斯粒子	125000		玻色子	0	0

注：夸克是重子数为 1/3 的粒子，一个核子（质子、中子）的重子数为 1。颜色指的是色荷，夸克有三种颜色（色荷），胶子有八种。

9.8.2 原初核的形成

随着温度降低到 10^{10}K,或者 1MeV,粒子的平均动能小于原子核的束缚能,原子核开始形成。宇宙标准模型在此有个关于轻元素丰度大小的重要预言。早在温度大约为 10^{13}K 时,质子和中子就开始形成。最开始形成时,中子数和质子数一样多。由于粒子的平均动能很大,中子和质子可以不停互相转换:

$$n+\nu_e \leftrightarrow p+e^-,\quad n+e^+ \leftrightarrow p+\bar{\nu}_e,\quad n \leftrightarrow p+e^-+\bar{\nu}_e \tag{9.61}$$

由于中子比质子质量大 1.2MeV,这个转换并不平衡,中子变质子比质子变中子要快一点,随着温度的降低,差距还要拉大。温度到 1MeV 以下,就只剩下单纯的中子衰变。中子的半衰变周期是 610s,比较慢。按照计算,在 10^9K(3min) 时,才能形成较稳定的氘核。因为氘核的束缚能比较小,在此之前大能量的光子数还是太多(光子数比重子数多得多,见第 9.6.3 小节),氘核刚形成就瓦解了。在氘核大量形成后,中子衰变就停止了。这时中子∶质子 = 1∶7。然后氘核继续聚变,形成氚核和^{3}He,再继续快速形成^{4}He。由于宇宙膨胀,温度和密度快速降低,阻止^{4}He 进一步大量聚变成更重的元素(原子量为 5 的元素缺失是重要原因)。忽略少量的^{2}H、^{3}H、^{3}He、Li、Bi、B 等元素,宇宙中主要的元素就是氢和^{4}He。(宇宙中所有的重元素都是恒星演化的结果。)按照中子∶质子 = 1∶7,^{4}He 的丰度大约是 1/4,与实验完全吻合。

9.8.3 宇宙微波背景辐射

宇宙微波背景辐射是伽莫夫等人提出宇宙"大爆炸"理论时就给出的重要预言。其原理是:随着宇宙的膨胀和不断冷却,到温度小于 1eV 时(实际是 0.3eV,原因还是光子数太多),时间大约在宇宙创生 38 万年,原子核和电子形成中性原子(称为原子复合),光子就和所有带电粒子退耦了。这时宇宙对光子来说是透明的。这些宇宙大爆炸的余热光子不会变少，粒子数密度会随着宇宙的膨胀以 R^{-3} 的方式下降。单个光子的能量由于多普勒效应[公式(9.15)]而下降，温度会按照公式(9.51)下降。当然公式(9.51)是在假设热平衡(黑体谱)的基础上获得的。光子自由膨胀时，不再互相"碰撞"，是否还能保持黑体辐射的形式？答案是肯定的。考虑光子谱(单位体积、单位频率间隔的光子数)：

$$n(t,T)\mathrm{d}\nu=\frac{8\pi\nu^2}{c^3}\frac{\mathrm{d}\nu}{\mathrm{e}^{h\nu/(k_\mathrm{B}T)}-1} \tag{9.62}$$

如果尺度因子由 $R(t)$ 膨胀到 $R(t')$，光子频率就变为

$$\nu'=\frac{R(t)}{R(t')}\nu \tag{9.63}$$

另外，光子总数不变，所以

$$\mathrm{d}N=R^3(t)n(t,\nu,T)\mathrm{d}v=R^3(t')n(t',\nu',T')\mathrm{d}\nu' \tag{9.64}$$

即

$$n(t',\nu',T')\mathrm{d}\nu'=\left[\frac{R(t)}{R(t')}\right]^3\frac{8\pi\nu^2}{c^3}\frac{\mathrm{d}\nu}{\mathrm{e}^{h\nu/(k_\mathrm{B}T)}-1}=\frac{8\pi\nu'^2}{c^3}\frac{\mathrm{d}\nu'}{\mathrm{e}^{h\nu'/(k_\mathrm{B}T')}-1} \tag{9.65}$$

其中

$$T'=\frac{R(t)}{R(t')}T \tag{9.66}$$

这正好就是公式(9.51)，所以膨胀后的光子依然保持黑体谱。到今天，这些光子的温度大概只有几开尔文。这可以通过公式(9.40)估计。对公式(9.40)两边积分(现在的物质密度等于临界密度)：

$$\begin{aligned}t_2-t_1&=\frac{2}{3H_0R_0^{\frac{3}{2}}}\left[R^{\frac{3}{2}}(t_2)-R^{\frac{3}{2}}(t_1)\right]\\&=\frac{2R^{\frac{3}{2}}(t_2)}{3H_0R_0^{\frac{3}{2}}}\left[1-\frac{R^{\frac{3}{2}}(t_1)}{R^{\frac{3}{2}}(t_2)}\right]=\frac{2R^{\frac{3}{2}}(t_2)}{3H_0R_0^{\frac{3}{2}}}\left[1-\left(\frac{T_2}{T_1}\right)^{\frac{3}{2}}\right]\end{aligned}$$

如果 t_2 是现在，即 $t_2=2H_0/3\approx 96$ 亿年[根据公式(9.46)]，$t_1=38$ 万

年，是光子退耦之时。那时温度约为0.3eV，就有

$$T_2=\left(\frac{t_1}{t_2}\right)^{\frac{2}{3}}T_1\sim 3.5\times10^{-4}\text{eV}\sim 4\text{K}$$

当然这样的估计是比较粗糙的。历史上不同人对背景辐射的计算也出现过较大的误差。

首先发现宇宙背景辐射的是彭齐亚斯(Penzias)和威尔逊(Wilson)两位天文学家。他们在1964年调试微波天线时发现7.35cm处有3.5K的微波噪声，这拟合了大爆炸理论的预言。当然只有一个波长处的测量并不能证明微波是黑体谱。为了获得全波段谱，科学家花费了几十年时间。实验难度在于，大气对于短波段辐射不是透明的，需要把探测器发射到太空。直到1989年，美国发射COBE(Comic Background Explorer)太空望远镜，首次获得了全波段黑体辐射谱(0.05～10cm)(图9.3)，证明宇宙存在温度大约为2.7K的微波背景辐射，且辐射是高度各向同性。我们可以利用公式(9.53)估计现在光子的能量密度：

$$\begin{aligned}\rho_r&=\frac{3.14^2(1.38\times10^{-23})^4}{15\times(3\times10^8)^3\left(6.6\times10^{-34}/\dfrac{2}{3.14}\right)^3}2.7^4\,\text{J/m}^3\\&=4\times10^{-14}\,\text{J/m}^3=4.5\times10^{-31}\,\text{kg/m}^3\end{aligned}$$

最后一个等式利用了$c=1$，把能量密度等效于质量密度。与现在的临界密度[公式(9.35)]相比，非常小。现在的重子物质密度是由下面提到的光子重子数(质子和中子数之和)之比η确定的，大概是$10^{-28}\,\text{kg/m}^3$，与临界密度相比也很小，但是比光子质量密度大很多。光子数和重子数之比是宇宙学的重要参数，光子数的密度由公式(9.62)积分获得：

$$n_r(t,T)=\frac{8\pi(k_B T)^3}{c^3h^3}\int_0^1\frac{x^2\text{d}x}{\text{e}^x-1}=\frac{16\pi(k_B T)^3}{c^3h^3}\text{Li}_3(1)\approx4\times10^8/\text{m}^3$$

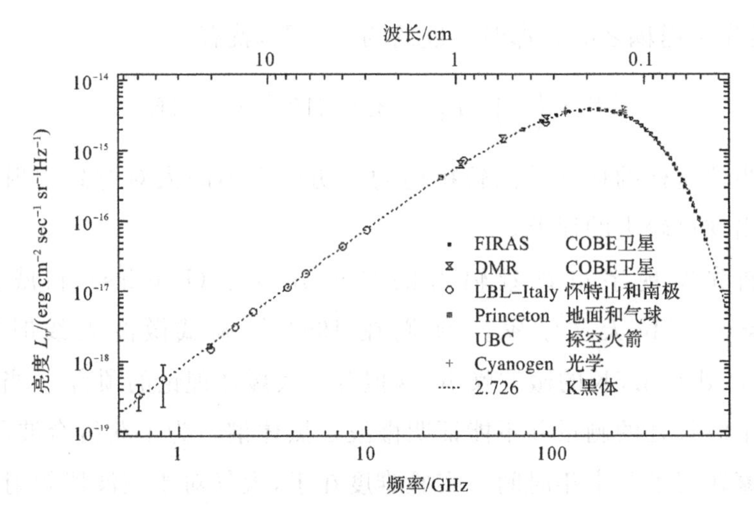

图 9.3 微波背景辐射谱[①]

重子数密度与光子数密度之比大约是 $\eta \sim 10^{-10}$。η 是计算原初核形成时期各元素的产出的重要参数。虽然随着时间的推移，光子数密度和重子数密度都在发生变化，但是它们之比是不改变的：

$$n_r(t,T) \sim T^3 \sim R^{-3}, \quad n_n \sim R^{-3}$$

然而 η 的直接测量有较大的误差。实际的做法是把程序倒过来：将 η 作为输入参数，拟合实际观测到的轻元素丰度。(由于恒星的演化，现在的轻元素丰度与原初核形成时有差别，这可以通过测量重元素的丰度得到修正。因为重元素都是恒星演化产生的，可以作为标尺计算轻元素的演化。) 如图 9.4 所示，重子密度的范围是$(1.8 \sim 4.3) \times 10^{-28}\,\text{kg/m}^3$ $[\eta = (2.6 \sim 6.2) \times 10^{-10}]$。由此可知，可见物质与临界密度之比为

$$\Omega_B = 0.02 \sim 0.05 \tag{9.67}$$

随后的实验进一步确认 η 接近 6×10^{-10}，所以重子物质与临界密度之比大约是 0.05。

公式(9.67) 表明，要达到目前宇宙各种元素的丰度，重子物质(电磁可见物质) 密度必须远小于目前的临界密度。需要说明的是，这是

---

① 图片来源于 COBE 官网。

标准宇宙模型的一个亮点。只需要一个参数 η 就可以确定宇宙各元素的丰度无疑是这个模型的巨大成功之处。

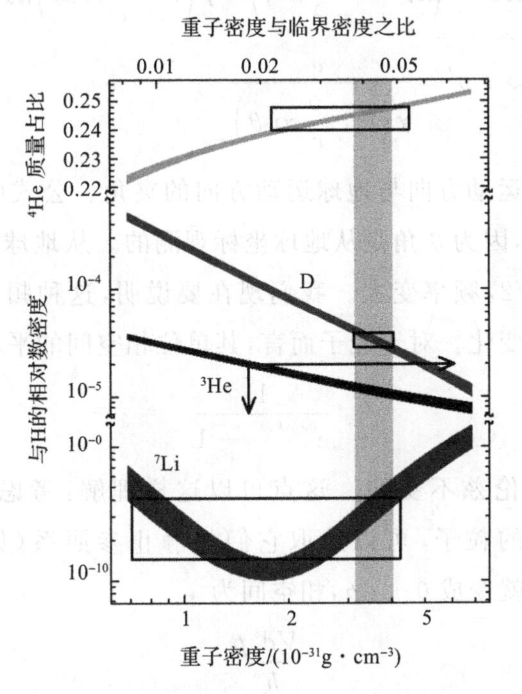

图 9.4 重子密度越大，表示光子数相对较少，所以氘核可以在较高温度下形成，有更多的时间聚变成^{4}He。因而剩余的氘核下降，^{4}He 上升。^{3}He 的情况与氘核类似。^{7}Li 是较重的元素，也要通过^{3}He 和^{4}He 生成，但是其产生机制会更复杂。在某一阶段，氢核增加会反过来瓦解^{7}Li。所以^{7}Li 不随 η 单调增加①

COBE 除了证实微波背景辐射高度各向同性，拟合了宇宙学原理，也发现了微弱的各向异性。这些各向异性是应该存在的。首先，太阳在银河系中是运动的，而银河系本身也是运动的。这会导致运动方向的前方光谱蓝移，后方光谱红移。光子频率的变化相当于温度的改变。

如果地球相对宇宙坐标系以 v 的速度运动，通过洛伦兹变换[公

① 图片翻译自 Burles S. Deuterium and big bang nucleosynthesis[J]. *Nuclear Physics A*, 2000, 663-664: 861c-864c.

式(1.10)],我们观测到的光子频率为

$$h\nu=\gamma\left(h\nu'+\frac{v\cos\theta h}{\lambda'}\right)=\gamma\left(1+\frac{v}{c}\cos\theta\right)h\nu'$$

$$\Rightarrow\quad \nu'=\frac{v}{\gamma\left(1+\frac{v}{c}\cos\theta\right)} \tag{9.68}$$

其中 θ 是光子运动方向与地球运动方向的夹角。公式(9.68)中地球坐标是带撇的,因为 θ 角是从地球坐标观测的。从地球前方而来的光子夹角大于 $\pi/2$,频率变大。我们现在要说明,这种频率的改变相当于光子温度的变化。对于光子而言,其单位相空间的平均粒子数为

$$\frac{1}{e^{h\nu/(k_B t)}-1}$$

而相空间是洛伦兹不变的。这点可以这样理解:考虑体积 V' 里在 $p'+dp'$ 区间的粒子,可以选取它们的静止参照系(如果粒子有质量),动量区间就变成 $0+dp$,相空间为

$$\frac{Vd^3p}{h^3}$$

在这个静止参照系看来,体积比原来放大了一个洛伦兹因子 γ(在粒子运动的参照系,空间度量必须同时进行,否则粒子会进出所设定的范围,就像测量一把运动的尺子所要求的),而三维动量微分元的关系可以利用洛伦兹不变元联系起来:

$$d^4p\delta(p^2-m^2)=\frac{d^3p}{2m}=d^4p'\delta(p'^2-m^2)=\frac{d^3p'}{2E'}=\frac{d^3p'}{2\gamma m}$$

$$\Rightarrow\quad d^3p=\frac{1}{\gamma}d^3p'$$

所以

$$Vd^3p=\gamma V'\frac{1}{\gamma}d^3p'=V'd^3p' \tag{9.69}$$

任意参照系的相空间都等于静止系的相空间,所以它们互相之间

也必相等。虽然我们用了有质量的前提，但是矢量变换形式是一样的，公式(9.69)对光子仍然成立。相空间不变，总粒子数也不变，所以单位相空间中的光子数也不变，即

$$\frac{1}{e^{h\nu/(k_B T)}-1}=\frac{1}{e^{h\nu'/(k_B T')}-1}$$

所以

$$T'=\frac{T}{\gamma\left(1+\frac{v}{c}\cos\theta\right)} \tag{9.70}$$

公式(9.70)显示了温度的偶极不对称，其大小与地球的速度有关。COBE发现了千分之三的偶极不对称性。这种不对称被后来的威尔金森微波各向异性探测器(Wilkinson Microwave Anisotrophy Probe，WMAP)所确认。WMAP于2001年由美国发射，其主要目的就是探测宇宙背景辐射的微弱各向异性。它发现微波背景辐射沿着狮子座方向有0.0035K的提高(图9.5)，换算出地球的速度是

$$v=3\times10^5\times\frac{0.0035}{2.7}\text{km/s}\approx390\text{km/s}$$

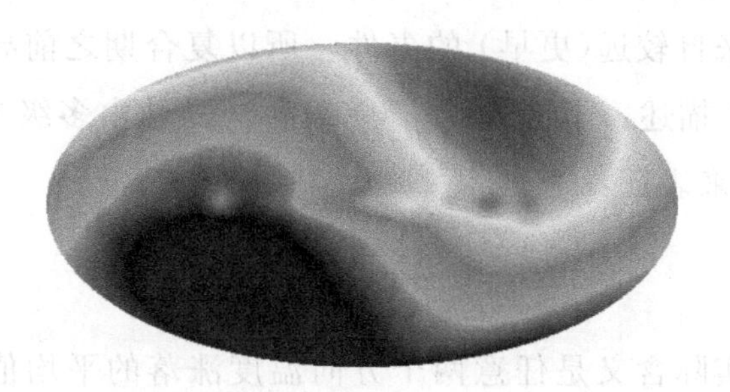

图9.5 宇宙微波背景辐射温度变化(蓝色：2.7245K，红色：2.7315K)[①] 太阳运动的朝向与背向方向的温度分别变化 3.5×10^{-3}

① 图片来源于COBE官网。

这个速度包括地球相对太阳、太阳相对银河系、银河相对宇宙坐标的速度。银河系以 630km/s 的速度向人马座方向运动，与太阳运动(240km/s) 方向(织女星方向) 相反。

除了地球运动导致的偶极不对称，物理学家还期望一些更小的不对称性。由于现在物质是结团成星系、星系团的，这个成团的种子应该早在光子退耦的时候就播下了。这些种子是由一些物质场的量子涨落引起的，这些涨落导致了物质分布的扰动和度规的扰动(也同时导致引力波)。在光子退耦前，光子和物质是互相粘连的，通过相互作用达到热平衡，因而也导致光子分布的扰动。在复合结束后，光子退耦，这些扰动就被保留下来。此外光在传播过程还会受到一些扰动，这些均会导致各向异性。一般温度可以表示成方位角的函数，因而可以用球谐函数展开：

$$T(\theta,\varphi)=\sum_{l,m}a_{lm}Y_{lm}(\theta,\varphi) \tag{9.71}$$

$l=0$ 对应平均温度；$l=1$ 对应偶极不对称；$l\geqslant 2$ 就是多级不对称，来源于我们要讨论的原因，它们带来了关于宇宙的其它信息。首先，l 越大，描述的是越细微的各向异性，角分辨率大概是 π/l。而较小角度的各向异性又来自较远(更早) 的事件。所以复合期之前导致的各向异性由较大的 l 描述。不同 $l(l\neq 0)$ 级各向异性由多级参数 C_l(又称 TT 功率谱) 来表征：

$$C_l=\frac{1}{2l+1}\sum_{m=-l}^{l}a_{lm}a_{lm}^{*} \tag{9.72}$$

多级参数的实际含义是任意两个方向温度涨落的平均值(关联函数) 都由 C_l 确定：

$$\langle\Delta T(\boldsymbol{n})\Delta T(\boldsymbol{n}')\rangle=\sum_{l}C_l\left(\frac{2l+1}{4\pi}\right)P_l(\cos\theta) \tag{9.73}$$

其中 $\boldsymbol{n},\boldsymbol{n}'$ 是任意两个方向，θ 是它们的夹角，ΔT 是实际温度与平均温度之差(所以当 $l=0,C_l=0$)。$\langle\cdot\rangle$ 代表求平均。这个求平均理论上指

的是对宇宙所有观测点求平均(统计学中称为各态遍历定律)。由于我们只能在地球上观测,通过公式(9.71)得到 a_{lm},然后通过公式(9.72)获得 C_l,所以与理论的定义(9.73)有一个统计误差(宇宙方差):

$$\frac{\Delta C_l}{C_l}=\frac{2}{2l+1}$$

可见对于较大的 l,实验值具有较小的统计误差,这对于获取复合时期的宇宙信息是个好消息。根据宇宙学的具体模型,利用公式(9.73)可以计算出 C_l 值的大小,其结果会是宇宙各种物质密度等输入参数的函数。$l \geqslant 2$ 的各向异性在 COBE(1989) 上已经发现,然而其角分辨率不够高。WMAP(2001) 的角分辨率达到 0.2°,可以获得直到 $l=900$ 的 TT 功率谱。Planck(2009) 进一步提高了角分辨率(是 WMAP 的 2.5 倍,见图 9.6),可以获得 $l=2000$ 的功率谱(图 9.7)。TT 功率谱在 $l=220$ 出现第一个声学峰。之所以叫声学峰,是因为扰动振荡是发生在光子、质子和电子等离子体之间,是一种声学振荡。声学峰的位置自然与声学振荡相关。可以对这种振荡做傅里叶分析,从而分成不同波长的分波,其中波数 k 的倒数(波长的 $1/2\pi$)约等于(当辐射密度与物质密度相等时)声学视界的分波,对第一峰的贡献最重要。另外,在计算多级系数 C_l 时,需要对波长(波数 k)积分,而积分在 $k \sim l/d$ 时贡献最大。d 是最后散射面(即光子退耦时)的角直径距离。所以背景起伏(相当于半个波长)对地球的张角是 $\theta=\lambda/(2d)=\pi/l$。这样第一声学峰出现的位置 l 大概等于角直径除以声学视界(当辐射密度等于物质密度时,见图 9.8)。具体数值需要通过模型计算。宇宙学模型还预言,随着 l 的增加,会出现很多峰,峰的高度随着 l 的增加呈指数下降,奇数峰比偶数峰要高一点。这些不均匀性都带着宇宙原初扰动的信息,因为宇宙的暴胀会冻结这些分波(波长大于视界),随着暴胀结束,波长会逐渐小于视界,越小的波长越早进入视界,然后就会衰减(l 增加意味着主导贡献的分波波长变小,小波长的分波会更早受到阻尼作用)。所有这些结果与实验符合得很好。在 $l<100$ 处的各向异性主要来自萨克斯-沃尔夫(Sachs-Wolfe)效应(在最后散射面,局部引力涨落导致的红移或蓝移)、积分萨克斯-沃尔夫效应(光在传播过程中经过时间相关的引力势阱)、苏尼亚耶夫-泽尔多维奇(Sunyaev-Zel′dovich)效应[星系团中高温自由电子散射导致的逆康普顿散射(inverse Compton scattering)],以及由于最后散射面等离子体速度涨落导致的多普勒效应。所有这些结果与理论符合得很好(除了 $l=2$ 的四极矩各向异性比理论预言的小很多,造成天球两半球有温差,见图 9.9)。由普朗克卫星获得的宇宙学参数见表 9.3。宇宙背景辐射除了 TT 功率谱,还有 TE、EE、BB 功率谱。它们是指用不同的与偏振相关的统计模式分析背景辐射涨落来研究早期宇宙扰动的性质和来源。Planck 确证了扰动由标量模式主导(张量扰动模式的功率谱与图 9.7 差异很大,这严格限制了张量扰动模式的大小),是绝热的且最简单的高斯型,这对假定宇宙暴胀是由标量场产生的模型给予了支持。目前的实验精度不足以确定微小的张量模式,即分辨出 BB 功率谱,这些信息对于发现原初引力波极为关键。

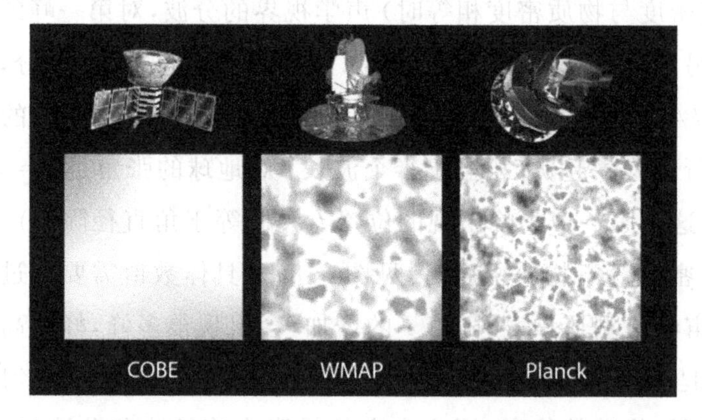

图 9.6 COBE、WMAP 与 Planck 分辨率的比较[①]

① 图片来源于 Planck 官网。

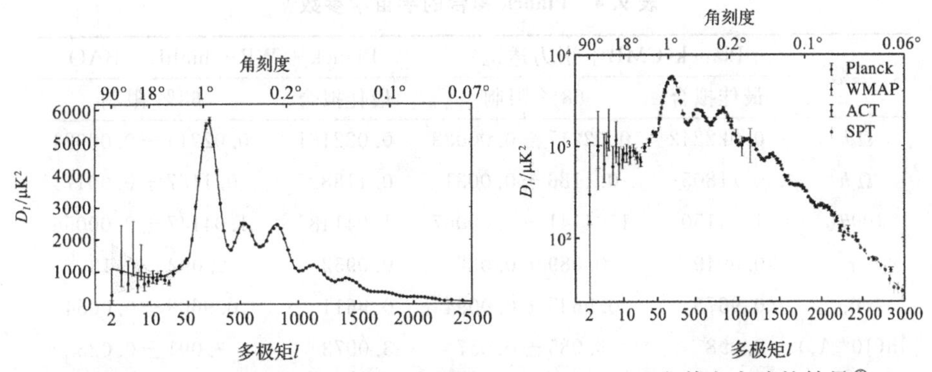

图 9.7　左图是 Planck 的结果，右图是 Planck、WMAP 和其它实验的结果①

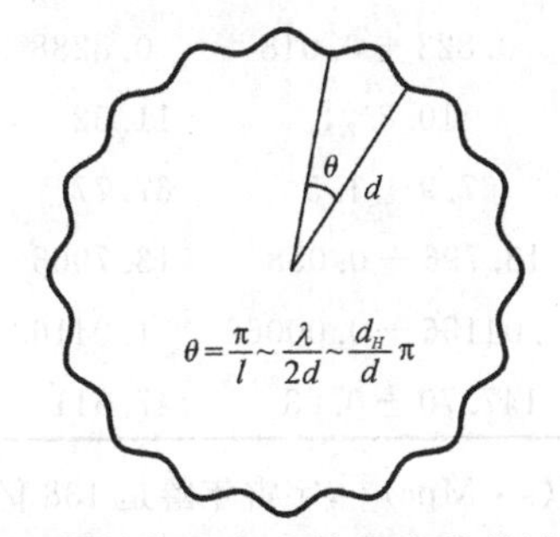

图 9.8　d_H 是声学视界，它的倒数对应贡献最大的分波波数；d 是最后散射面到地球的角直径距离，半个声波的张角正好对应 l 级的分辨率；最后一个“～”只对第一声学峰成立

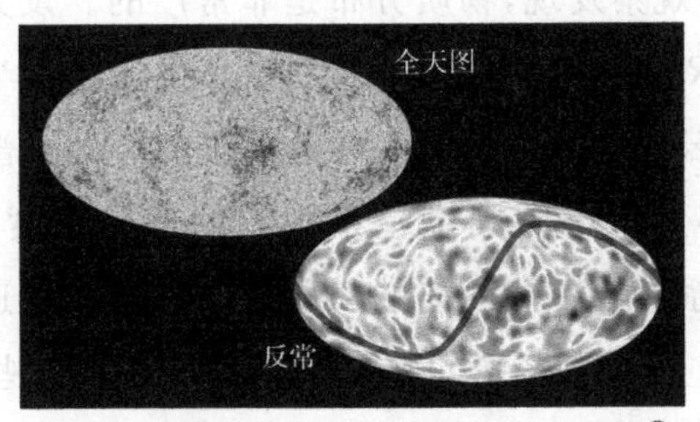

图 9.9　黑线分割的天球两部分有温差②

---

① 图片翻译自 Planck Collaboration. Planck 2013 results. I. Overview of products and scientific results[J]. Astronomy & Astrophysics, 2014, 571: A1.

② 图片来自 Planck 官网。

表 9.4 Planck 拟合的宇宙学参数①

参数	Planck(CMB＋引力透镜)		Planck＋WP＋highL＋BAO	
	最佳拟合	68% 限制	最佳拟合	68% 限制
$\Omega_b h^2$	0.022242	0.02217 ± 0.00033	0.022161	0.02214 ± 0.00024
$\Omega_c h^2$	0.11805	0.1186 ± 0.0031	0.11889	0.1187 ± 0.0017
$100\theta_{MC}$	1.04150	1.04141 ± 0.00067	1.04148	1.04147 ± 0.00056
τ	0.0949	0.089 ± 0.032	0.0952	0.092 ± 0.13
n_s	0.9675	0.9635 ± 0.0094	0.9611	0.9608 ± 0.0054
$\ln(10^{10}A_s)$	3.098	3.085 ± 0.057	3.0973	3.091 ± 0.025
Ω_Λ	0.6964	0.693 ± 0.019	0.6914	0.692 ± 0.010
σ_8	0.8285	0.823 ± 0.018	0.8288	0.826 ± 0.012
z_{re}	11.45	$10.8^{+3.1}_{-2.5}$	11.52	11.3 ± 1.1
H_0	68.14	67.9 ± 1.5	67.77	67.80 ± 0.77
年龄 /Gyr	13.784	13.796 ± 0.058	13.7965	13.768 ± 0.037
100θ	1.04164	1.04156 ± 0.00066	1.04163	1.04162 ± 0.00056
r_{drag}	147.74	147.70 ± 0.63	147.611	147.68 ± 0.45

注：$h = H_0/[100\text{km}/(\text{s} \cdot \text{Mpc})]$，宇宙年龄是 138 亿年。

9.8.4 暗物质

由对星系的观察发现，物质分布是非常广的。发光的恒星只集中在很小的范围($R_{光}$)，距离星系中心 10 倍于发光恒星半径的区域仍然存在暗晕(分子云)，这可以通过观察氢原子的 21cm 谱线得知，并且，通过多普勒频移可以得知其绕星系中心的旋转速度。如图 9.10 所示，这是距离星系中心不同距离的物质绕星系的旋转速度。如果认为星系的物质主要是那些发光的物体的话，在远离这些发光物体的位置，物质的旋转速度与距离的关系应该类似行星绕太阳旋转：

$$m\frac{v^2}{r}=\frac{GmM}{r^2} \quad \Rightarrow \quad v \propto r^{-\frac{1}{2}}$$

---

① 表格翻译自 Planck Collaboration. Planck 2013 results. I. Overview of products and scientific results[J]. *Astronomy & Astrophysics*, 2014, 571: A1.

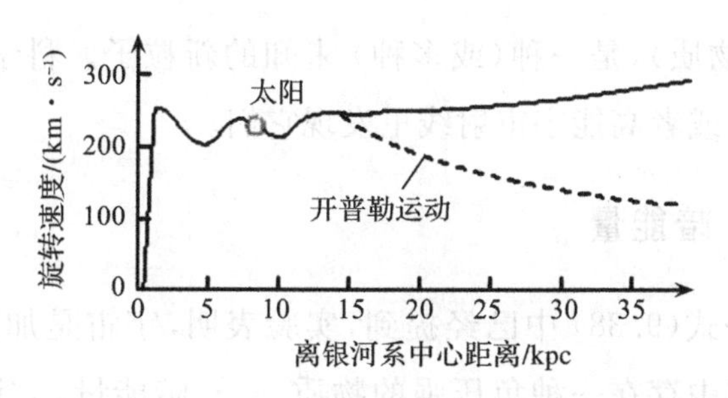

图 9.10　银河系旋转速度与半径的曲线

（实线为观测数据，虚线为根据可见物质的万有引力的理论预言）

实际的观察如图 9.10 所示，在远离星系中心的位置，速度随着距离的增大并没有发生明显的改变。这要求物质质量以正比于 r 的方式增加。这种现象在更大尺度的星系团中也存在。这表明在太空中有大量通过电磁辐射无法探知的物质存在。在引力透镜效应中也可以观测到这种现象（光线汇聚的效应比通过可见物质预想的要大）。通过对宇宙背景辐射各向异性的深入研究发现，可见物质（参加电磁相互作用）的不均匀性并不足以形成目前宇宙的大尺度结构，如果存在不参加电磁相互作用的物质，它们的不均匀性不会体现在微波背景辐射上。它们由于不与光子耦合，不会感觉到光压，会早于普通物质的聚集，为星系的形成预留时间。暗物质的大量存在不应该破坏核素的形成（重子物质的多少直接影响各种元素的丰度），所以它们也不参加强相互作用。根据目前各种实验数据，暗物质密度大约是临界质量密度的 26.8%。暗物质究竟是怎样的物质形态，目前还不清楚。如果仅仅为了解释星系、星系团中物质的反常运动现象，暗物质可以是黑洞，也可以是一些很冷的星际尘埃。但是观察表明，这些物质远没有那么多。[①]早期人们认为可能是中微子，但是相对论的中微子（又称为热暗物质）对星系、星系团结构的形成没有帮助。目前多数科学家认为，暗物质主要应该是非相

---

① 也有人认为，引力在大尺度上会偏离万有引力定律。这类修正的牛顿引力理论（modified Newtonian dynamics，MOND）在解释所谓“子弹头”星系团的引力透镜效应时并不成功，不算目前主流的认知。

对论的(冷暗物质),是一种(或多种)未知的新粒子。科学家希望能在大型对撞机里或者高能宇宙射线里发现它们。

9.8.5 暗能量

我们在公式(9.38)中已经提到,实验表明,宇宙是加速膨胀的,这要求宇宙物质中存在一种负压强的物质——暗能量。宇宙加速膨胀是由珀尔马特(Perlmutter)、施密特(Schmidt)和里斯(Riess)三位科学家在1998年发现的。这项发现的关键是正确测量遥远星系的距离。对于极近距离的恒星可以采用三角视差法。对于远距离的星系一般用标准烛光法。所谓标准烛光法,就是如果你知道星系在标准距离(10pc)的亮度(绝对星等),在地球上可以观察到它的实际亮度(视星等),就可以知道它的实际距离了。对于几百万秒差距(pc)以内的星系,可以用星系中的造父变星作为标准烛光。造父变星是一种光度周期性改变的恒星,其光度(绝对星等)与光变周期有固定的关系。然而为了测量公式(9.22)中的减速因子,科学家需要测量更遥远的星系,从而摆脱由星系自行带来的误差。对于再远的距离,单个恒星的亮度不够了,需要整个星系作为标准烛光,来确定星系和星系团的距离。通过观察星系21cm谱线展宽,可以确定最大的多普勒频移,即星系中物质绕星系中心的最大旋转速度,其与星系的光度有一定的经验规律。这种方法称为塔利-费希尔(Tully-Fisher)法。然而由于各种原因,这种方法可能会造成巨大的误差。Ia超新星的发现为天文学提供了可靠的标准烛光。超新星是巨大恒星晚年坍塌成中子星或黑洞时喷出外壳的爆发现象,其爆发时的峰值亮度相当于整个星系的亮度。一般来说,超新星的亮度随恒星大小而变化。然而Ia超新星的亮度基本上是确定的,这是因为Ia超新星爆发的机制不同。一颗白矮星与其伴星组成的双星系统,由于相距很近,在伴星变成红巨星时,白矮星不断吸积其伴星的物质,最终达到钱德拉塞卡极限而爆发。所以Ia超新星爆发的质量基本固定,亮度也是确定的。Ia超新星由于经过了白矮星阶段，其外壳已经脱落，所以其光谱中氢元素的丰度很小，碳氧丰度高，还有明显硅吸收线等性质，可以与其它超新星区别。其爆发示意图见图9.11。图9.12是Ia超新星的红移与距离的关系。图中给出三种不同物质的比率，暗能量模型占了上风。（影响星系亮度的因素很多，例如星际尘埃吸收、引力透镜等，这些都需要一一排除。）

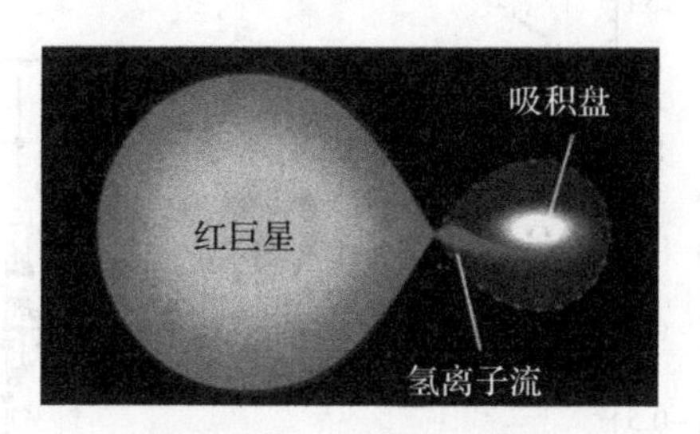

图9.11 Ia超新星爆发

暗能量是怎样的物质形态，目前还远未清楚。但是加速因子是负数表明一定存在一种负压强的物质，使得$3p+\rho<0$。这种现象最简单的解释是真空能。量子力学告诉我们，量子基态的能量不等于零，而是$h\nu/2$，ν是谐振子的频率。所以真空是有能量的。这种能量不能取出来利用，但是其惯性应该存在。按照等效原理，也会有引力效应。真空能是能量-动量张量算符在真空态的期望值。在平直空间必然有

$$\langle 0 \mid T^{\mu\nu} \mid 0\rangle \propto \eta^{\mu\nu} \tag{9.74}$$

在弯曲空间就是正比于$g^{\mu\nu}$。根据宇宙中的能量-动量张量的形式[公式(9.24)]，立刻就得到

$$p=-\rho,\quad \langle 0 \mid T^{\mu\nu} \mid 0\rangle = pg^{\mu\nu} = -\rho g^{\mu\nu} \tag{9.75}$$

所以，只要能量密度$\rho>0$，就有$3p+\rho=-2\rho<0$。根据量子场论，我们可以估计一下真空能量密度的大小。一个相格里有一份能量$h\nu/2$，相空间是$V\mathrm{d}^3p/h^3$，所以真空能密度是

$$\rho=\frac{1}{2h^3}\int_0^\infty h\nu\,\mathrm{d}^3p=\frac{2\pi h}{c^3}\int_0^\infty \nu^3\,\mathrm{d}\nu \tag{9.76}$$

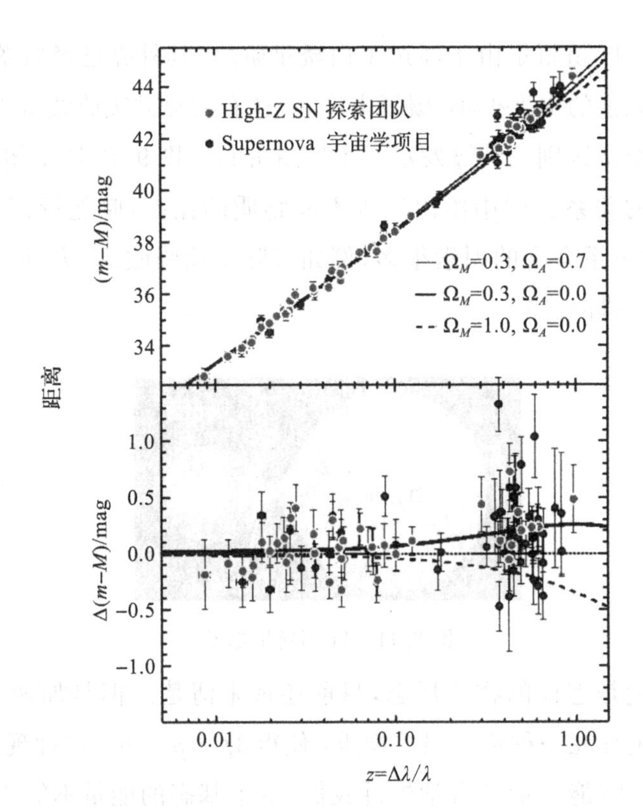

图 9.12 纵坐标是视星等与绝对星等之差(距离模数),m 是视星等,M 是绝对星等,与距离的关系是 $d = 10^{1+(m-M)/5}$ pc①

这个积分是发散的,如果只考虑粒子物理标准模型能区,积分可以截断在 $\nu_m = M_Z c^2/h$ 处,M_Z 是中性玻色子 Z 的质量,大约等于 100 个质子的质量。这样能量密度等于

$$\rho = \frac{\pi M_z^4 c^5}{2h^3} \sim (10^{26}\,\mathrm{kg/m^3})c^2 \tag{9.77}$$

这与临界密度[公式(9.35)]相比,大了 10^{52} 倍。当然对公式(9.77)选取不同的截断,结果会有差异,但是在目前所知的理论范围内大同小

① 数据来源于 Riess A G, Filippenko A V, Challis P, et al. Observational evidence from supernovae for an accelerating universe and a cosmological constant[J]. *The Astronomical Journal*, 1998, 116(3): 1009-1038. 以及 Wang Y. Flux-averaging analysis of Type Ia Supernova data[J]. *The Astronomical Journal*, 2000, 536(2):531-539.

异。理论家为了降低真空能,费了不少心思,比如引进超对称,也就是每种费米子都有它的伙伴玻色子,反之亦然。这是一种费米子和玻色子统一的图像(并不是专门为真空能引入的)。由于费米子的真空能和玻色子的真空能符号相反,就完全抵消了。然而现实世界里并没有超对称,比如光子就没有它的伙伴费米子。所以超对称(如果有的话)在现实世界里是破缺的。理论家们估算了破缺后残存的真空能,发现依然很大,只把指数差距缩小了一半。理论家们又想到了爱因斯坦引力场方程中的宇宙学项[公式(4.18)],它长得和真空能一模一样(这也是当时爱因斯坦引入它的原因:提供斥力,建立稳态宇宙模型)。也许它们合在一起正好互相抵消,只留下与临界质量密度同量级的残余项?当然,理论家也会质疑为什么有这么巧合的事情:两个来源不同的极大数互相抵消而只留下原来的 10^{-50}。对于这样的问题,有一种回答称为人择原理:不同的宇宙千千万万,其中只有真空能基本抵消的宇宙才可能有高级生命,其它的宇宙由于真空能太大,宇宙快速膨胀,以至于没有留下产生生命的时间。这样的回答适合所有看似非常小概率的事情。一些科学家还在寻找另外的答案。我们前面使用的真空能不随时间改变,这是平直空间结论的外推(时间平移不变),在弯曲空间不是必然的。也许早期真空能并不是很小,只是随着宇宙的膨胀而变小。这种随时间改变的真空能模型称为"精质"。这种模型必须满足:在一定的早期,真空能量密度远小于辐射能;中期,小于非相对论物质密度,否则前面关于元素丰度的预言都会被破坏;到了后期,由于真空能密度随宇宙膨胀而下降的速度慢于辐射能和非相对论物质密度下降的速度,因此目前主导宇宙加速膨胀。这种模型压强能量密度的比值 $w=p/\rho$ 也是随时间变化的。前面提到的常数真空能模型就是固定的 $w=-1$。"精质"模型在早期 $w>-1$。在时间趋于无穷大时,$w\rightarrow -1$。除了"精质"模型,还有 $w<-1$ 的"幽灵"模型。

由公式(9.29) 得到

$$\frac{d\rho}{dt}+3(w+1)\rho\frac{\dot{R}}{R}=0 \tag{9.78}$$

其解为(将 w 作为缓变函数)

$$\rho R^{3(w+1)}=C \tag{9.79}$$

要使真空能密度下降慢于辐射能和非相对论物质,则 $w<0$。如果 $w=-1$,真空能密度为常数,宇宙会一直膨胀下去,直到我们周边所有星系都暗淡下去。如果 $w<-1$,真空能密度随着膨胀增加,最终即使在原子和更小的尺度上,物质的密度也小于真空能密度,所有物质都会被撕裂。实际到底是哪种情况,需要对深空大红移事例做进一步研究才能判断。

9.8.6 暴胀模型

到目前为止,标准宇宙模型与已有实验都符合得很好。但是一些现象也引起理论家的疑虑。主要表现为视界疑难、平直问题、磁单极。

9.8.6.1 视界疑难

宇宙背景辐射的高度各向同性,证实了宇宙学原理。然而同时也使理论家感到不安。微波背景辐射来自宇宙创生后的 38 万年,花费了 100 多亿年的时间才到达地球。以地球为球心,背景辐射发自半径 100 多亿光年的球面上,直径就是 200 多亿光年。直径两端的位置,应该还没有机会通过光发生交流(宇宙年龄才 100 多亿年),它们的温度为什么是一样的呢?也许在过去的某个时刻,它们曾经交流过?为了讨论这个问题,我们考虑从宇宙创生开始到现在,所有可以通过光与观测者交流的区域,即存在因果关系的区域。以观测者为坐标原点,利用公式(9.13)得到

$$\int_0^{t_0}\frac{dt}{R(t)}=\int_0^{r_0}\frac{dr}{\sqrt{1-kr^2}} \tag{9.80}$$

其中 r_0 代表与观测者有因果关系的最大空间坐标。对于不同物质主导

的宇宙，t_0 和 r_0 的关系不同。对于非相对论物质主导的宇宙，$R \propto t^{2/3}$，所以

$$\int_0^{r_0} \frac{\mathrm{d}r}{\sqrt{1-kr^2}} \propto t_0^{1/3} \tag{9.81}$$

这说明随着时间的增加，r_0 是增加的。在R-W度规中，物质都看作静止的，其空间坐标不变，所以随着 r_0 的增加，与观测者有因果关系的区域在增加。如果是辐射主导的宇宙，$R \propto t^{1/2}$，所以

$$\int_0^{r_0} \frac{\mathrm{d}r}{\sqrt{1-kr^2}} \propto t_0^{1/2} \tag{9.82}$$

结论与物质主导类似。之所以会有这种结论，是因为光行走的距离正比于时间，增长的速度快于辐射主导、物质主导的宇宙膨胀速度。此时此刻位置 r_0 与观测者的距离为

$$L = R(t_0)\int_0^{r_0} \frac{\mathrm{d}r}{\sqrt{1-kr^2}} = R(t_0)\int_0^{t_0} \frac{\mathrm{d}t}{R(t)} \propto t_0 \tag{9.83}$$

也就是光行走过的距离，称为粒子视界（与观测者有因果关系的最大范围）。所以如果过去宇宙是辐射或非相对论物质主导的，现在在 r_0 以内的物体，极早的过去可能在粒子视界之外，没有因果关系。现在在 r_0 之外的物体，过去肯定没有因果关系（图 9.13）。即使考虑宇宙适度的加速膨胀，按照第 9.9.7 小节所述，也是在较晚的后期（见本章练习 3），作用不大。对于以地球为球心的直径两端，它们现在各自在对方的粒子视界之外，过去肯定没有因果关系。那么它们应该独自形成热平衡，为什么温度会是一样的呢？

9.8.6.2　平直问题

在第 9.6 节，我们知道 $\Omega_0 \approx 1$，所以目前的宇宙是近似平坦的。根据公式(9.43)，任何时刻总能量密度与临界密度之比为

$$\Omega - 1 = \frac{H_0^2 R_0^2}{H^2 R^2}(\Omega_0 - 1) \tag{9.84}$$

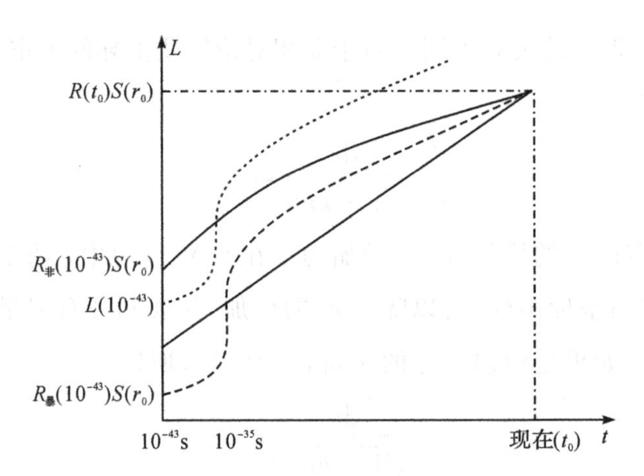

图 9.13 $S(r_0)=\int_0^{r_0}\frac{\mathrm{d}r}{\sqrt{1-kr^2}}$,$r_0$ 是目前能观测到的最大坐标。两条实线表示没有暴胀的模型:两条实线分别代表粒子视界(下面的直线)随时间的变化和现在可测的最大坐标处的物质在不同时刻离我们的距离(上面的曲线)。粒子视界随时间增加得快,所以最大坐标处的物质在过去处于视界之外。两条点线表示有暴胀时的情况:上曲线(短点线)表示在 10^{-43}s 时的粒子视界随时间的演化(实际的粒子视界还要更大),下曲线(长点线)表示现在可测的最大坐标处物质在不同时刻离我们的距离,无论是过去还是现在,最大坐标处物质都在粒子视界范围里

如果是物质主导的宇宙,则

$$\Omega-1=\left(\frac{t}{t_0}\right)^{\frac{2}{3}}(\Omega_0-1) \tag{9.85}$$

如果是辐射主导的宇宙,则

$$\Omega-1=\frac{t}{t_0}(\Omega_0-1) \tag{9.86}$$

无论是哪种形式,在 $t\sim10^{-43}$s 的甚早期,有

$$\frac{\Omega-1}{\Omega_0-1}\sim 10^{-40} \text{至} 10^{-60}$$

这说明宇宙过去一直很平坦,特别是在宇宙创生时刻,Ω 极度接近 1。理论家无法解释为什么宇宙的初始条件需要小数点后面 50 位的调节,才能产生当今的宇宙。

9.8.6.3　磁单极

宇宙在甚早期从大统一自发对称破缺演化到粒子物理标准模型 $SU(3)\times SU(2)\times U(1)$。如果大统一模型由一个单群描述，其标量希格斯场可以有非平凡的孤立子解（一种不同于真空的稳定状态）。这个孤立子携带有磁荷，因此未破缺的 $U(1)$ 规范场在封闭面上具有非零的磁通量，这就是磁单极。我们来估计一下磁单极的粒子数密度。由公式(9.55)可知，温度和时间的关系为

$$t=\sqrt{\frac{45c^5\hbar^3}{32x\pi^3Gk_B^4T^4}} \tag{9.87}$$

其中 x 值可以取公式(9.60)。如果磁单极的质量为 M，其与光子的退耦温度为 $T=Mc^2/k_B$，这一时刻的时间就为

$$t=\sqrt{\frac{45\hbar^3}{32x\pi^3c^3GM^4}} \tag{9.88}$$

由于粒子视界正比于时间，所以公式(9.88)也可以看作此时粒子视界的大小。视界之外是因果无关的，所以因果相关的空间体积是

$$V=(ct)^3=\left(\frac{45\hbar^3}{32x\pi^3cGM^4}\right)^{\frac{3}{2}} \tag{9.89}$$

在此体积内，存在一个磁单极。磁单极密度就是

$$n_M=V^{-1}=\left(\frac{32x\pi^3cGM^4}{45\hbar^3}\right)^{\frac{3}{2}} \tag{9.90}$$

同时，光子的粒子数密度是

$$n_\gamma=\frac{2\zeta(3)}{\pi^2}\left(\frac{k_BT}{\hbar c}\right)^3=\frac{2\zeta(3)}{\pi^2}\left(\frac{Mc}{\hbar}\right)^3 \tag{9.91}$$

所以磁单极与光子数之比为

$$\frac{n_M}{n_\gamma}=\frac{\pi^2}{2\zeta(3)}\left(\frac{32x\pi^3GM^2}{45\hbar c}\right)^{\frac{3}{2}} \tag{9.92}$$

如果磁单极质量设置在大统一对称性自发破缺能量 $Mc^2=10^{24}\,\text{eV}$，这个比值大约为 10^{-8}，比重子光子数之比还要大，当然这个数值有一定的随意

性，量级应该相差不大。磁单极与光子退耦后，如果没有互相湮灭，会保持稳定（具有拓扑荷），其与光子数之比将不变，也就是说，如今磁单极的粒子数密度应该和重子差不多。然而实验上并没有发现它们。

9.8.6.4 暴胀模型

暴胀模型是美国物理学家古斯(Guth)于1981年正式提出的。这个模型假定宇宙早期（大统一破缺前后），物质密度由于宇宙膨胀已经小于真空能密度，宇宙完全处于真空能主导的加速膨胀过程。由弗里德曼方程可知，哈勃常数是固定值（忽略曲率因子），宇宙处于指数膨胀：

$$R(t)=R(t_1)e^{H(t-t_1)}$$
$$H=\sqrt{\frac{8\pi G\rho}{3}} \tag{9.93}$$

如果把公式(9.77)的质量设置在大统一能量，真空能密度比公式(9.77)还要增加10^{52}倍，此时的哈勃常数大约为$2\times10^{34}\,s^{-1}$。所以宇宙在10^{-32} s内暴胀了10^{50}倍以上。暴胀的结果是：我们前面关于辐射、物质主导的演化结论不成立。有一段极短的时间，观测者极小的范围以外的区域膨胀速度大于光速：

$$v=HL>c \quad \Rightarrow \quad L>\frac{c}{H}\sim10^{-26}\,\mathrm{m} \tag{9.94}$$

公式(9.94)可以看作此时的“事件视界”，其含义是这个范围以外的物质此时发的光（或者还没有进入这个范围的光）永远到达不了观测者，因为红移是无穷大的。所以在这段时间里，与观测者有因果相关的物质没有增加多少：

$$\int_{r_1}^{r}\frac{dr}{\sqrt{1-kr^2}}=\int_{t_1}^{t}\frac{dt}{R(t)}=R^{-1}(t_1)H^{-1}\left[1-e^{-H(t-t_1)}\right] \tag{9.95}$$

但是粒子视界却剧烈增加了10^{50}倍：

$$\begin{aligned}L(t)&=R(t)\int_0^t\frac{dt}{R(t)}=e^{H(t-t_1)}R(t_1)\left[\int_0^{t_1}\frac{dt}{R(t)}+\int_{t_1}^{t}\frac{dt}{R(t)}\right]\\&=e^{H(t-t_1)}L(t_1)+H^{-1}\left[e^{H(t-t_1)}-1\right]\end{aligned} \tag{9.96}$$

从观测者的角度看，过去看得见的物体（可以接收到光）一下子全部消失了。如果不停止暴胀，距离稍远的区域就永远见不到了[见公式(9.94)]。宇宙自然不能永远这样膨胀下去，否则就没有今天的宇宙了。宇宙停止暴胀的机制如下。当时的真空并不是势能最低点，而是势能的局部极小值。宇宙在这个极小值点持续一段时间后，会由于隧道效应滑落到更低的势能极值点（图 9.14）。后一过程由于势能下降，会释放出巨大能量而再加热宇宙，并重新产生大量辐射物质，宇宙回到辐射主导的阶段。宇宙膨胀速度因此而降了下来，观测者又可以逐渐接收到那些消失物质的光了。所以虽然不同方向的微波背景辐射来自 100 多亿光年的不同区域，它们彼此的距离可能超过 200 多亿光年，在宇宙暴胀之前，这些区域都曾经相识。这样就解释了微波背景辐射的各向同性。暴胀模型对宇宙的平直问题的解释也一目了然。将公式(9.84)的下标 0 表示为暴胀结束时的物理量。假定暴胀开始前和结束时的哈勃常数差不多，就有

$$\Omega-1=\frac{H_0^2R_0^2}{H^2R^2}(\Omega_0-1)\approx\frac{R_0^2}{R^2}(\Omega_0-1)\sim 10^{50}(\Omega_0-1) \tag{9.97}$$

所以无论宇宙创生时 Ω 偏离 1 多少，暴胀后 Ω_0 都非常接近 1。对于磁单极问题的解释是：宇宙暴胀了 10^{50} 倍，磁单极的密度被稀释了；而现在的光子、重子等是宇宙再加热产生的，其数目远大于磁单极数。暴胀模型除了能解释这些疑难问题，还是目前唯一可以提供宇宙原初涨落的模型。宇宙星系的形成需要宇宙早期物质密度的微小起伏。理论家们需要为这些起伏找到来源。很多理论家认为宇宙的真正起源从暴胀开始，因为暴胀之前所有演化结果都被暴胀稀释而不可观测。这样导致宇宙暴胀的量子场的涨落就为这些起伏提供了真正的源头。暴胀模型也可能导致多重宇宙的图景。宇宙暴胀是通过一种暴胀场驱动的。但是在宇宙不同因果区，暴胀场不会同时行动。因而不同的因果区会分别暴胀而产生不同的宇宙。这也为人择原理提供“弹药”。

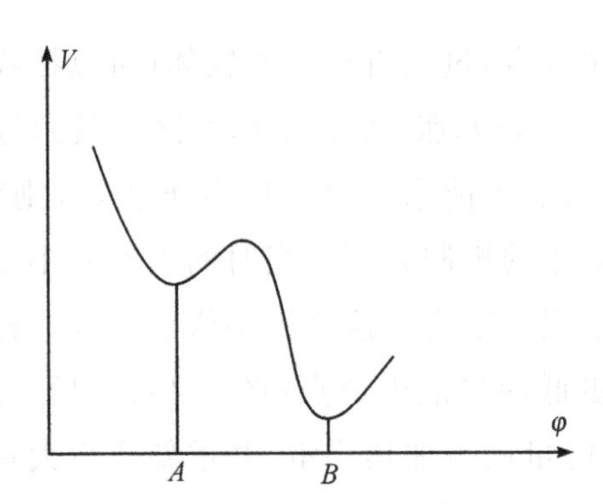

图 9.14 A 点是能量局域极小值，发生暴胀。然后量子态通过隧道效应滚落到现在的真空态 B，释放出能量，再加热宇宙。由于这个过程是一级相变，宇宙加热不均匀。古斯的模型很快被一种“慢滚”暴胀模型取代。慢滚暴胀模型要求 A 处很平，是个拐点或者很浅的局域极小值点，由于温度的变化，产生相变，A 处的势垒消除，量子态慢慢滚落到真空态 B。这个过程很慢，能量密度变化也很慢，宇宙近似处于指数膨胀，同时（由于暴胀场与其它场相互作用）慢慢释放能量，均匀加热宇宙

本章练习

1. 验证公式(9.25)。

2. 求解质量密度为零，$k=-1$ 的弗里德曼方程。证明此时四维时空是平直的，即可以通过坐标变换将 R-W 度规化为闵氏度规。

3. 根据公式(9.36)和(9.38)，什么时候宇宙由减速膨胀变成加速膨胀？在天文观测中，这一时期所对应的红移是多大？

4. 接上题（只有真空能和非相对论物质），在某时刻，宇宙达到平衡，即膨胀加速度为零。按照爱因斯坦的设想，如果这时宇宙膨胀速度也为零，宇宙就可以达到静态。请证明这种平衡是不稳定的。

5. 在 R-W 度规中，单位质量粒子的三维动量为 $\boldsymbol{p}^2=g_{ij}\dfrac{\mathrm{d}x^i}{\mathrm{d}\tau}\dfrac{\mathrm{d}x^j}{\mathrm{d}\tau}$。由于 $\boldsymbol{p}^2=\left(\dfrac{\mathrm{d}t}{\mathrm{d}\tau}\right)^2-1$，通过关于时间分量的测地线方程（或欧拉-拉格朗日方

程)，求解三维动量随时间 t 的变化函数，并证明 $\boldsymbol{p}^2(t)=\dfrac{R^2(t_0)}{R^2(t)}\boldsymbol{p}^2(t_0)$。

6. 利用第6章练习10的度规，仿照公式(7.38)获得粒子的运动方程。如果粒子的角动量为零(即 $\mathrm{d}\theta/\mathrm{d}\tau=\mathrm{d}\varphi/\mathrm{d}\tau=0$)，令 r 与时间的关系为 $r=R(\tau)r_0$(r_0 与 τ 无关)，就可以获得含有非相对论物质和暗能量的弗里德曼方程(9.28)，其中宇宙学项系数和暗能量密度的关系为 $\lambda=8\pi G\rho_\lambda$，非相对论物质密度定义为 $M=4\pi r^3\rho_M/3, k=(1-E^2)/{r_0}^2$。[在宇宙中，虽然粒子位置外的区域即 $r>R(\tau)r_0$ 存在物质，由于宇宙密度是均匀的，这些物质对以 $R(\tau)r_0$ 为半径的球腔内的影响为零，见第6章伯克霍夫定律。另外，公式(7.38)要求 M 是常数，这要求粒子位置以内的物的质量不改变，所以任意点的物质坐标 r 都由普适函数 $R(\tau)$ 描述(保持与所研究的粒子同步运动)，只是 r_0 的取值各不相同(固定坐标)，并且 $R^3(\tau)\rho_M$ 为常数。]

7. 当 $k=0$ 时，求解真空中具有宇宙项的弗里德曼方程(9.28)，或者等效为密度满足 $\lambda=8\pi G\rho_\lambda$ 的暗能量的弗里德曼方程(9.28)。将结果与第8章练习4进行比较。

8. 以银河系作为典型星系(其相对R-W坐标的速度见第9.8.3小节)，请估计要在多大距离之外才能排除星系自行(由于宇宙膨胀而产生的)对红移观测的干扰?

9. 在红移 $z=2$ 处发现了一个古老的球状星团，通过放射性元素分析得出其年龄为50亿年。问：这个结果是否能排除非相对论主导的宇宙模型($k=0$)?

10. 对于 $k=0$ 的平直宇宙，$p=0$ 的纯非相对论物质模型给出的宇宙年龄小于观测数据。所以要与观测一致，一定存在负压的物质。纯真空能模型($p=-\rho$)给出的宇宙年龄为无穷大。我们把物态方程折中写为 $p+\rho=C\rho^\alpha$。设初始条件为 $t=0, \rho=\infty$，如果要满足现在的宇宙年龄等于138亿年，减速因子为 -0.55，请确定 α 与 C 的值(用现在的哈勃常数表示)。

参考资料

[1]Dirac P A M. General Theory of Relativity [M]. New Jersey: Princeton University Press, 1996.

[2]温伯格. 引力与宇宙学——广义相对论的原理和应用[M]. 邹振隆,张历宁,等译. 北京:高等教育出版社,2018.

[3]Foster J, Nightingale J D. A Short Course in General Relativity [M]. 2nd ed. New York: Springer, 1998.

[4]俞允强. 广义相对论引论[M]. 2 版. 北京:北京大学出版社,2004.

[5]Straumann N. General Relativity [M]. 2nd ed. Dordrecht: Springer, 2013.

[6]赵峥,刘文彪. 广义相对论基础[M]. 北京:清华大学出版社,2010.

[7]斑比. 广义相对论导论[M]. 周孟磊,译. 上海:复旦大学出版社,2020.

[8]温伯格. 宇宙学[M]. 向守平,译. 合肥:中国科学技术大学出版社,2013.

[9]Schutz B. A First Course in General Relativity [M]. 3rd ed. Cambridge: Cambridge University Press, 2022.

[10]斑比,多戈夫. 粒子宇宙学导论[M]. 蔡一夫,林春山,皮石,译. 上海:复旦大学出版社,2017.

[11]杜布洛文,诺维可夫,福明柯. 现代几何学:方法与应用[M]. 胥鸣伟,译. 北京:高等教育出版社,2013.

[12]米先柯,福明柯. 微分几何与拓扑学简明教程[M]. 张爱和,译. 北京:高等教育出版社,2006.

[13]Baez J, Muniain J P. Gauge Fields, Knots and Gravity [M]. Singapore: World Scientific Publishing Company, 1994.

彩图附录

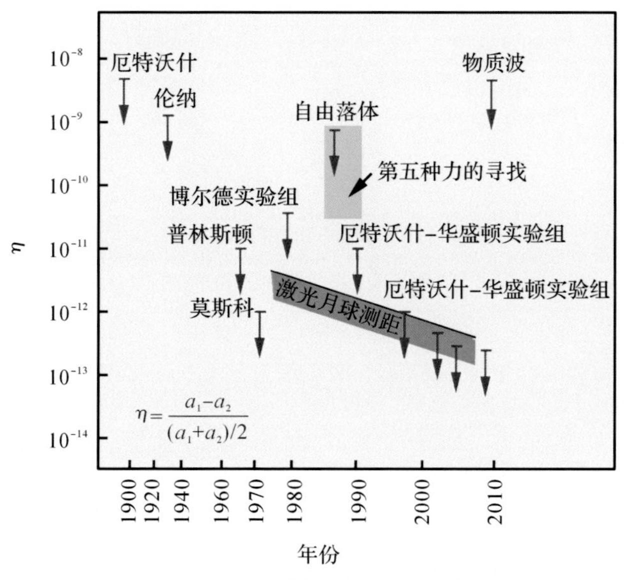

厄特沃什
伦纳
自由落体
物质波
第五种力的寻找
博尔德实验组
普林斯顿
厄特沃什-华盛顿实验组
厄特沃什-华盛顿实验组
莫斯科
激光月球测距
$\eta=\frac{a_1-a_2}{(a_1+a_2)/2}$
η
年份

图 2.8

图 5.2

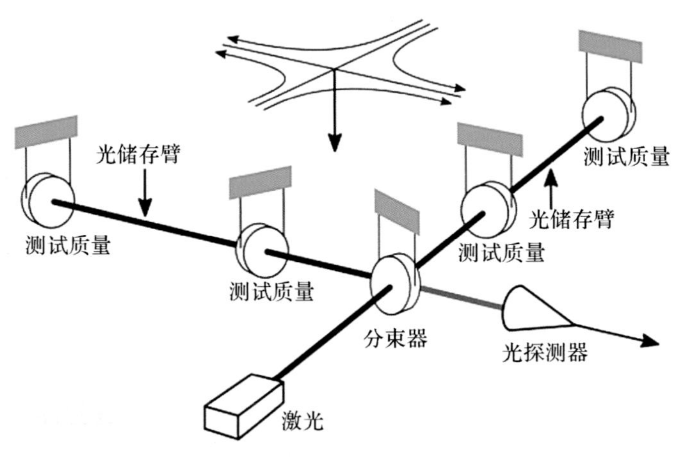
光储存臂
测试质量
测试质量
分束器
激光
测试质量
光储存臂
测试质量
光探测器

图 5.3

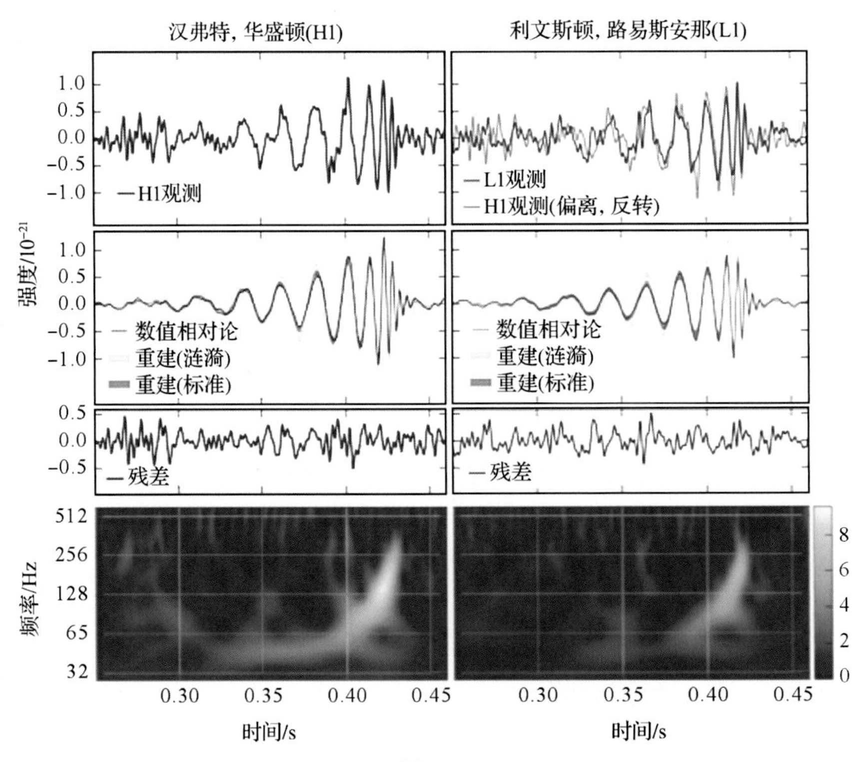
汉弗特，华盛顿(H1)
利文斯顿，路易斯安那(L1)
H1观测
L1观测
H1观测(偏离，反转)
强度/10^{-21}
数值相对论
重建(涟漪)
重建(标准)
残差
频率/Hz
时间/s

图 5.4

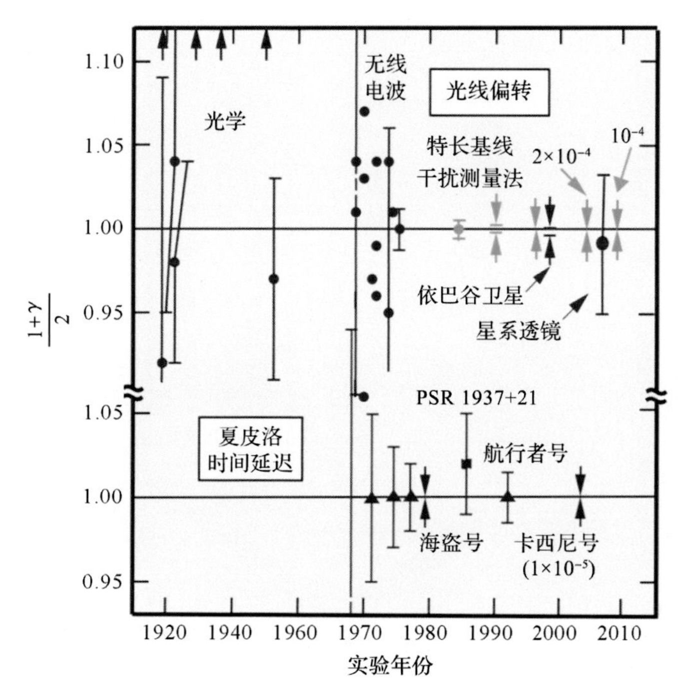
1.10
1.05
1.00
0.95
1.05
1.00
0.95
1920 1940 1960 1970 1980 1990 2000 2010
$\frac{1+\gamma}{2}$
实验年份
光学
无线
电波
光线偏转
特长基线
干扰测量法
2×10^{-4}
10^{-4}
依巴谷卫星
星系透镜
PSR 1937+21
夏皮洛
时间延迟
航行者号
海盗号
卡西尼号
(1×10^{-5})

图 7.4

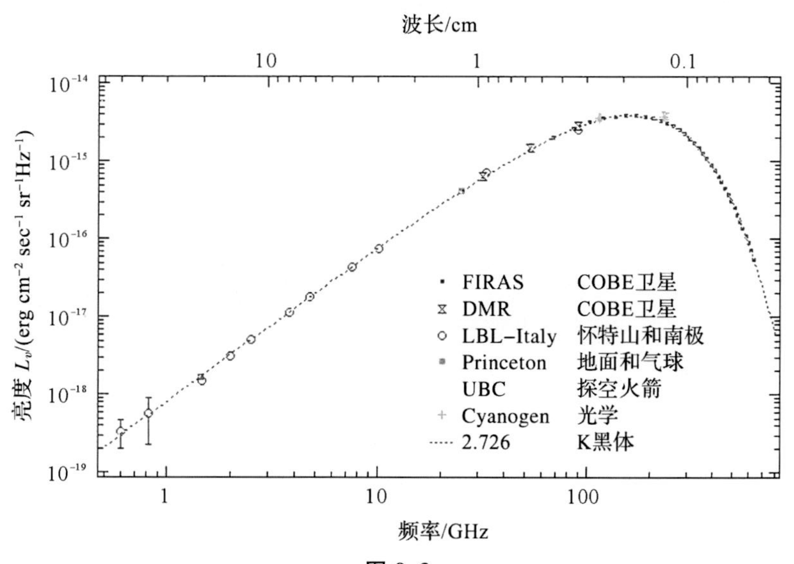
波长/cm
10
1
0.1
10^{-14}
10^{-15}
10^{-16}
10^{-17}
10^{-18}
10^{-19}
亮度 L_ν/(erg cm^{-2} sec^{-1} sr^{-1}Hz^{-1})
1
10
100
频率/GHz
FIRAS COBE卫星
DMR COBE卫星
LBL-Italy 怀特山和南极
Princeton 地面和气球
UBC 探空火箭
Cyanogen 光学
2.726 K黑体

图 9.3

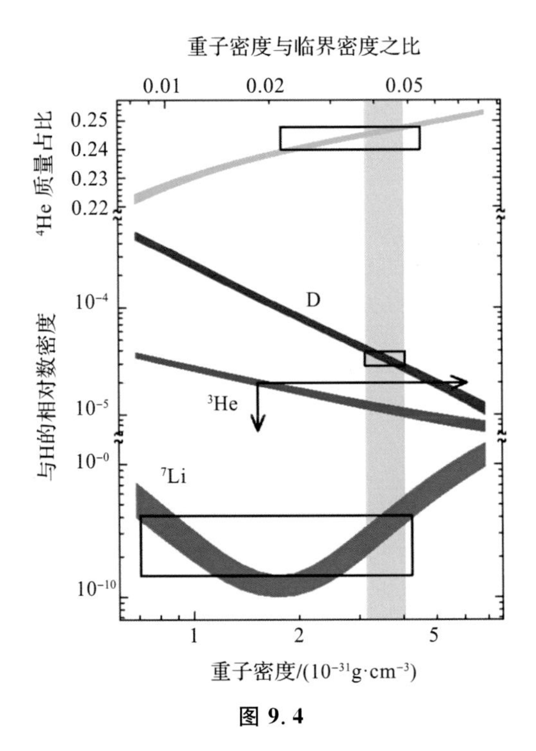
重子密度与临界密度之比
0.01
0.02
0.05
^{4}He 质量占比
0.25
0.24
0.23
0.22
D
10^{-4}
与H的相对数密度
^{3}He
10^{-5}
10^{-0}
^{7}Li
10^{-10}
1
2
5
重子密度/(10^{-31}g·cm^{-3})

图 9.4

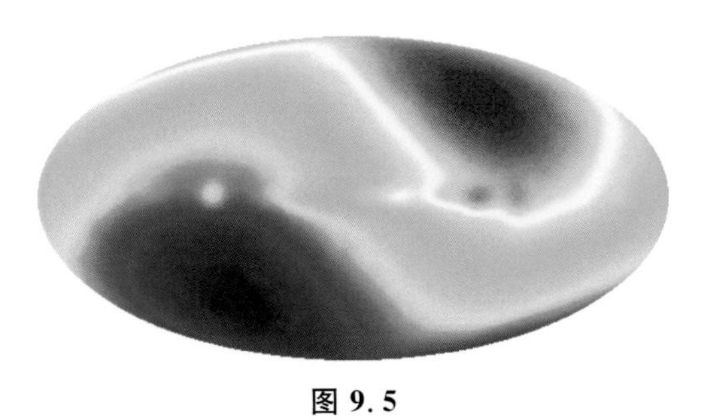

图 9.5

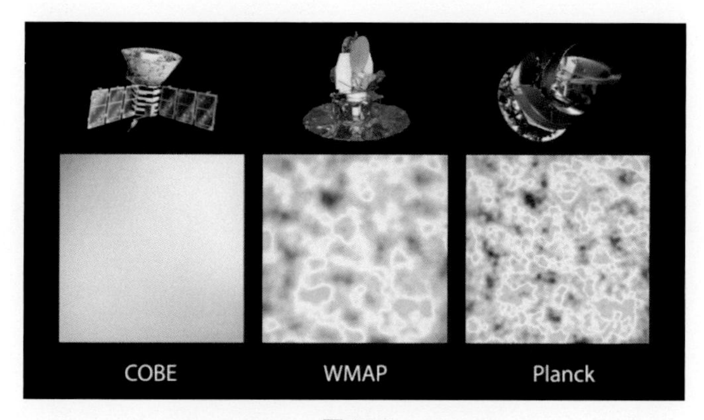
COBE
WMAP
Planck

图 9.6

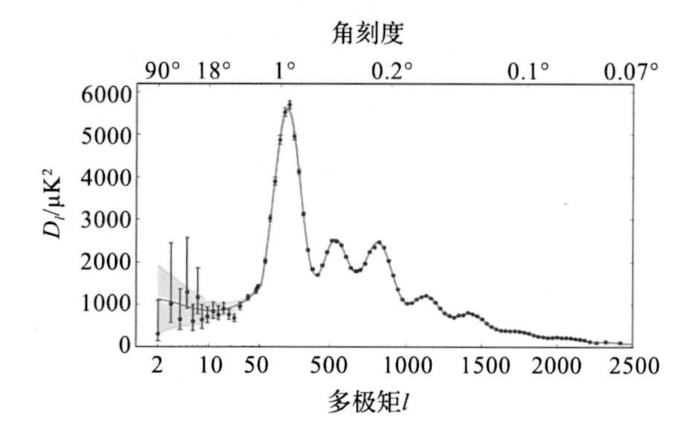
角刻度
90° 18° 1° 0.2° 0.1° 0.07°
6000
5000
4000
3000
2000
1000
0
$D_l/\mu K^2$
2 10 50 500 1000 1500 2000 2500
多极矩l

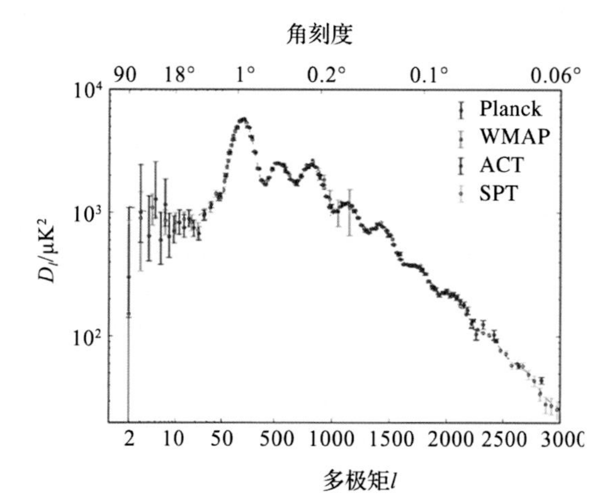
角刻度
90 18° 1° 0.2° 0.1° 0.06°
10^4
10^3
10^2
$D_l/\mu K^2$
Planck
WMAP
ACT
SPT
2 10 50 500 1000 1500 2000 2500 3000
多极矩l

图 9.7

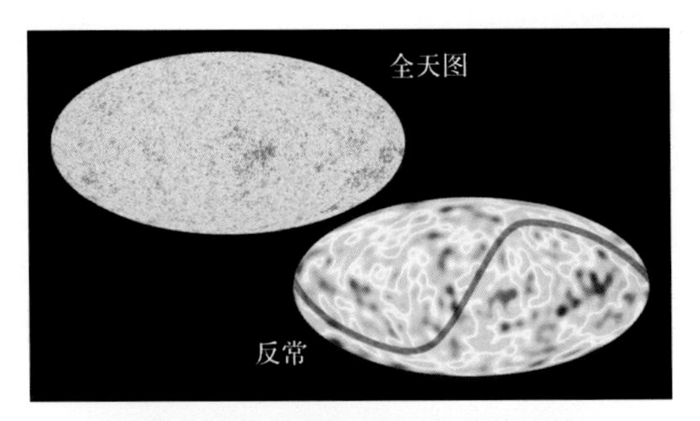

图 9.9

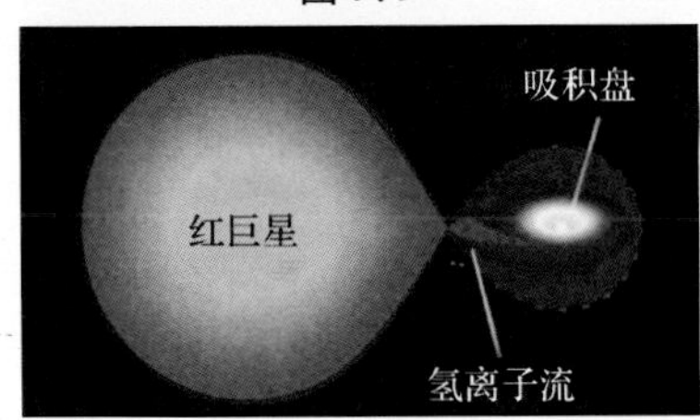

图 9.11

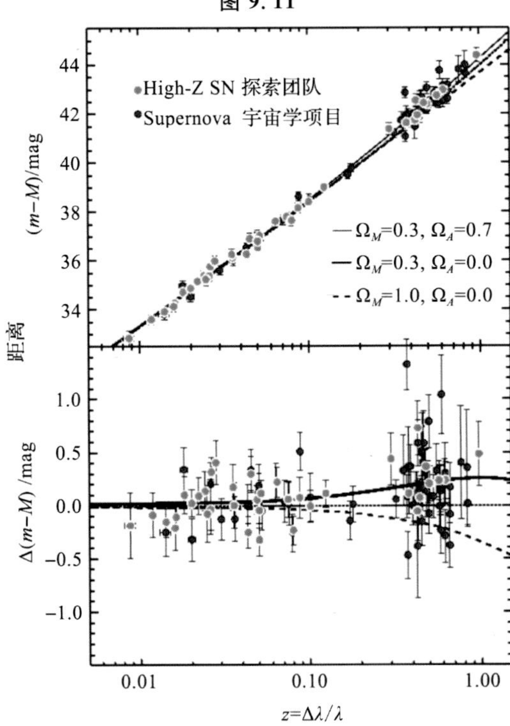

图 9.12